由亚洲开发银行贷款（Loan 2436/GEF 0169-PRC）
宁夏生态与农业综合开发项目支持

银川平原湖泊湿地保护与可持续利用

Protection and sustainable utilization of Lake Wetlands in Yinchuan plain

《银川平原湖泊湿地保护与可持续利用研究》项目组 编著

海洋出版社

2016年·北京

图书在版编目（CIP）数据

银川平原湖泊湿地保护与可持续利用/《银川平原湖泊湿地保护与可持续利用研究》项目组编著. —北京：海洋出版社，2016.9
ISBN 978-7-5027-9587-0

Ⅰ.①银… Ⅱ.①银… Ⅲ.①内陆湖-沼泽化地-自然资源保护-银川②内陆湖-沼泽化地-资源利用-银川 Ⅳ.①P942.431.78

中国版本图书馆 CIP 数据核字（2016）第 248822 号

责任编辑：杨海萍　张　欣
责任印制：赵麟苏

海洋出版社　出版发行

http：//www.oceanpress.com.cn
北京市海淀区大慧寺路8号　邮编：100081
北京朝阳印刷厂有限责任公司印刷　新华书店发行所经销
2016年10月第1版　2016年10月北京第1次印刷
开本：787mm×1092mm　1/16　印张：16.25
字数：360千字　定价：58.00元
发行部：62132549　邮购部：68038093　总编室：62114335
海洋版图书印、装错误可随时退换

《银川平原湖泊湿地保护与可持续利用》
编委会

编委(按姓氏笔画排序)

于洪贤	田 瑞	冯 玲	孙胜民	杨东芳
李保国	何彤慧	荀光生	段志刚	郭宏玲
楼晓钦	薛 珍			

其他参加项目人员(按姓氏笔画排序)

马国东	王自新	王志勇	王芬明	王 明
王筱萍	韦 宏	史红宁	冯启东	吕金虎
纪丽萍	杨 宁	李亚丽	李淑霞	吴玉刚
汪泽鹏	张全科	张志东	张 瑜	虎玉宝
周学义	周 楠	徐志鹏	高维军	高 鹏
黄 锐	谭 鹏	魏晓宁	魏海燕	

© 2016 Asian Development Bank
© 2016 亚洲开发银行

Some rights reserved. Published in 2016.
部分版权所有。2016 年出版。

Published in the People's Republic of China.
在中华人民共和国出版。

The views expressed in this publication are those of the authors and do not necessarily reflect the views and policies of Ningxia Hui Autonomous Regional People's Government and the Asian Development Bank (ADB) or its Board of Governors or the governments they represent.
本出版物中所述为作者个人观点,并不代表宁夏回族自治区人民政府、亚洲开发银行(亚行)、亚行理事会或其所代表的政府的观点和政策。

ADB does not guarantee the accuracy of the data included in this publication and accepts no responsibility for any consequence of their use. The mention of specific companies or products of manufacturers does not imply that they are endorsed or recommended by ADB in preference to others of a similar nature that are not mentioned.
亚行不担保本出版物中所含数据的准确性,而且对使用这些数据所产生的后果不承担责任。本出版物中提及特定公司或厂商产品并不意味着亚行的认可或推荐。

By making any designation of or reference to a particular territory or geographic area, or by using the term "country" in this document, ADB does not intend to make any judgments as to the legal or other status of any territory or area.
在本出版物中指称或引用某个特定版图或地理区域时,或使用"国家"一词时,不代表亚行意图对该版图或区域的法律地位或其他地位的任何评判。

Attribution—In acknowledging ADB as the source, please be sure to include all of the following information:
Author. Year of publication. Title of the material. © Asian Development Bank [and/or Publisher].
署名——注明资料来源为亚行,并确保包含以下所有信息:作者。出版年份。资料标题。©亚洲开发银行及海洋出版社。

Adaptations—Any adaptations you create should carry the following disclaimer:
This is an adaptation of an original Work © Asian Development Bank 2016. The views expressed here are those of the authors and do not necessarily reflect the views and policies of ADB or its Board of Governors or the governments they represent. ADB does not endorse this work or guarantee the accuracy of the data included in this publication and accepts no responsibility for any consequence of their use.
改编——如需改编本出版物,请附加以下声明:
改编自原著© 2016 亚洲开发银行。文中所述为作者个人观点,并不代表亚行、亚行理事会或其所代表的政府的观点和政策。亚洲开发银行不认可或保证本著作中数据的准确性,不承担因使用这些数据而产生的任何后果。

致　　谢

　　本报告得益于亚洲开发银行和宁夏回族自治区政府共同实施的宁夏生态与农业综合开发项目。本项目设计和实施中，遵循国际上可持续发展原则和生态系统综合管理（IEM）理念方法，旨在提供为提升银川平原湖泊湿地保护与湿地资源可持续利用综合管理的知识产品。

　　在此，感谢银川市湿地管理办公室、石嘴山市湿地保护办公室、吴忠市湿地管理中心和宁夏农垦局湿地管理机构的管理人员和专业人员，他们为本报告提供了大量可靠的基础数据和一线资料，为项目实施作出辛勤而有成效的工作。

　　感谢宁夏财政厅政府外债办公室、宁夏林业厅在本项目管理和实施过程中给予的大力支持和工作指导。特别感谢徐庆林先生、冯玲女士、虎玉宝先生以及王辉、刘宗智、普秀红等项目管理人员的大力帮助。

　　感谢亚洲开发银行牛志明先生对本项目管理和实施的精心指导以及为本出版物编写所作出的贡献，感谢亚洲开发银行其他同事提供的全面帮助。

前　言

2009年，宁夏回族自治区正式实施亚洲开发银行/GEF"宁夏生态与农业综合开发项目"，湿地及其生物多样性保护是该项目的核心内容之一。在项目实施过程中，宁夏湿地生态系统对于保障银川平原生态安全、建设生态文明、提高农业综合利用效率等方面的功能和作用受到亚洲开发银行和宁夏有关方面的关注和重视，一致倾向于在IEM理念下支持宁夏有关部门开展湿地生态系统方面的深入研究，形成政策机制支撑、技术保障、应用示范推广和促进"宁夏生态与农业综合开发项目"在生态领域实施的项目成果。

国际和中国湿地保护的原则皆为"保护与合理利用"。湿地与农业、水利的关系十分密切，又涉及物质生产、建设和旅游等活动，尤其是银川平原湖泊湿地，既有重要的生态系统服务功能价值，又有物质生产、提供休闲等价值，其研究成果不仅对湖泊湿地生态系统本身意义重大，对绿色农业、高效农业和安全农业等农业综合开发以及湖泊湿地资源开发利用等具有显著价值和重要意义。为此，宁夏湿地保护管理中心在与宁夏回族自治区财政厅政府外债办充分讨论后，向亚洲开发银行申请"银川平原湖泊湿地保护与可持续利用研究"项目，获得亚洲开发银行/GEF批准，项目得以实施。

2013年7月，"银川平原湖泊湿地保护与可持续利用研究"项目正式启动。由东北林业大学、宁夏大学相关专家及宁夏银川市、吴忠市、石嘴山市和宁夏农垦局等湖泊湿地管理机构专家和管理人员组成了项目组，编制了《银川平原湖泊湿地保护与可持续利用项目实施方案》，明确了责任分工、资金保障和技术支撑。项目组通过广泛的资料收集和调研，在银川市、石嘴山市、吴忠市和农垦系统的154个湖泊湿地中，选择20余个不同类型的湖泊，围绕湖泊湿地保护与合理利用的相关问题，开展了系统的调查，得到湖泊基础数据设计表格25份，调查因子250项；湖泊环境承载力研究设计调查表格3份，调查因子20项，为项目的顺利实施打下良好基础。项目组于 2014 年分春、夏、秋三季在银川平原的 4 个典型湖泊开展水生生物调查，共采样 280 余组，用水生生物指示法评价银川平原的湖泊湿地生态系统健康状况。项目组组织开展项目讨论会 6 次，对项目实施方案的完善、项目的产出和成果表现、项目的政策和技术支撑体系、项目如何确定示范点、项目报告的分析汇总等做了认真详细的研究，做了大量科学细致的工作，在此基础上形成了《银川平原湖泊湿地保护与可持续利用研究报告》，同时形成了技术性材料《银川平原湖泊湿地保护与合理利用技术指南》。本书是在报告基础上凝练和提升成果形成的知识产品。

"银川平原湖泊湿地保护与可持续利用研究"围绕银川平原湖泊湿地保护及合理利用的主题，涉及湿地保护和可持续利用的基础理论、相关政策方法和模式、区域湖泊湿地保护和开发利用经验总结与模式评价、区域湖泊湿地生态服务功能价值评价、区域湖泊湿地生态系统健康状况评价、区域湖泊湿地生态承载力评价、湖泊湿地保护与合理利用的示范、湖泊湿地保护规划与优先行动等诸多方面，是一个系统性研究的知识产品。本书第 1 章由郭宏玲执笔，第 2 章、第 7 章、第 8 章由孙胜民执笔，第 3 章由何彤慧执笔，第 4 章由楼晓钦、汪泽鹏执笔，第 5 章由于洪贤执笔，第 6 章由徐志鹏、田瑞执笔，第 9 章、第 10 章由郭宏玲、孙胜民执笔，全书由何彤慧、孙胜民统稿。

"银川平原湖泊湿地保护与可持续利用研究"项目的实施，为宁夏湖泊湿地保护及可持续利用提供了应用、示范的模式，为宁夏开展湿地科研工作锻炼了人才，积累了经验。项目研究得到了亚洲开发银行、宁夏财政厅政府外债办及宁夏有关方面的大力支持，在此一并致谢。由于时间、水平等方面的不足，本研究以及本书还存在很多不足，望不吝指正。

《银川平原湖泊湿地保护与可持续利用研究》项目组

2016 年 1 月

目　　录

第1章　保护与可持续利用：银川平原湖泊湿地管理核心目标 …………………… (1)
　1.1　湿地保护与可持续利用的国际国内背景 …………………………………… (1)
　1.2　银川平原湿地保护与可持续利用的区域背景 ……………………………… (1)
　1.3　银川平原湿地保护与合理利用现状 ………………………………………… (3)
　　1.3.1　银川平原湖泊湿地保护现状 …………………………………………… (4)
　　1.3.2　湿地保护中存在的问题 ………………………………………………… (7)
　1.4　开展银川平原湿地保护和可持续利用研究的必要性 ……………………… (9)
　　1.4.1　改善区域生态环境 ……………………………………………………… (9)
　　1.4.2　关乎国家和区域生态安全 ……………………………………………… (9)
　　1.4.3　适应城市生态化建设 …………………………………………………… (9)
　　1.4.4　发挥生态系统综合效益 ………………………………………………… (9)
　　1.4.5　增强湿地生态系统的自我修复能力 …………………………………… (10)
　　1.4.6　保护生物多样性 ………………………………………………………… (10)
　　1.4.7　提升湿地保护综合管理能力 …………………………………………… (10)
　　1.4.8　化解湿地开发、保护和利用矛盾 ……………………………………… (10)
　　1.4.9　为湿地保护和可持续利用提供技术支撑 ……………………………… (10)

第2章　国内外湿地利用政策、方法和典型模式 ……………………………… (12)
　2.1　合理利用和可持续发展的理念及一般原则 ………………………………… (12)
　　2.1.1　保护性开发的概念、内涵与策略 ……………………………………… (12)
　　2.1.2　可持续发展战略与对策 ………………………………………………… (13)
　　2.1.3　生态经济的概念内涵 …………………………………………………… (15)
　2.2　《国际湿地公约》关于湿地合理利用的原则及指南 ……………………… (16)
　　2.2.1　合理利用概念的产生和发展 …………………………………………… (16)
　　2.2.2　合理利用概念的指导方针 ……………………………………………… (17)
　　2.2.3　《湿地公约》合理利用湿地手册 ……………………………………… (18)
　2.3　世界湿地保护与合理利用的模式 …………………………………………… (20)
　　2.3.1　北美五大湖——以水资源和流域为基础的城市群 …………………… (20)
　　2.3.2　英国伦敦湿地中心——多方合作的开发模式 ………………………… (28)
　　2.3.3　日本琵琶湖——综合开发管理和公众参与的成功实践 ……………… (30)
　　2.3.4　加拿大班芙国家公园——可持续旅游的成功典范 …………………… (34)
　　2.3.5　中国香港湿地公园——湿地环境教育的典范 ………………………… (37)

2.3.6　国际湿地保护与利用政策 ……………………………………… (39)
　2.4　中国关于湿地保护与利用的政策和实践 ………………………………… (40)
　　2.4.1　中国可持续发展意识和行动计划 ……………………………… (40)
　　2.4.2　湿地保护与利用的新模式——湿地公园 ……………………… (43)
　　2.4.3　湿地生态经济区——综合开发利用 …………………………… (49)

第3章　银川平原湖泊湿地的历史变迁和开发利用 …………………………… (56)
　3.1　银川平原湖泊湿地的历史变迁及趋势 …………………………………… (56)
　　3.1.1　黄河及其周边湿地的变迁 ……………………………………… (57)
　　3.1.2　沟渠带状湿地的变迁 …………………………………………… (60)
　　3.1.3　湖泊沼泽湿地的变迁 …………………………………………… (62)
　　3.1.4　泛滥湿地的变迁 ………………………………………………… (63)
　　3.1.5　水稻田人工湿地的变迁 ………………………………………… (64)
　　3.1.6　典型湖沼的变迁——以沙湖为例 ……………………………… (64)
　　3.1.7　银川平原的湿地演变趋势 ……………………………………… (66)
　3.2　银川平原湖泊湿地的开发利用 …………………………………………… (67)
　　3.2.1　湖泊湿地的主要开发利用方向 ………………………………… (68)
　　3.2.2　湖泊湿地利用的效益评价 ……………………………………… (72)
　3.3　银川平原湖泊湿地开发利用的历史经验和教训 ………………………… (76)
　　3.3.1　湖泊湿地与农业开发 …………………………………………… (76)
　　3.3.2　湖泊湿地与水利工程 …………………………………………… (77)
　　3.3.3　湖泊湿地与渔业生产 …………………………………………… (78)
　　3.3.4　湖泊湿地与旅游休闲 …………………………………………… (80)
　　3.3.5　湖泊湿地与城镇建设 …………………………………………… (81)

第4章　银川平原湖泊湿地生态服务功能价值评价 …………………………… (84)
　4.1　湿地生态服务功能价值评价研究概况 …………………………………… (84)
　　4.1.1　湿地生态服务功能价值的概念 ………………………………… (84)
　　4.1.2　湿地生态服务功能的分类 ……………………………………… (85)
　　4.1.3　湿地生态功能价值评价的研究现状 …………………………… (86)
　4.2　开展银川平原湿地生态服务功能价值评价的意义 ……………………… (87)
　　4.2.1　为湿地健康评估提供支持 ……………………………………… (87)
　　4.2.2　为区域湿地保护管理提供科学依据 …………………………… (87)
　　4.2.3　推动政府核算绿色GDP和建设生态文明 ……………………… (88)
　　4.2.4　对黄河流域创建湿地经济区提供支撑 ………………………… (88)
　4.3　银川平原湖泊湿地资源及其功能状况 …………………………………… (88)
　　4.3.1　湿地分布的区位特点 …………………………………………… (88)
　　4.3.2　动植物资源 ……………………………………………………… (89)

4.3.3　湖泊湿地资源 …………………………………………………………… (89)
　4.4　银川平原湖泊湿地生态服务功能价值评价方法 ……………………………… (96)
　　　4.4.1　评价方法 ……………………………………………………………… (96)
　　　4.4.2　评价数据获取 ………………………………………………………… (98)
　4.5　银川平原湖泊湿地生态服务价值计算 ………………………………………… (102)
　　　4.5.1　基于生态服务类型的价值量 ………………………………………… (102)
　　　4.5.2　基于行政区域的价值量 ……………………………………………… (102)
　4.6　银川平原湖泊湿地生态服务价值特征 ………………………………………… (103)
　　　4.6.1　湿地各功能对总价值的贡献度 ……………………………………… (103)
　　　4.6.2　湿地生态系统服务价值空间分布 …………………………………… (104)
　　　4.6.3　湖泊湿地生态系统服务价值与地区生产总值 ……………………… (105)

第5章　银川平原典型湿地生态系统健康评价 ………………………………………… (109)
　5.1　湿地生态系统健康评价研究概况 ……………………………………………… (109)
　　　5.1.1　生态健康的概念 ……………………………………………………… (109)
　　　5.1.2　湿地生态系统健康评价概述 ………………………………………… (109)
　　　5.1.3　基于水生生物调查的湿地生态系统健康研究进展 ………………… (111)
　5.2　利用水生生物调查法评价银川平原湖泊湿地生态系统健康的意义 ………… (113)
　　　5.2.1　综合掌控湖泊湿地生态系统健康状态 ……………………………… (113)
　　　5.2.2　发展与普及湿地监测技术 …………………………………………… (113)
　　　5.2.3　综合管理和合理保护利用生态系统 ………………………………… (114)
　5.3　银川平原湖泊湿地生态健康调查与评价体系 ………………………………… (115)
　　　5.3.1　水生生物调查方法 …………………………………………………… (115)
　　　5.3.2　水生生物物种鉴定方法 ……………………………………………… (115)
　　　5.3.3　水生生物数据分析方法 ……………………………………………… (116)
　　　5.3.4　湿地健康评价指标的选取原则 ……………………………………… (116)
　　　5.3.5　银川湖泊湿地健康评价(指标)体系 ………………………………… (117)
　5.4　银川平原典型湖泊湿地生态健康评价 ………………………………………… (118)
　　　5.4.1　沙湖湿地的生态健康状况 …………………………………………… (118)
　　　5.4.2　鸣翠湖湿地的生态健康状况 ………………………………………… (125)
　　　5.4.3　清宁河湿地的生态健康状况 ………………………………………… (131)
　　　5.4.4　柳溪湖湿地的生态健康状况 ………………………………………… (137)

第6章　银川平原湖泊湿地环境承载力评价 …………………………………………… (144)
　6.1　环境承载力概念内涵 …………………………………………………………… (144)
　6.2　银川平原湖泊湿地环境承载力研究方法 ……………………………………… (145)
　　　6.2.1　环境承载力指标体系 ………………………………………………… (145)
　　　6.2.2　环境承载力计算方法 ………………………………………………… (148)

6.3 银川湖泊湿地环境承载力分析 (149)
6.3.1 水环境承载力 (149)
6.3.2 生态环境承载力 (150)
6.3.3 经济环境承载力 (151)
6.3.4 社会环境承载力 (152)
6.4 银川平原湿地环境承载力综合评价 (153)
6.5 银川平原典型湖泊湿地环境承载力评价——以沙湖为例 (154)
6.5.1 沙湖自然资源概况 (154)
6.5.2 沙湖社会经济概况 (156)
6.5.3 沙湖湿地自然保护区环境承载力评价 (156)

第7章 银川平原湖泊湿地利用模式及评价 (159)
7.1 银川平原湖泊湿地利用方式及评价 (159)
7.1.1 湿地生态旅游——普遍利用方式及评价 (159)
7.1.2 湿地农业——互依共存模式及评价 (161)
7.1.3 湿地文化——提升城市特色和形象模式及评价 (164)
7.1.4 湿地教育——科普环境教育模式及评价 (165)
7.1.5 湿地环境改善——建立宜居环境模式及评价 (167)
7.1.6 湿地综合利用——复合型利用模式及评价 (168)
7.1.7 湿地区域发展——区域产业化模式及评价 (168)
7.2 银川平原湖泊利用模式综合评价 (171)
7.2.1 建立评价指标体系 (171)
7.2.2 银川平原湖泊利用模式综合评价 (172)

第8章 银川平原湖泊合理利用示范分析 (176)
8.1 建立银川平原湖泊湿地示范点 (176)
8.1.1 示范点建设意义和建设目标 (176)
8.1.2 示范点选择依据和标准 (176)
8.1.3 示范点选择的原则 (176)
8.1.4 示范点示范内容 (177)
8.2 各种模式示范点指标及评价 (177)
8.2.1 湖泊湿地生态旅游示范点及评价 (177)
8.2.2 湖泊湿地农业示范点及评价 (179)
8.2.3 湖泊湿地文化示范点及评价 (181)
8.2.4 湖泊湿地科普教育示范点及评价 (182)
8.2.5 湖泊湿地环境改善示范点及评价 (183)
8.2.6 湖泊湿地综合利用示范点及评价 (185)
8.2.7 湖泊湿地区域发展示范点及评价 (186)

8.3　主要示范类型及示范点 …………………………………………………………（187）
　　　　8.3.1　湖泊湿地生态旅游示范点——沙湖、鸣翠湖 ……………………………（187）
　　　　8.3.2　湖泊湿地农业示范点——镇朔湖、三丁湖 ………………………………（188）
　　　　8.3.3　湖泊湿地文化示范点——鹤泉湖、西湖 …………………………………（190）
　　　　8.3.4　湖泊湿地环境教育示范点——宝湖 ………………………………………（191）
　　　　8.3.5　湖泊湿地环境改善示范点——海宝湖、清宁河 …………………………（192）
　　　　8.3.6　湖泊湿地区域发展示范点——阅海、星海湖 ……………………………（192）
　　　　8.3.7　湖泊湿地综合利用示范点 …………………………………………………（194）

第9章　银川平原湖泊湿地保护性利用规划布局与优先行动 …………………………（197）
　　9.1　指导思想 ……………………………………………………………………………（197）
　　9.2　基本原则 ……………………………………………………………………………（197）
　　9.3　规划目标 ……………………………………………………………………………（198）
　　9.4　重点任务 ……………………………………………………………………………（198）
　　9.5　规划布局 ……………………………………………………………………………（199）
　　　　9.5.1　做好黄河湿地的保护与功能恢复 …………………………………………（199）
　　　　9.5.2　强化黄河以西、贺兰山以东湖泊湿地功能优化 …………………………（200）
　　9.6　优先行动项目 ………………………………………………………………………（202）
　　　　9.6.1　落实《全国湿地保护工程规划(2002—2030年)》项目 …………………（202）
　　　　9.6.2　湿地公园功能提升工程 ……………………………………………………（211）
　　　　9.6.3　沿黄地区污水处理湿地生态工程 …………………………………………（213）
　　　　9.6.4　湿地合理利用示范点项目建设 ……………………………………………（214）
　　　　9.6.5　银川平原湖泊湿地生态系统监测项目 ……………………………………（216）

第10章　银川平原湖泊湿地保护与合理利用对策研究 ………………………………（220）
　　10.1　建立银川平原湖泊湿地保护与合理利用的综合管理机制 ……………………（220）
　　　　10.1.1　综合生态系统管理(IEM)及湿地综合管理 ……………………………（220）
　　　　10.1.2　建立银川平原湖泊湿地综合管理工作机制及平台 ……………………（221）
　　10.2　制定银川平原湿地保护与利用规划 ……………………………………………（223）
　　　　10.2.1　编制《宁夏空间发展战略规划》配套规划 ………………………………（223）
　　　　10.2.2　编制《银川平原湿地生态经济规划》 ……………………………………（224）
　　　　10.2.3　编制《银川平原湿地保护与合理利用规划》 ……………………………（227）
　　10.3　制定银川平原湿地保护与合理利用的政策制度 ………………………………（228）
　　　　10.3.1　制定《宁夏湿地公园管理办法》 …………………………………………（228）
　　　　10.3.2　建立资源有偿使用和湿地生态补偿机制 ………………………………（229）
　　10.4　制定《银川平原湖泊湿地保护与利用的技术指南》 …………………………（230）
　　10.5　加强项目建设研究及评估 ………………………………………………………（232）
　　　　10.5.1　建立项目可研及监督机制 ………………………………………………（232）

10.5.2　全面推行项目建设环境影响评价 …………………………… (233)
　　10.5.3　开展项目建设的后评估 …………………………………… (235)
10.6　加强湿地生态监测工作 ……………………………………………… (237)
　　10.6.1　建立宁夏湿地生态监测体系 ……………………………… (237)
　　10.6.2　加强湿地生态监测计划的编制及实施 …………………… (237)
10.7　加强湿地保护与合理利用能力建设 ………………………………… (240)
　　10.7.1　加强科技支撑能力建设 …………………………………… (240)
　　10.7.2　培养湿地保护管理及专业人员 …………………………… (241)
　　10.7.3　建立科学及有效的管理机构 ……………………………… (241)
10.8　建立和推行社区参与共管机制 ……………………………………… (242)
　　10.8.1　社区参与共管的原则及目标 ……………………………… (242)
　　10.8.2　社区参与共管措施 ………………………………………… (243)

第1章 保护与可持续利用：银川平原湖泊湿地管理核心目标

1.1 湿地保护与可持续利用的国际国内背景

湿地与人类的生存、繁衍、发展息息相关，是自然界最富生物多样性的生态系统和人类最重要的生存环境之一，它不仅为人类的生产、生活提供多种资源，而且具有巨大的环境功能和效益。湿地具有维持生物多样性、提供水资源、补充地下水、均化洪水、清除和转化毒物和杂质、降解污染物、保持小气候等功能，在抵御洪水、调节径流、蓄洪防旱、控制污染、调节气候、控制土壤侵蚀、促淤造陆、美化环境等方面有其他生态系统类型不可替代的作用，被誉为"地球之肾"，受到全世界范围的广泛关注。在世界自然资源保护联盟（IUCN）、联合国环境规划署（UNEP）和世界自然基金会（WWF）世界自然保护大纲中，湿地与森林、海洋一起并称为全球三大生态系统。IUCN、WWF、湿地国际（WI）、全球自然基金会（GEF）等组织过许多重大的合作研究和行动计划，力求保护好湿地生态系统并"能维持湿地生态系统的自然特征"，使之作为全球可持续发展战略实施的重要资源之一，并实现"为人类的利益而对湿地资源的可持续利用"目标。

我国于1992年7月31日正式加入《关于特别是作为水禽栖息地的国家重要湿地公约》（简称《湿地公约》），并将我国湿地保护与合理利用列入《中国21世纪议程》《中国生物多样性保护行动计划》《中国湿地保护行动计划》。我国政府非常重视湿地的保护、恢复和合理利用，认真履行《湿地公约》，为了加强湿地的保护和管理，国家有关部门还制定了一系列的政策和措施，以实现湿地资源与环境的可持续发展。

1.2 银川平原湿地保护与可持续利用的区域背景

银川平原虽然处于我国西北内陆干旱地区，但由于黄河的流经，使之成为该区域重要的绿洲，长期以来，湖沼密布成为银川平原绿洲的主要生态特征。汉武帝时期（公元前140—87年），从银川平原南端开始了大规模的引黄灌溉开发，出现了"沃野千里，谷稼殷积……牛马衔尾，群羊塞道"的景象，至魏晋、唐宋（夏），银川平原的绿洲农业开发基本延续，灌溉余水和洪水在低洼处汇积，湖沼湿地随之形成。明清以后，银川平原灌溉面积跃增，灌排失衡，渠间洼地积水成湖。清乾隆年间，仅宁夏府城（现银川市）附近就有长湖、月湖等较大湖泊48个，银川市以南至青铜峡就有七十二连湖之说。1935年测绘的《宁夏全省渠流一览图》《唐徕渠流域图》显示,银川市附近的水面竟占总面积的25%。

新中国成立初期,银川平原还是一幅湖群密布的景象,但由于大规模围湖造田、疏干排水以及城市建设,使得银川平原湿地急剧减少,部分湖泊逐渐萎缩,截至20世纪90年代末,有30%的湿地完全消失。与此同时,由于人口过快增长、经济快速发展以及人类生产生活对湿地资源依赖程度的提高,直接导致了湿地及其生物多样性的破坏。

进入21世纪后,在西部大开发"生态先行"方针的指引下,银川平原地区开展了大规模的湿地恢复工程,湿地面积稳中有升,湿地生态环境得以改善。据2010年全国第二次湿地普查的数据,银川平原湿地总面积为 13.08×10^4 hm²,其中天然湿地和人工湿地分别占湿地面积的21.73%和78.27%(表1-1)。天然湿地中,河流湿地面积最大,为 6.06×10^4 hm²;沼泽湿地其次,为 2.17×10^4 hm²;湖泊湿地只有 2.00×10^4 hm²。从区域分布上看,银川平原湿地有南少北多之势,石嘴山市、银川市和吴忠市的湿地占银川平原湿地面积的比率分别为42.18%、40.59%和17.23%。在银川平原湖泊湿地中,永久性湖泊面积为 1.76×10^4 hm²,占银川平原湖泊湿地总面积的88.00%;季节性淡水湖 0.10×10^4 hm²,占银川平原湖泊湿地总面积的5.00%;季节性咸水湖面积为 0.14×10^4 hm²,占银川平原湖泊湿地总面积的7.00%(表1-2)。

表1-1　银川平原湿地类型及面积统计表　　　　　　单位:hm²

行政区		湿地类型				
		合计	河流湿地	湖泊湿地	沼泽湿地	人工湿地
合计		130 842.77	60 554.39	20 043.9	21 691.22	28 553.26
银川市	小计	53 112.51	21 927.01	9 661.28	4 259.36	17 264.86
	兴庆区	11 745.14	7 786.7	657.17	1 197.69	2 103.58
	金凤区	4 522.07		2 239.91	535.5	1 746.66
	西夏区	2 921.56	87.97	286.23	172.09	2 375.27
	永宁县	7 588.05	2 517.02	1 011.85	582.62	3 476.56
	贺兰县	15 541.21	4 614.8	3 548.14	1 771.46	5 606.81
	灵武市	10 794.48	6 920.52	1 917.98		1 955.98
吴忠市	小计	22 691.98	14 652.17	2 612.11	700.63	4 727.07
	利通区	5 598	4 087.96	633.72	104.51	771.81
	青铜峡市	17 093.98	10 564.21	1 978.39	596.12	3 955.26
石嘴山市	小计	55 038.28	23 975.21	7 770.51	16 731.23	6 561.33
	大武口区	5 242.36	341.37	2 492.5	1 617.43	791.06
	惠农区	12 801.12	7 120.53	921.57	2 845.78	1 913.24
	平罗县	36 994.8	16 513.31	4 356.44	12 268.02	3 857.03

但是,银川平原属中温带大陆性气候,多年平均降水量仅194 mm,年蒸发量

2 000 mm 左右，年日照时数 2 977 h。由于深居内陆，与同纬度地区相比，银川平原气候具有太阳辐射强、日照时间长、降水少、蒸发大的特点。与此同时，由于光、热、降水、时空变率大，使得湿地的分布范围、面积大小及景观特征的年际和季节变化比较大。银川平原气候干燥，年降水量只有蒸发量的 10%~20%，加之地表覆盖物多为粉沙质土壤，透水性强，因此总体上不利于湿地保存，如果没有其他水源的足量补给，湖泊湿地消亡是难以避免的。近年来，气候变化、黄河来水量减小、水配额紧张、地下水位下降、土地资源开发和快速城镇化等因素也使城镇周边的大片湿地被转换用途，诸多不利因素都给银川平原湿地保护带来挑战，加强湿地保护和合理利用，实现湿地可持续利用和生态系统健康，显得尤为紧迫。

表 1-2 银川平原湖泊湿地类型及面积统计表   单位：hm²

行政区		湿地类型				
		合计	永久性淡水湖	永久性咸水湖	季节性淡水湖	季节性咸水湖
全区合计		20 043.9	17 604.26	0	992.79	1 446.85
银川市	合计	9 661.28	8 085.09	0	198.16	1 378.03
	兴庆区	657.17	657.17			
	金凤区	2 239.91	2 239.91			
	西夏区	286.23	247.21		39.02	
	永宁县	1 011.85	913.66		98.19	
	贺兰县	3 548.14	3 548.14			
	灵武市	1 917.98	479		60.95	1 378.03
吴忠市	合计	2 612.11	2 484.06	0	128.05	0
	利通区	633.72	633.72			
	青铜峡市	1 978.39	1 850.34		128.05	
石嘴山市	合计	7 770.51	7 035.11	0	666.58	68.82
	大武口区	2 492.5	2 492.5			
	惠农区	921.57	445.27		407.48	68.82
	平罗县	4 356.44	4 097.34		259.1	

1.3 银川平原湿地保护与合理利用现状

20 世纪 50 年代以来，对银川平原湖泊湿地的利用加快了步伐，同时对湿地开发利用的方式也越来越多。进入 21 世纪后，银川市加强了湖泊湿地保护、恢复与合理利用，不仅在恢复和保护湿地生态系统方面取得了成绩，也积累了一些经验。

1.3.1 银川平原湖泊湿地保护现状

1）制定了湿地保护中长期规划

2004年，国务院办公厅下发了《关于进一步加强湿地保护管理工作的通知》，宁夏借此机遇，在广泛、深入调查的基础上，编制了《宁夏湿地保护总体规划》和《宁夏黄河湿地保护利用规划》《宁夏湿地保护工程"十二五"规划》《宁夏湿地公园发展规划》《银川市湿地保护与合理利用"十一五"规划》及《银川市湿地保护合理利用规划（2007—2020）》等一系列有关湿地保护、恢复和合理利用的规划，在这些规划里明确提出"保护优先、适度利用"的理念。按照全国要求，在全国第二次湿地调查的基础上，根据湿地及其资源的重要性、稀缺性和特殊性确定湿地保护的序列，使区内90%的湿地得到有效保护，严禁在湿地上进行损害湿地功能的项目建设。《宁夏湿地保护工程"十二五"规划》首次提出建立宁夏湿地资源补偿基金，在资源利用过程中逐步推行谁使用谁补偿原则，通过不同的补偿方式来实现湿地资源的零消耗。通过建立湿地恢复的生态补偿机制，对于为恢复湿地而造成损失或投入的个人和集体给予适当的补偿；建立流域水环境保护的生态补偿机制，下游使用清洁水源应对上游地区保护水环境的投入和损失给予补偿。

2）逐步形成湿地综合管理机制

银川市早在2002年就成立了湿地保护办公室，是全国较早成立的政府湿地保护管理机构。2008年，隶属宁夏林业厅管理的宁夏湿地保护管理中心成立，这是2008年宁夏新一轮机构改革后，批建的第一个事业单位。湿地保护管理中心的任务是：负责拟定宁夏湿地保护规划及相关技术标准和规范；进行湿地公园的保护管理、宁夏湿地资源调查、动态监测和统计；负责贯彻执行国家及宁夏有关湿地保护利用的方针、政策和法律法规；负责监督国家及宁夏有关湿地保护利用的方针、政策和法律法规的落实情况等；负责宁夏湿地行政处罚案件的审核、审批工作等。2011年，吴忠市成立了由政府牵头，发改委、财政、建设、水利、环保、林业、农业等13个部门为成员单位的吴忠市湿地保护管理委员会，同年，吴忠市政府与湿地国际中国办事处就开展湿地保护宣传教育达成合作意向并签订合作备忘录，开展了各类湿地合作项目。财政、发改委、水利、农业、环保、旅游、农垦等部门按照各自职责协同做好湿地的保护、恢复与合理利用工作。生态系统综合管理（IEM）理念和方法得以在宁夏湿地生态保护管理中实践。

3）出台了湿地保护的地方法规

2008年11月1日，《宁夏回族自治区湿地保护条例》（简称《条例》）正式颁布施行，是全国最早颁布保护法规的省（自治区）之一。《条例》从科学发展的长远利益出发，体现了"保护优先、科学恢复、合理利用、持续发展"的原则，规范了人们在湿地保护与利用中的行为，明确了湿地保护范围和破坏湿地所承担的法律责任，确立了湿地保护的主管部门和实行综合协调、分部门实施的管理体制。《条例》的颁布实施，标志着宁夏湿地保护管理步入了有法可依、违法必究的法制化轨道，对依法保护湿地、科学修复湿地、合理利用湿地、维护湿地生态系统、充分发挥湿地生态功能、促进经济社会可持续发展具有重要意义。2010年，宁夏回族自治区人大对《条例》进行了立法后评估工作。2013年，银川市人大制定了《加强黄河银川段两岸生态保护的决定》和《关于加强艾依河保护和利用的决定》，2014年，银川市人大又制定了《关于加强鸣翠湖等31处湖泊湿地保护的决定》。通过相关法律法规和规章的制定，推进了立法执法，加强了宣传教育，制定了行动计划，实施了保护与合理利用项目。

4）开展了宁夏湿地资源调查

2010年3月，宁夏第二次湿地资源调查工作全面启动，根据《全国湿地资源调查技术规程（试行）》及《全国湿地资源调查工作方案》，结合宁夏湿地资源保护和管理的实际情况，编制了《宁夏湿地资源调查技术细则》。组织了160多人的调查队伍，举办了技术培训班3期。成立了由林业、卫星遥感、野生动物、野生植物等专业技术人员组成的调查队，开展面上调查的同时，还组织各市县湿地保护和相关部门人员，对13块重点调查湿地开展监测和详查。调查范围涵盖了宁夏境内面积不小于8 hm²的湖泊湿地、沼泽湿地、人工湿地，为科学保护和可持续利用湿地资源的决策工作夯实了基础。

5）加强了湿地公园建设，湿地监测水平明显提高

湿地公园建设是银川平原湿地保护和合理利用的主要形式。2006年，银川国家湿地公园挂牌，这是宁夏第一个、全国第三个国家湿地公园。目前银川平原建有18个湿地保护单元，其中2处自然保护区、9处国家湿地公园、1处国家城市湿地公园、6处自治区级湿地公园（表1-3），各湿地公园管理部门始终以建设和谐湿地为目标，在推动湿地公园建设、扩大宣教功能、大力发展生态旅游的同时，兼顾惠及周边群众生产生活，把促进当地经济发展和保障群众生活纳入国家湿地公园建设的重要内容，积极探索人与湿地和谐相处、共同发展的新路子。湿地公园建成后，取得显著的生态、社会和经济综合效益。

表1-3 银川平原已建湿地保护单元基本情况　　　　　　　　　　单位：hm²

序号	名称	地点	面积	湿地类型	湿地保护单元	建立时间
1	沙湖自然保护区	石嘴山市	4 247	湖泊	自治区级自然保护区	1997年
2	青铜峡库区自然保护区	青铜峡市	19 500	湖泊	自治区级自然保护区	2006年
3	银川国家湿地公园（阅海园区）	银川市	1 332	湖泊	国家湿地公园	2006年
4	银川国家湿地公园（鸣翠湖园区）	银川市	667	湖泊	国家湿地公园	2006年
5	石嘴山星海湖国家湿地公园	石嘴山市	3 950	湖泊	国家湿地公园	2008年
6	银川黄沙古渡国家湿地公园	银川市	3 244	河流	国家湿地公园	2009年
7	吴忠黄河滨河湿地公园	吴忠市	2 876	湖泊、河流	国家湿地公园	2009年

续表

序号	名称	地点	面积	湿地类型	湿地保护单元	建立时间
8	青铜峡鸟岛国家湿地公园	青铜峡市	3 950	湖泊、河流	国家湿地公园	2010 年
9	永宁鹤泉湖国家湿地公园	永宁县	223.06	湖泊	国家湿地公园	2012 年
10	宁夏镇朔湖国家湿地公园	石嘴山市	1 600.76	湖泊	国家湿地公园	2013 年
11	宁夏简泉湖国家湿地公园	石嘴山市	900	湖泊	国家湿地公园	2013 年
12	银川宝湖国家城市湿地公园	银川市	83	湖泊	国家城市湿地公园	2009 年
13	贺兰金马河湿地公园	贺兰县	880	湖泊、河流	自治区级湿地公园	2008 年
14	银川黄河湿地公园	银川市	2 660	湖泊	自治区级湿地公园	2012 年
15	农垦暖泉湖湿地公园	贺兰县	1 357	湖泊	自治区级湿地公园	2012 年
16	平罗天河湾湿地公园	平罗县	3 500	河流	自治区级湿地公园	2013 年
17	贺兰县清水湖湿地公园	贺兰县	667.1	湖泊	自治区级湿地公园	2013 年
18	贺兰县滨河湿地公园	贺兰县	442	河流	自治区级湿地公园	2013 年

为加强湿地科研和生物保护，2008 年建立了银川国家湿地公园鸣翠湖园区鸟类疫源疫病国家级观测站、阅海园区鸟类环志站，开展了"银川国家湿地公园鸣翠湖园区、阅海园区湿地恢复技术研究""鸣翠湖芦苇与湖泊湿地关系的研究""阅海芦苇退化研究及措施"及亚洲开发银行资助项目"银川湖泊湿地水生态恢复及综合管理研究"等科研攻关项目，为恢复湿地生态，保护鸟类栖息地提供了技术支撑。在湿地监测方面，各国家湿地公园承担了各自湖泊环境调查、监测，理化性质监测、湖泊沉积物监测、生物要素监测、生物生产力监测等工作，环境部门和水利监测部门承担水文、水质监测工作，各单位共享数据。2015 年初，国家林业局批准在宁夏建立"宁夏黄河湿地生态系统定位研究站"，将银川平原的湿地监测和科研工作提升到国家层面。

6）实施了湿地保护恢复重点项目

"十五"期间，结合"塞上湖城"建设，银川市在艾依河湿地建设了 23 km 水道，形成了一道水不断流、绿不断线、景不断链的四季常绿的湿地景观。"十一五"以来，银川平原地区共筹资 20 多亿元，进行湿地及其生态的抢救性恢复，其中永宁县银子湖扩整工程恢复湿地 140 hm^2，恢复重建了珍珠湖湿地，并与鹤泉湖湿地连通，在县城周边形成了近 670 hm^2 的环城湿地；吴忠市把滨河湿地生态保护示范工程作为全市一号工程，投资近 1 亿元，恢复水域面积 1 340 hm^2，在牛首山下修整恢复昊盛湖、天辰湖、同盛湖等湿地，增加水面 340 hm^2；石嘴山市集中人力、物力、财力，保护和恢复星海湖湿地，已形成面积 4 800 hm^2、水面面积 3 000 hm^2 的宁夏最大的湖泊湿地，充分发挥着调蓄洪水、涵养水源、调节气候、改善环境、维护生物多样性等多种生态功能。宁夏农垦系统立足所辖湿地丰富的实际，积极探索保护和利用的有机结合、资源优势向经济优势转化的最佳途径和模式，大力发展水生种植、水产养殖、水上旅游等产业，实现湿地保护与经济效益和谐统一，为宁夏湿地的合理开发、科学利用及可持续发展积累了宝贵经验，起到了示范带动作用。

7）启动了湿地补助资金项目

为了维护国家生态安全和实现经济社会可持续发展的迫切需要，完善公共财政支持湿地生态建设，国家财政部和国家林业局从2010年起开展湿地保护补助工作。截至目前，宁夏已获补助资金8 650万元，其中银川平原的青铜峡库区自然保护区、黄沙古渡、鹤泉湖、星海湖、简泉湖、镇朔湖、吴忠黄河滨河等湿地公园都在资助之列。

根据2014年国家退耕还湿、生态效益补偿试点工作安排和部署，宁夏已开展摸底调查等工作。银川平原地处内陆地区，黄河纵贯397 km，形成了大量黄河滩涂湿地和低产盐碱地，很多成为非在册耕地和非第二轮土地承包地，此类土地亟须退还为湿地。根据宁夏现有国家湿地公园和湿地类型自然保护区退地还湿的条件要求，规划到2018年退地还湿14 742 hm^2。

8）开展了湿地保护宣传工作

银川平原地区湿地保护管理的宣传工作一直在全区的前列。每年2月2日"世界湿地日"期间以及鸟类迁徙季节，根据银川平原禽鸟栖息的特点，积极开展爱鸟护鸟活动，组织开展沙湖国际湿地观鸟节，"爱鸟周"摄影展等。通过开展广泛的宣传教育，鼓励市民——特别是青少年保护湿地，爱鸟护鸟，已经形成了良好的社会氛围。2010年鸣翠湖和阅海国家湿地公园进行了较大规模的安放鸟巢及鸟类放生活动，并组织青少年参与。2012年4月，由亚洲开发银行和宁夏回族自治区政府共同主办的"综合湿地管理国际研讨会"在宁夏沙湖举行，每年一届的"沙湖国际观鸟节"同时启动；2013年，国家林业局和中央电视台联合举办中国十大"魅力湿地"评选活动，沙湖进入中国十大"魅力湿地"行列。

1.3.2 湿地保护中存在的问题

1）水资源短缺

银川平原湿地保护及其生态服务功能发挥中最突出问题是水的问题。由于水资源短缺和水环境污染，造成湿地水位降低，面积萎缩，水质下降，生物多样性降低，进而使得湿地退化，湿地景观破坏，功能和生态价值丧失，人们的居住和休闲环境被破坏，旅游、养殖等其他经济活动无以为继。水的问题虽然与气候变化等自然原因有一定关系，但就本项目区域而言，银川平原处于干旱区，虽然有黄河水补给但十分有限，人类活动对湖泊湿地带来的威胁成为一个主要原因。须通过水资源的区域调配、重点湖泊湿地补水机制的建立、水污染的强化监督、社会各层面的宣传教育等来保障。

2）湖泊湿地的功能退化

近年来，银川平原地区虽然在湿地保护和恢复方面做了大量的工作，建设了湿地自然保护区和湿地公园，开展了湖泊湿地的恢复与保护。但是由于银川平原湖泊湿地处于干旱区，湿地生态系统脆弱和湖泊湿地退化的状况突出，湿地功能分区不够科学，存在人为干扰因素；黄河目前还有相当一部分位于平原湿地河段的滨河湿地被开垦为农田，不仅使滩涂湿地植被丧失净化水质和为野生动物提供栖息地的功能，还会因农药化肥的使用而污染水质。不少湿地的调蓄洪水、涵养水源、净化水质以及承载生物多样性和为公众提供休闲娱乐与科普教育等功能尚未得到充分的发挥，亟须开展湖泊湿地的综合生态评价。

3）农村面源污染对湿地水质构成威胁

湿地农业面源污染问题日趋严重，地表水、乡村生活废弃物、农用化肥、农药残留、畜禽养殖场废弃物五大污染已成为湖泊湿地污染防治的重点和难点。目前宁夏全区农业生产中化肥的平均施用量高于全国平均水平，加上方法不当，造成氮肥利用率仅为 30%~40%，磷肥利用率只有 15%~20%。由此估算，每年随农田退水排入黄河逾 9×10^4 kg 纯氮。银川平原湿地作为宁夏绿洲农业的精华地带同样面临着农村面源污染对湿地水质构成的威胁。

4）湖泊湿地的利用缺乏规划和科学性

进入 21 世纪以来，随着城市规模的扩大以及为满足人们的物质文化生活需求，对湖泊湿地的开发力度不断加大，目前利用湖泊湿地的开发项目大都没有开展环境影响评价，有的湖泊湿地开发缺乏科学性，造成新的对湿地生态的损坏。总体上，银川平原湖泊湿地的合理利用缺乏总体规划。

5）科技支撑依然十分薄弱

没有湿地研究机构、人才极度缺乏是目前银川平原湿地保护与合理利用的一个制约瓶颈。湿地恢复技术、鸟类栖息地保护技术、水质净化等技术滞后，导致银川平原湿地保护管理工作科技支撑力量十分薄弱。

6）湿地综合协同管理亟待加强

当前湿地保护与合理利用方面的不利因素是各管理部门职能交叉，各管一方，不能很好协调湿地用水、防污、旅游等多部门利益；有法不依、执法不严问题严重。与此同时，也存在着其他建设项目与湿地争地、湿地管理重项目建设轻管理、重开发利用轻保护恢复等问题，对当前的湿地保护也构成严重威胁。宁夏正在实施的亚洲开发银行"宁夏生态与农业综合开发项目"采用 IEM 理念和方法对湿地进行综合管理，给宁夏湿地保护与合理利用带来良好契机。

1.4 开展银川平原湿地保护和可持续利用研究的必要性

1.4.1 改善区域生态环境

湿地生态系统是区域生态系统的子系统，是银川平原绿洲生态系统中重要且不可或缺的组成部分，担负了多方面的生态系统服务功能。湿地存续并发挥正常生态功能，是银川平原绿洲长治久安的需要。根据湿地资源的现状，采取各种措施，最大限度地降低人类各种活动对湿地的负面影响；珍惜水资源并合理利用；加大对湿地的保护与恢复并重视防止湿地退化，不断提高现有湿地的功能，实现区域生态环境的健康发展。

1.4.2 关乎国家和区域生态安全

宁夏在国家主体功能区划中担负着重要的"生态屏障"职责，是国家生态安全格局中的重要节点。银川平原为腾格里沙漠、乌兰布和沙漠及毛乌素沙地所环绕，无论在国家还是区域的生态安全构建中都是重要的片区。为实现构筑"西部重要生态安全屏障"的建设目标，宁夏回族自治区确定了建设沿黄城市带绿色景观长廊、贺兰山东麓葡萄产业长廊、中部干旱带防风固沙长廊和六盘山水源涵养绿色长廊等"四大绿色长廊"的建设目标，湿地保护是其中重要的工程，尤其在沿黄城市带绿色景观长廊建设中具有举足轻重的作用。

1.4.3 适应城市生态化建设

生态环境是城市之本，生态城市是根据生态学原理建立起来的经济、社会、自然协调发展，物质、能量、信息高效利用，生态良性循环的人类聚居地，是理想的城市发展模式和人类聚居形式，是现代城市发展的必然选择。在国家主体功能区划中，宁夏沿黄经济区被列入全国18个重点开发区之中，银-吴沿黄城市带是这一经济区的核心。银川平原作为西北三面环沙中的一片绿洲，在城市建设中必须实施生态优先战略，改善环境，保护湿地，避免生态服务功能退化，增强城市生态抵抗能力和城市生态免疫力是城市发展的重要内容。

1.4.4 发挥生态系统综合效益

银川平原既是宁夏的首善之地，也是西北地区东部的集中城镇化区域。城市规模的快速膨胀已经导致用地需求矛盾更加突出，房地产开发、旅游业的发展都给湿地生态环境带来严重的压力和问题，人口的快速增长和经济规模的扩张所引发的环境污染和破坏将使湿地生境进一步恶化，不仅影响当地及其周边人民的生活质量，而且对区域经济的稳定快速发展产生一定影响。开展银川平原湖泊湿地保护和可持续利用研究，有助于综合体现湿地的生态、经济和社会效益，使区域社会、经济和城市建设等和谐发展。

1.4.5　增强湿地生态系统的自我修复能力

从近年来多次的调查和监测看，银川平原湖泊湿地水环境和水资源形势严峻，湿地生境仍呈恶化趋势。造成湿地水污染的污染源主要有工业排污、城市生活排污和农业面源污染，加之用水量逐年增加和一些部门的无序开采，致区域深层地下水位持续下降。诸多人为因素都加速了湿地的退化，并与自然因素相互叠加，使湿地逆行演替的过程更趋复杂化。开展本项研究，是进行银川平原湿地生态修复和增强湿地生态恢复能力的需要。

1.4.6　保护生物多样性

湿地是生物多样性最丰富的区域之一，是许多珍稀水生动植物生存繁衍的场所，是涉禽动物的栖息地，由于人为破坏以及受全球气候变暖和黄河水量减少、人类生产生活对湿地资源的依赖程度明显提高等因素的影响，湿地涵养水源、调节气候、降解污染物等功能衰退，直接导致了湿地生物多样性的破坏，进而使湿地生态功能降低。开展本研究，也是银川平原乃至整个宁夏保护生物多样性的需要。

1.4.7　提升湿地保护综合管理能力

由于决策部门对湿地的永续利用和持续发展认识不足，当前湿地管理体系不够健全，监督能力有限，不同部门、不同行业在湿地开发利用方面存在各行其是、各取所需的现象。通过开展本研究和其他湿地研究项目，可以推动生态系统综合管理（IEM）理念和方法的应用，促进宁夏湿地科研、监测和培训体系建设，提升宁夏湿地保护管理能力。通过本研究还可以结合区域湿地保护的实际情况和存在的问题，对现有的法律法规做必要的细化和调整，强化法律监督，界定破坏湿地资源行为的法律责任，通过政策约束和程序规范，提升市民的法制观念，使湿地保护的各项措施在政策框架体系内顺利实施。

1.4.8　化解湿地开发、保护和利用矛盾

长期以来，湿地在我国三大类的土地利用类别中被归入未利用土地，湿地保护面临巨大压力，银川平原地区也不例外。可持续发展是既满足当代人的需要，又不牺牲后代人利益并满足他们需要的发展，其核心是使经济发展与保护资源、保护生态环境协调一致，是为了让子孙后代享有充分的资源和良好的自然环境。现阶段开展湿地的保护和可持续利用研究即是本着代际公平的原则，给后代人以公平利用湿地的权利。

1.4.9　为湿地保护和可持续利用提供技术支撑

2009年6月，宁夏回族自治区正式实施亚洲开发银行（ADB）贷款/全球环境基金

会（GEF）项目——"宁夏生态与农业综合开发项目"。项目涉及奶牛养殖和乳产品加工、葡萄种植和葡萄酒生产等农业综合开发项目以及沙湖、阅海、鸣翠湖等 9 个湖泊湿地为主的生态综合管理项目。在该项目的实施过程中，宁夏湿地生态系统对于保障银川平原生态安全、提高农业综合利用效率以及探讨湿地综合管理，维持湿地生态健康和可持续利用等方面的功能和作用越来越受到亚洲开发银行项目关注和重视，项目研究也为亚洲开发银行实施的银川平原湖泊湿地恢复及合理利用提供了技术保障和支撑。

参考文献

编委会. 2015. 中国湿地资源——宁夏卷（内部）.
孙胜民，等. 2012. 银川湖泊湿地水生态恢复及综合管理，北京：海洋出版社.
牛志明，等. 2012. 综合湿地管理——综合湿地管理国际研讨会论文集. 北京：海洋出版社.
宁夏回族自治区湿地保护条例（2008）. http：//www. nxrd. gov. cn/zlzx/dfxfg/2008/201409/t20140911
 _ 2378592. html
中国 21 世纪议程——中国 21 世纪人口、资源与发展白皮书. 1994. 北京：中国环境科学出版社.
湿地国际·中国. http：//www. wetwonder. org/index. asp
中华人民共和国国家发展和改革委员会资源节约和环境保护司网站. http：//hzs. ndrc. gov. cnzhlyindex
 _ 17. html

第2章 国内外湿地利用政策、方法和典型模式

2.1 合理利用和可持续发展的理念及一般原则

2.1.1 保护性开发的概念、内涵与策略

1) 保护性开发的概念

保护性开发一般指资源保护性开发，如旅游资源保护性开发、矿产资源保护性开发等，是人们从资源盲目开发导致的资源损失、破坏甚至枯竭中产生感悟，应运而生的概念，经过不断实践和理论的丰富，目前已具备了相当程度的共识。所谓保护性开发，就是指以保护为根本前提，以资源的可持续利用为最高目标，强调保护与利用的合理关系，突出利用对保护的促进作用，并通过科学的方法对资源进行开发与利用。保护性开发是为达到更好保护的目的，针对某一资源，通过政府、民间组织及社区等多方参与的方式做出的合理开发。保护性开发的目标是：在不破坏资源下更好地进行保护，同时促进资源的合理利用，实现生态、经济、社会的整体协调发展。保护性开发中，保护是核心，开发为外在表现。保护性开发是保护与利用关系的最基本理念。

2) 保护性开发的内涵

保护性开发的内涵体现在以下方面：① 以资源的可持续发展作为最大目标，如制定资源保护与利用开发规划；② 以保护资源为首要原则和根本前提，制定开发策略，如强调"保护优先"；③ 以保护为根本目的，选取保护和利用的切入点并做好两者的衔接，如"保护与开发并重""在保护的基础上适度开发利用，在利用的过程中促进保护"等；④ 拥有以保护为核心的完善的保障体系，如法制、政策、规划、制度等。

3) 保护性开发策略

保护性开发策略是可持续发展核心理念的拓展与延伸。保护性开发主要策略有以下几个。

（1）核心保护策略。资源和生态的保护是核心，为保护好资源和生态，对其进行维育和修复是必要的。维育和修复的目的是保持生态系统连贯性、完整性和稳定性，保护生物多样性，为各种资源提供最大的生存空间，把对生境的改变控制在最低程度

和范围内。

（2）准入控制策略。划定保护与利用的区域，控制和限制在保护区域开展开发性活动。如目前广为推行的"核心区、缓冲区和试验区"自然保护区模式，开展开发活动在试验区进行；又如划分功能的"保育区、恢复区、旅游区"湿地公园模式，限定旅游开发活动区域。

（3）动态调控策略。保护性开发是一个动态变化的过程，是一种循序渐进的状态累进。随着时间推进，保护性开发不断升级，被开发对象的状态趋于优化。为更有效地保护和发掘潜在的资源，对已经掌握的资源库进行动态的更新和维护，对动态变化过程进行监测评估，为制定合理的保护和开发策略是极为必要的。

（4）开发引导策略。环境容量（Eco-environmental Capacity）是一定区域内的开发活动对资源需求以及环境所能承受压力的极限。保护性开发应首先做好开发利用强度与环境资源承载力的关系分析评价。通过较密集的科学观测、数据统计和分析，掌握某一阶段资源和生态系统的变化规律，并最终确定合理的开发利用强度。根据资源和生态系统的类型、特点和功能等因素，合理设置开发内容和项目。

2.1.2 可持续发展战略与对策

1）可持续发展理论的诞生和演进

"可持续发展"是1987年以挪威首相布伦特兰夫人为主席的联合国世界环境和发展委员会（WECD）出版的《我们共同的未来》（Our Common Future）研究报告中首先明确提出来的，这个报告在系统探讨了人类面临的一系列重大经济、社会和环境问题之后，正式提出了"可持续发展"的模式。报告体现了人类对社会经济发展思想认识上的重要飞跃。可持续发展概念核心是"人类应既满足当前的需要，又不危害子孙后代生存利益"，但这还不是一个严格的科学定义。1991年世界自然保护同盟（INCN）、联合国环境规划署（UNEP）和世界野生生物基金会（WWF）共同发表《保护地球——可持续生存战略》（Caring For the Earth：A Strategy For Sustainable Living）一书中，对可持续发展的定义为："人类生活在永续的良好的生态环境容量中，同时又要改善人类生活的质量"，强调既要注意环境容量，又要改善生活质量，让人类世世代代过好日子，同时还提出可持续生存的九条基本原则。世界资源研究所在《1992—1993年世界资源》一书中则提出："可持续发展是不降低环境质量和不破坏世界自然资源基础的经济发展"，这是强调不要以牺牲资源和环境为代价的经济发展，在不破坏自然和社会的基础条件下，完成经济发展这一最根本的任务。1991年，国际生态联合会（INTECOL）和国际生物联合会（IUBS）则共同提出一个更加完整的可持续发展概念："保护和加强环境系统的生产和更新能力，提倡保持最佳的生态系统以使人类的生存环境得以持续下去"，认为"可持续发展是能动地调控自然-经济-社会复合系统，使人类在不超越资源与环境承载能力的条件下促进经济的发展，保持资源永续和提高生活质量"。1992年6月，联合国环境与发展大会（UNCED）在巴西里约热内卢召开，大会通过的《21世纪议程》更是高度凝聚了当代人对可持续发展理论认识深化的结晶，大会为人类走可持续发展之路作了总动员，使人类迈出了跨向新文明时代的关键性一步，为人类的可持续发展耸立了一座重要的里程碑。2012年6月，在巴西里约热内卢召开联合国可持续发展大会，这是继1992年联合国环境与发展大会及2002年南非约翰内斯堡可持续发展世界首脑会议后，国际可持续发展领域举行的又一次大规模、高级别会议。会议由三个目标和两个主题构成。三个目标即：① 重申各国对可持续发展的承诺；② 找出目前在实现可持续发展过程中取得的成就与面临的不足；③ 继续面对不断出现的各类挑战。两个主题是：① 绿色经济在可持续发展和消除贫困方面的作用；② 可持续发展的体制框架。联合国希望在2015年以后，将此前的21世纪议程、千年发展目标（Millennium Development Goals）等，能逐步整合到可持续发展目标（Sustainable Goals）中。

2) 可持续发展的原则、内涵与特征

可持续发展概念包括三个原则，即：① 公平性原则——包括横向的代内公平和纵向的代际公平，前者是指给世界各国以公平的发展权、公平的资源使用权；后者强调当代人不能因为自己的发展和需求而损害后代人发展所必需的资源和环境条件。② 持续性原则——指人类的经济和社会发展不能超越资源和环境的承载能力，资源的永续利用和生态环境的可持续性是可持续发展的重要保证。③ 共同性原则——强调人类生活在同一地球上，实现可持续发展需要地球上全人类的共同努力，追求人与人之间、人与自然之间的和谐是人类共同的道义和责任。

概括地说，可持续发展要同时满足三个最基本的条件，即：① 满足人类的需要；② 限制人口增长，资源浪费和环境恶化；③ 争取地区、国家和代际的公平。因此，可持续发展的特征可以总结为：① 经济必须不断增长，因为它是社会财富和国家实力的体现，这是发展的最基本的任务；② 以保护自然使生态持续发展为基础，发展要与人口、资源和环境的承载能力相协调，这是发展的基本条件；③ 以改善人类的生存条件和提高生活质量为目的，发展要与社会进步相适应，这是发展的根本目的。简言之，就是以自然持续发展为基础，经济持续发展为任务，社会持续发展为目的。它们之间是相互关联的，需要相互协调发展，并构成一个巨系统。

可持续发展的内涵体现在几个方面："持续"是对资源与环境而言，是使自然资源能够永远为人类所利用，不至于因其过度消耗而影响后代人的生产与生活；"发展"则是一个很广泛的概念，它不仅表现为经济的增长、人民生活水平的改善，还体现在文化繁荣、科技昌盛、道德水平的提高、社会秩序的和谐等诸多方面，发展既要有量的增长，还应有质的提高。可持续发展的概念鲜明地表达了两个观点：①人类要发展，尤其是发展中国家要发展；②发展要有限度，不能危及后代人的发展能力。这既是对传统发展模式的反思和否定，也是对可持续发展模式的理性设计。

按照中国科学院可持续发展研究组的观点，可持续发展包括以下五大支持系统。

（1）生存支持系统：是实施可持续发展的基础条件。良好的生存支持系统是启动和加速发展支持系统的前提。

（2）发展支持系统：是实施可持续发展的动力条件。生存支持系统与发展支持系统有次序和互相衔接，一般而言，先有生存而后有发展，没有生存就没有发展。

（3）环境支持系统：是实施可持续发展的限制条件。它以其缓冲能力、抗逆能力和自净能力的总和，去维护人类的生存支持系统和发展支持系统。生存支持系统和发展支持系统必须在环境支持系统的允许范围内。

（4）社会支持系统：是实施可持续发展的保证条件。

（5）智力支持系统：是实施可持续发展的持续条件。它主要涉及教育水平、科技竞争力、管理能力和决策能力。

任何一个国家或地区的可持续发展，都受到以上五大支持系统整体的共同作用，其中任何一个系统的失误与崩溃，最终都会削弱可持续发展的总体能力。

2.1.3 生态经济的概念内涵

生态经济（ecological economy）简称 ECO，"ECO" 取自"经济的"（economic）和"生态的"（ecological）两个英文单词的词头。

生态经济是 20 世纪 60 年代初期提出的旨在摆脱现实社会面临的诸多困境的一种理念，但最初的生态经济并没有确切的含义。经过多年的发展，生态经济作为一种理念正在被越来越多的人所理解和接受，而且由理念上升为一种理论体系，人们越来越认识到：片面追求经济增长必然导致生态环境的崩溃，单纯追求生态目标也处理不了社会经济发展的诸多问题，只有确保自然-经济-社会复合型系统持续、稳定、健康运作，才有可能同时实现这两个目标，从而实现人类社会的可持续发展。

生态经济作为一种全新的经济发展模式，是指在生态系统承载能力范围内，把经济社会发展和生态保护有机结合起来，使之互相促进的一种新型的经济活动形式，既是生产不断发展与资源环境容量有限的矛盾运动的必然产物，也是实现可持续发展的一种具体形式。生态经济强调生态建设和生态利用并重，力求经济社会发展与生态建设和保护在发展中动态平衡，实现人与自然和谐的可持续发展。生态经济的本质，是把经济发展建立在生态环境可承受的基础之上，实现经济发展和生态保护的"双赢"，建立经济、社会、自然良性循环的复合型系统。

生态经济的特征表现在几个方面：① 复合型——生态经济系统运行是生态系统与经济系统相互交织的过程，这种过程必然使得生态经济系统运行是经济效益目标和生态效益目标的有机统一；② 有序性——生态经济系统具有自己的组织能力和自我调节能力，并处于动态变化中，有序性增加，系统表现为上升或进化；③ 可控性——生态经济系统的变化、发展受生态规律和人类经济活动双重制约，它是区别自然生态系统的重要标志，也是进行生态经济宏观和微观管理的主要依据之一；④ 地域性——生态系统与经济系统的耦合，是以某一地域为依托的，这种地域差异性就成为制约各地经济稳定发展的重要因素。

生态经济可以按地域经济特征分为城市生态经济系统、农村生态经济系统、区域生态经济系统等；按行业经济分为农业生态经济系统、工业生态经济系统等；按经济发展水平分为发达生态经济系统、中等发达生态经济系统、落后地区生态经济系统等以及按地形地貌划分、按气候特征划分等。

世界银行生态经济城市（Ecological Cities as Economic Cities）倡议是城市可持续发展的一个案例，这一战略于2009年11月在新加坡实施。其内涵为：生态城市通过城市综合规划和管理来提高市民和社会福利，它得益于生态系统，同时也为子孙后代养护这些资源；经济城市则是通过利用城市有形和无形资产，形成经济活动为市民、商业和社会创造价值和机会。生态经济城市的提出和构建是基于生态可持续性和经济可持续性的相互协同和依存，是基于这两者能够在城市框架中彼此加强和促进。

发展中国家城市化可能是21世纪最为显著的人口结构转变，按照规划，2000—2030年发展中国家全部建成城市面积将翻两番，在短短30年中新建城市面积将相当于2000年全球建成城市面积的总和。城市化加速了国家经济增长，大约75%的全球经济产值来自于城市，同时，城市化带来的机遇使得世界大多数地区的大部分人口摆脱了贫困。然而，这种速度和规模的城市化必将伴随着自然资源的大量消耗甚至枯竭。不言而喻，如果保持城市化的强劲发展，就必须转变城市化发展模式，城市化带来经济增长和减少贫困的同时，把生态和经济结合起来，把生态与经济对立的城市转变为生态经济城市，形成城市化发展的可持续优势。

2007年，贵阳市在全国率先建设生态文明城市，提出"坚持以人为本，走生产发展、生活富裕、生态良好的文明发展道路，努力建设资源节约型、环境友好型社会，实现经济社会可持续发展"。并且提出建设生态文明城市的指标体系，由生态经济指标、生态环境指标、民生改善指标、基础设施指标、生态文化指标、政府责任指标等构成。在建设生态文明城市方面，国内许多省和城市都做了大量的研究和实践。

2.2 《国际湿地公约》关于湿地合理利用的原则及指南

2.2.1 合理利用概念的产生和发展

合理利用（wise use）湿地是《湿地公约》核心价值理念的体现，认为湿地为具有巨大经济、文化、科学及娱乐价值的资源，其损失将不可弥补；强调湿地在净化污染、防洪、保持水质、保证地下水和地表水供应，对农牧渔业的支持以及调节气候方面所体现的功能和价值。《湿地公约》第三条规定"缔约国应制定并实施其计划以促进已列入名录的湿地的养护并尽可能地促进其境内湿地的合理利用。"《湿地公约》虽然没有进一步指出"合理利用"的确切定义，但可以明确合理利用的范围包括所有湿地。

《湿地公约》（也称《拉姆萨尔公约》）1971年2月2日订于伊朗拉姆萨尔，经1982年3月12日议定书修正，现有缔约国159个。作为《湿地公约》的决策机构，缔约国大会每三年召开一次，主要目的是检查和促进公约的实施，讨论和决定未来三年全球湿地保护与公约的发展方向。1980年11月，召开了第一次缔约国大会。"合理利用"是在1987年召开的第三次缔约国大会上首次提出的，同时建立了湿地合理利用工作组，并对"合理利用"给出了明确的定义，即"湿地的合理利用是以一种与维持生态系统自然特性并行不悖的方式造福于人类的可持续的利用"。这里的"可持续利用"

是指"人类利用湿地，使它最大限度地连续地造福于当代人，同时保持其满足子孙后代需求和愿望的潜力"。此后随着认识的不断深化和湿地事业的发展，历次缔约国大会不断对"合理利用"概念进行更新。《湿地公约》对"合理利用"的最新定义是："在可持续发展背景下，通过运用生态系统方法，维持湿地生态特征。"将合理利用的原则尽可能广泛运用于所有湿地生态系统，以便在土地利用决策上遵循可持续发展理念，实现环境、经济和社会的可持续发展。同时发布了《湿地合理利用指南》《合理利用概念实施指南》《合理利用概念实施的补充指南》等文件，足以表明国际上对湿地利用的关注程度。"合理利用"是对湿地保护理念的一个革命性发展。它体现了"可持续发展"概念和"维持湿地生态系统"的基本原则；强调尊重和保护的基础上在一定程度和范围内开发湿地，实现保护与利用的平衡。舍弃了早期建立自然保护区、不加干涉的观念，不把保护与利用对立起来，符合可持续发展的认识；它并非单纯、狭义强调湿地保护，而是在尊重和保护湿地生态价值的基础上，在一定程度上开发和利用湿地，从而满足人对湿地资源的需求与湿地自身恢复二者的协调，是可持续发展理念在湿地保护中的体现。鉴于湿地管理最突出的矛盾是湿地生态保护与湿地资源利用之间的矛盾，"合理利用"建立了湿地保护与湿地利用之间的平衡。

1990年在瑞士召开的第四次缔约国大会通过《建议4.10——关于实施合理利用概念的指导原则》，扩展了合理利用概念及其实施指南，重申合理利用的概念延伸到湿地保存的所有阶段，其中包括政策制定，规划，法律和教育活动及针对具体地点的行动。在附件中进一步明确了湿地可持续利用的定义，即"人类使用湿地以使它能给今代人产生最大的持续性利益，同时又维持其潜力以满足后世的需求和愿望"，明确阐述湿地合理利用与可持续利用的关系，指出"以合理利用的概念谋求制定和实施总的湿地政策，也谋求具体湿地的合理利用，这些活动是可持续发展的不可分割的部分"。这里提出的指导原则包括国家全面湿地保护政策和优先行动两个方面。其中在处理具体湿地地点问题的行动中明确，从一开始就将环境因素纳入可能影响湿地的项目规划工作中，也就是可能对湿地生态造成影响的利用必须进行环境影响评价及环境监测评估；有管理地利用湿地系统的自然成分，以便使它们不被过度利用，也就是通过有效的管理，使得湿地不被过度开发利用；同时指出通过重要湿地列入国际湿地名录，建立湿地自然保护区以及恢复那些已经在利益和价值上减少和退化的湿地等。这次大会还建立了湿地保护基金（即后来的湿地合理利用小额赠款项目）。

2.2.2 合理利用概念的指导方针

1993年在日本召开的第五届缔约国大会通过《决议5.6——关于合理利用湿地的决议》，作出《关于实施合理利用概念的补充指导方针》。随着全球对湿地保护与合理利用认识的加深，保护与发展结合起来的绝对必要性得到全世界的承认，《湿地公约》的缔约国已使合理利用成为公约发挥作用的一个中心议题。《湿地公约》与《生物多样性公约》的湿地保护问题上发挥着主要的伙伴作用，《生物多样性公约》提出"生物多样性组成部分的持久使用"的原则，对于湿地的保存和合理利用具有特别重大的意义。由于合理利用概念对公约各个方面都具有重要意义，因此这些指导方针对于采取的行动也意义重大。指导方针中关于合理利用的主要实施途径包括以下几种。

1) 制定湿地政策

湿地的合理利用要求全国协调一致,这就要有计划,这一计划可以纳入湿地政策、保存政策或其他相关政策框架中,作出机构和管理方面的安排;采用立法的手段以促进政策实施,有关湿地合理利用的立法应考虑把湿地列入土地规划中;对影响湿地的活动实行许可制度;进行环境影响监测和评价;建立管理协议制度等。这种立法还应考虑:规定大型湿地区域的特殊法律地位,以便控制任何潜在的威胁活动,包括农业、林业、渔业、旅游、狩猎、水产养殖等方面;把湿地划分成不同地带,每个特定地带适用特定的规章,以确保活动不超过有关区域的承受能力。

2) 了解湿地及其价值

为了管好和用好湿地,必须充分了解湿地的作用,合理利用湿地应做好湿地资源调查、湿地研究、湿地监测和培训等。编制湿地名录是收集和更新资料的一项长期工作,用作土地利用和管理规划的基础性资料以及今后监测的基础;监测是衡量湿地生态系统一定时间内的变化过程,必须关注在湿地发生的任何活动;湿地的价值、作用和用途等研究,包括湿地利用可持续的研究;培训应向湿地管理人员和行政官员提供建立、保护和执行湿地合理利用概念所需要的专业知识,注重综合管理的培训;改善湿地的教育和公众意识对于实现合理利用极为重要,应使湿地管理者、土地所有者、地方政府官员、依赖湿地资源生活的社区和一般公众都能受到教育并提高意识。

3) 特定湿地地点的行动

湿地管理是一种综合生态管理,需要制定长期持久的目标,符合持续性的不同用途和活动。为了实现湿地的合理利用,必须确保通过人们的活动维持所有湿地类型的平衡,目前很少没有湿地不被以某种方式加以利用,因此湿地管理要适应这些情况并作出反应。制定综合管理规划以保证湿地管理的实施,包括确认过去对湿地的改造及可能的威胁、评估和目标,为达到目标的行动计划以及监测等。

4) 技术问题

合理利用的许多技术是持久的,应加以确定、研究和宣传;对不具备持续性的应加以改造,使其尽可能具持续性。

2.2.3 《湿地公约》合理利用湿地手册

2000年5月,《湿地公约》关于合理利用湿地的手册正式出版。2010年《拉姆萨尔公约》手册"合理利用湿地"第4版发布,这是在第七届(1999年)、第八届(2002年)、第九届(2005年)和第十届(2008年)缔约国大会有关决议建议基础上修订,第4版取代了以前的所有版本。第4版关于合理利用湿地的手册内容覆盖湿地管理、保护、利用的方方面面,其框架体系见表2-1,概念框架图如图2-1所示。

表 2-1 《湿地公约》合理利用湿地手册 第 4 版（2010 年）框架体系

		公约基石 1：合理利用
手册 1	湿地合理利用	概念和合理利用湿地的方法
手册 2	国家湿地政策	制定和实施国家湿地政策
手册 3	法律和制度	审查法律和制度，以促进湿地的保护和合理利用
手册 4	禽流感和湿地	指导和响应控制高致病性禽流感
手册 5	合作伙伴	实施拉姆萨尔公约的主要合作伙伴
手册 6	湿地 CEPA	宣传、教育，参与该公约的计划和公众意识（CEPA）
手册 7	参与式技能	建立和加强地方社区和土著人民参与湿地管理
手册 8	水资源相关框架	一个综合框架与水有关的指导意见
手册 9	流域综合管理	整合湿地保护与合理利用为流域管理
手册 10	水资源分配和管理	水分配和管理的准则，以维护湿地生态功能
手册 11	地下水管理	管理地下水来维持湿地生态特征
手册 12	海岸带管理	在海岸带综合管理湿地
手册 13	清查、评估和监测	湿地清查、评估和监测的一个综合框架
手册 14	数据和信息需求	拉姆萨尔数据和信息的需求的框架
手册 15	湿地清查	拉姆萨尔框架下湿地清查和生态特征描述
手册 16	影响评估	生物多样性各方面的环境影响评估和战略环境评价指南
		公约基石 2：拉姆萨尔湿地指定和管理
手册 17	国际重要湿地指定	为国际重要湿地名单的未来发展战略框架和指导方针
手册 18	湿地管理	框架用于管理拉姆萨尔湿地和其他湿地
手册 19	湿地生态特征变化	应对重要湿地和其他湿地生态特征变化
		公约基石 3：国际合作
手册 20	国际合作	湿地公约规定的国际合作准则和支持
		配套文件
手册 21	湿地公约战略计划 2009—2015 年	2009—2015 年期间目标，策略以及国际湿地公约的实施

联合国"千年生态系统评估"制定的概念框架为维持生态系统的服务提供了多尺度的方法，将《湿地公约》合理利用工具包的内容绘制到联合国"千年生态系统评估"的概念框架上看出，在此框架下，"合理利用"也就相当于"维持生态系统效益/服务，以确保维持长期的生物多样性和人类福祉及减少贫困"。

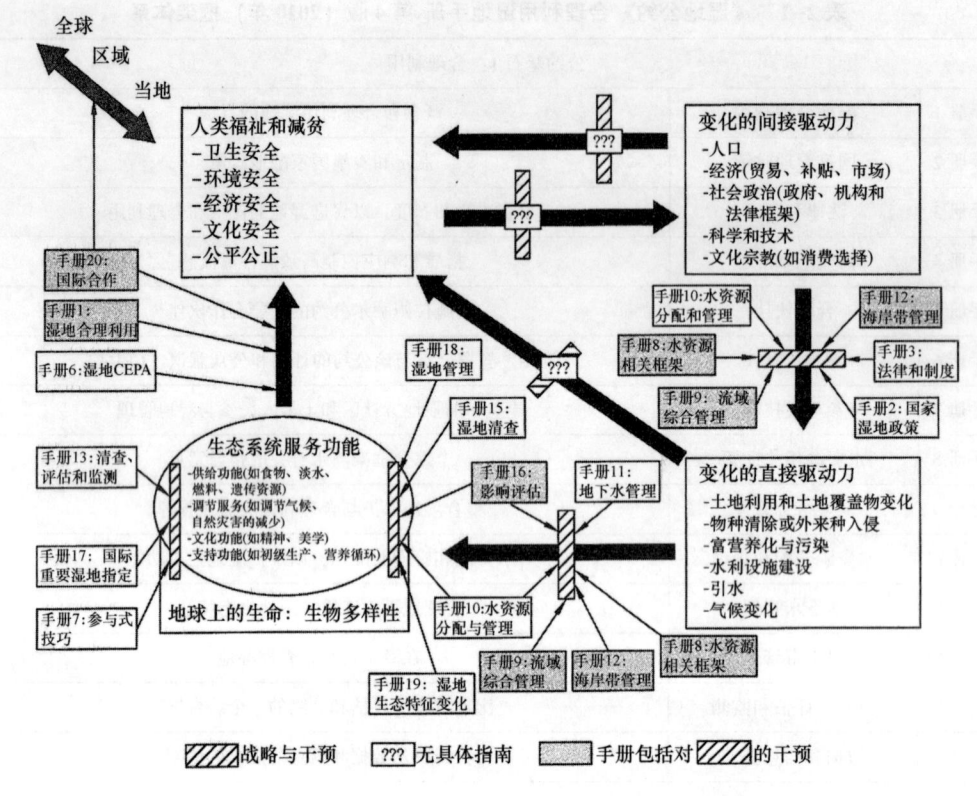

图 2-1 《湿地公约》湿地合理利用手册概念性框架图

2.3 世界湿地保护与合理利用的模式

世界许多国家的湖泊湿地开发利用过程、开发中的经验以及其中存在的问题，非常值得我们了解和借鉴，尤其在湖泊湿地资源开发利用和沿湖区域的经济发展方面已经有一定的模式可循。结合本项目研究实际，本文对国际上部分湿地开发和可持续发展的一些案例和规律性经验作分析研究。拘于篇幅所限并考虑需求，介绍的只是部分典型湿地的部分经验及模式。

2.3.1 北美五大湖——以水资源和流域为基础的城市群

1) 基本概况

北美五大湖是位于美国和加拿大交界处的 5 个淡水湖泊，从西向东呈不规则形态依次分布为苏必利尔湖、密歇根湖、休伦湖、伊利湖和安大略湖（图 2-2）。五大湖总面积约 245 660 km^2，流域约为 766 100 km^2，南北延伸近 1 110 km，从苏必利尔湖西端至安大略湖东端长约 1 400 km。湖水大致从西向东流，注入大西洋。除密歇根湖和休伦湖水平面基本相等外,各湖水面高度依次下降。由于历史上开通了运河,5个湖泊连为一体,形成了一条镶嵌在北美广袤土地上的蓝色生态带,五大湖是世界最大的淡水湖水系,所蓄淡水占世界地表淡水总量的1/5。

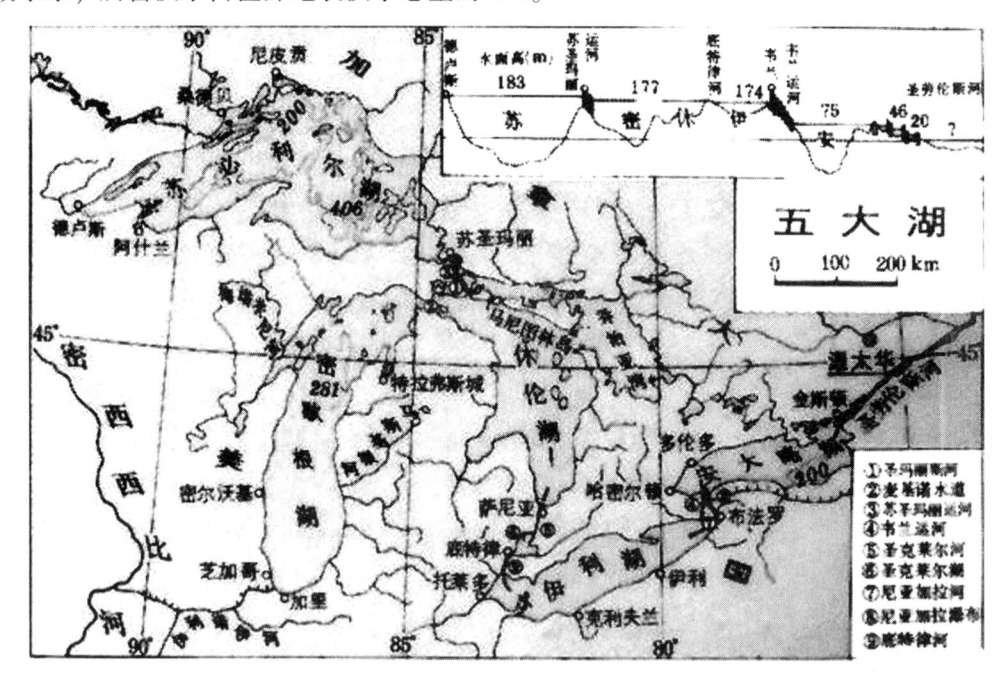

图2-2 五大湖的分布及水平面分布图

苏必利尔湖(Lake Superior),位于五大湖最西北,是五大湖最大的一个湖,也是世界最大的淡水湖之一。湖东北为加拿大,西南为美国。湖面东西长616 km,南北最宽处257 km,湖面平均海拔183 m,湖泊水域面积82 103 km²,最大深度405 m。湖泊蓄水量$1.2×10^4$ km³。有近200条河流注入湖中,以尼皮贡和圣路易斯河为最大。苏必利尔湖水质清澈,湖面多风浪,湖区冬寒夏凉。季节性渔猎和旅游为当地娱乐业主要项目。流域内蕴藏有多种矿物,有很多天然港湾和人工港口,主要港口有加拿大的桑德贝和美国的塔科尼特等,全年通航期为8个月。

休伦湖(Lake Huron),为五大湖中第二大湖。它由西北向东南延伸,长331 km,最宽处163 km。湖水面积59 570 km²。有苏必利尔、密歇根湖和众多河流注入,湖水从南端排入伊利湖。湖面海拔176 m,最大深度229 m。东北部多岛屿。湖区主要经济活动有伐木业和渔业,沿湖多游览区,4月初至12月末为通航季节,主要港口有罗克波特、罗杰斯城等。

密歇根湖(Lake Michigan),也叫密执安湖,在五大湖中面积居第三位,是唯一全部属于美国的湖泊。湖泊北部与休伦湖相通,南北长517 km,最宽处190 km,湖盆面积近$12×10^4$ km²,水域面积57 757 km²,湖面海拔177 m,最深处281 m,平均水深84 m,湖泊蓄水量4 875 km³,湖岸线长2 100 km。有约100条小河注入其中。北端多岛屿,以比弗岛为最大。沿湖岸边有湖波冲蚀而成的悬崖,东南岸多有沙丘,尤以印第安纳国家湖滨区和州立公园的沙丘最为著名。湖区气候温和，大部分湖岸为避暑地。东岸水果产区颇有名；北岸曲折多港湾，湖中多鳟鱼、鲑鱼，垂钓业兴旺；南端的芝加哥为重要的工业城市，并有很多港口。12月中至翌年4月中港湾结冰，航行受阻，但湖面很少全部封冻，几个港口之间全年都有轮渡往来。

伊利湖（Lake Erie），是五大湖的第四大湖，东、西、南面为美国，北面为加拿大。湖水面积25 667 km²。呈东北—西南走向，长388 km，最宽处92 km，湖面海拔174 m，平均深度18 m，最深64 m，是五大湖中最浅的一个，湖岸线总长1 200 km。底特律河、休伦河、格兰德河等众多河流注入其中，湖水由东端经尼亚加拉河排出。西北岸有皮利角国家公园（加拿大）。主要港口有美国的克利夫兰、阿什塔比拉等。沿湖工业区曾导致许多湖滨游览区关闭。

安大略湖（Lake Ontario），是五大湖最东和最小的一个，北为加拿大，南为美国，大致呈椭圆形，主轴线东西长311 km，最宽处85 km。水域面积约19 554 km²，平均深度86 m，最深244 m，湖泊蓄水量1 688 km³。有尼亚加拉、杰纳西、奥斯威戈、布莱克和特伦特河注入，经韦兰运河和尼亚加拉河与伊利湖连接。著名的尼亚加拉大瀑布上接伊利湖，下灌安大略湖，两湖落差99 m。湖水由东端流入圣劳伦斯河。安大略湖北面为农业平原，工业集中在港口城市多伦多、罗切斯特等，港湾每年12月至翌年4月不通航。

2) 资源特征

（1）水资源：五大湖是世界上最大的淡水湖群，湖水的平均深度近100 m，最深达406 m，总蓄水量达24 458 km³，占全世界淡水总量的1/5，约占美国湖泊和水库供应的淡水总量的90%左右。五大湖的湖面高差分成三级：苏必利尔湖经苏特·圣大马利滩（长1 200 m，高差6 m）倾入密执安湖和休伦湖；由休伦湖经圣克莱尔河—圣克莱尔湖—底特律河入伊利湖，这一联结水道高差仅有2~3 m，水势平缓；伊利湖与安大略湖之间高差99 m，这里有世界著名的落差约49 m、宽达1 240 m的尼亚加拉瀑布；湖水最后经圣劳伦斯河排入大西洋。五大湖汇聚了附近的一些河流和小湖，构成北美一个独特的水系网。注入的河流很少，湖水主要来自降水，降水自西向东逐渐增多。水位稳定，水位年变幅仅30~60 cm，水位升降受雪、雨支配，冬季水位最低，6—7月份水位最高，各湖中高差变化仅在0.5 m左右。五大湖对沿岸附近的气候有明显的调节作用，与邻近地区相比，湖区冬暖夏凉，降水较多。

（2）动物资源：五大湖区鸟类中最为常见的有银鸥和环嘴鸥以及燕鸥，湖泊中的小岛是鸟类营巢的栖息地。拾贝潜鸭和长尾鸭等将五大湖作为其重要的越冬地。各种滨鸟和鸣禽则在春秋两季迁徙时经过这里。北美的大部分鱼类在五大湖及其支流中均有发现。湖红点鲑、白鲑和大口白鲑一直是湖区的重要鱼类，在较暖的浅水中，鲈鱼、梭鲈、巴司鱼和鲇鱼都很丰富。

3) 经济状况

在北美移民开发的早期，人们就认识到五大湖地区浩瀚森林与肥沃土地的价值，于是伐木与农业变得重要起来。后来在沿湖岸或附近地区发现大片煤、铁、铜、石灰岩及其他矿床，这些丰富的资源再加上充足的水资源，促使五大湖周围发展起了庞大的工业和巨大的都市区。目前，美国沿湖各县约有一半土地用于耕作，1/3 邻近加拿大的各县土地也用于农业，主要种植业为玉米、大豆、牲畜饲料以及水果和蔬菜，畜牧业以奶牛、肉牛业和养猪业为主。这里是全世界生产率最高的农业区，农畜产品为农产品加工、食品工业以及轻工业的发展打下基础，使这里成为美国最大的肉、乳加工工业地带。

五大湖提供的水资源对沿湖工业及大城市具有重大意义。圣玛丽斯河、尼亚加拉河和圣劳伦斯河上有水力发电站。湖周围无数的发电厂是用水大户。五大湖地区工业包罗万象，伊利诺伊州、印第安纳州、俄亥俄州和安大略省的大型钢铁厂和以底特律地区为中心的汽车工业生产的钢和汽车在北美洲占很大比例。制造业及其就业人数均居全国首位，突出的工业部门还有机床、农业机械设备、电气设备、炼油、化学等，高度的工业集中形成城市密集带。

五大湖区还是美国和加拿大旅游活动的核心区域之一，在广泛的游乐活动方面有无法估量的价值。汽艇运动和帆船运动已成为备受欢迎的活动，已建成许多小艇停靠站。各湖湖岸有较长的沙滩，州有的、省有的、联邦的和县有的土地提供数百个野营、野餐和公园地区，促使旅游业繁荣起来。

4) 城市群

五大湖城市群分布于五大湖沿岸，从美国芝加哥向东到底特律、克利夫兰、匹兹堡，并一直延伸到加拿大的多伦多和蒙特利尔（图 2-3）。这些城市各有特色（表 2-2），但同时又成为一个有机整体，即新的城市群（或城市带）。

图 2-3 美国五大湖城市群主要城市分布图

五大湖城市群形成了较为合理的布局，各城市因地制宜发展专业化生产，较好地利用了地区经济优势；在城市专业化生产的基础上，逐渐形成以中心城市为主干、中小城市为辅助的城市体系，以其整体性见长，综合利用地区优势，减少了不必要的耗损。以芝加哥为中心，形成了一个联系紧密的城市体系。① 芝加哥——综合性工业大城市，具有新的全国性经济中心的性质；② 圣路易斯、底特律、匹兹堡、辛辛那提——地方性中心城市，以某一产业为主，其他产业为辅；③ 中小型城镇——在地方性中心城市周围兴起并与其主导产业相匹配，专业程度较高又相对独立；④ 卫星城——隶属于前两类城市，一种是工厂城，另一种是居住城。这些不同规模、不同类型的城市，在市场机制的作用下，分布日趋均衡，进而形成以综合性城镇与专业性城镇相结合、大中小城市相结合，相互依存、同步发展的格局。在美国中西部城市已初具规模，一个新的城市带陡然崛起。

表 2-2　北美五大湖周边主要城市基础信息表

城市	面积（km²）	人口（万人）	地理位置	产业地位	其他
芝加哥	606	290	地处伊诺州东北角，密歇根湖的西南岸，位于密西西比河水系和五大湖水系的分界线上	美国最大的工业、金融、文化和商业中心之一，交通发达，产业门类齐全，发展均衡。GDP 高达 5 320 亿美元（2010 年）	芝加哥及其郊区组成的大芝加哥地区，人口超过 900 万，是美国仅次于纽约市和洛杉矶的第三大都会区。被评为美国发展最均衡的经济体
克利夫兰	213	39	地处伊利湖南岸，凯霍加河的河口	美国中北部重要湖港和工业城市，工业发达，钢铁工业、医疗行业为克利夫兰经济的重要支柱行业	都会区人口 290 万。克里夫兰与匹兹堡同列美国最佳居住城市
托莱多	217.8	36.8	位于伊利湖西端，莫米河河口	美国中北部第二大湖港，重要的铁路枢纽，支柱产业主要包括：汽车制造与配件加工工业、玻璃制造工业以及太阳能产业	
匹兹堡	144	33	位于俄亥俄河南北源的汇合点，水道西连伊利湖	曾有"世界钢都"之称，现已逐步转型为以生物科技、电子科技、机器人制造、医疗健康、金融而闻名的繁荣的工商业城市，成为美国城市经济成功转型的典范	都会区人口约 240 万；全市水道纵横，共有 446 座桥梁。为美国最适宜居住的都市

续表

城市	面积（km²）	人口（万人）	地理位置	产业地位	其他
底特律	370	71	位于伊利湖西北，底特律河西岸，城市得名于连接圣克莱尔湖和伊利湖的底特律河	美国最大的汽车工业中心，与汽车制造业有关的产业相当发达，专业化、集约化程度很高。新兴科技，包括生物科技、纳米科技、信息技术以及燃料电池迅速发展	
多伦多	630	279	位于安大略湖西北岸的大湖半岛上，约有46 km长的湖岸线	加拿大的金融、商业、工业和交通运输中心，经济较为多元化，引领产业为金融、商业服务、电信、宇航、交通运输、媒体、艺术、电影、电视制作、出版、软件、医药研究、教育、旅游、体育等	多伦多大市区，包括城区和周围12个市辖区，大多伦多由市中心区向外延伸，著名的卫星城市有约克、北约克、东约克、士嘉堡及伊陶碧谷等
蒙特利尔	365	162	位于圣劳伦斯河下游左岸	为加拿大全国最大的海港和金融、商业、工业中心，主要工业部门有服装、食品加工、制鞋、造船、电工器材、飞机制造、石油加工等	由周围75个大小城镇组成

城市群的崛起是合力作用的产物，这种作用集中体现在以城市带为基础，形成一个相对独立的工业中心。

（1）利用当地农牧业生产优势所形成的农产品加工专业化城市。密尔沃基市地处"谷物带"，重点发展大型谷物加工业和酿酒业；圣路易斯市畜牧业发达，优先发展肉食加工和罐头加工业。

（2）利用当地得天独厚的自然资源发展起来的专业性城市。匹兹堡以其巨型钢铁企业而闻名全球；底特律以其钢铁机械产品而著称。

（3）利用水路航运之便形成的专业性城市。辛辛那提市位于俄亥俄河畔，造船业从无到有，发展迅速，规模堪与美国造船业老牌基地波士顿相媲美；托莱多市利用石英岩资源制造玻璃品，在全国玻璃生产中独占鳌头；大瀑布城利用森林资源发展家具制造业，在东北部享有盛誉。但这些专业性城市并不是分散孤立地发展，而是相互依存，具有十分紧密的协作关系。

5) 五大湖的经济和城市化发展与环境对策

五大湖区的经济发展，从 20 世纪八九十年代至今，走过了扩张发展、结构调整、经济转型、产业升级的发展之路。19 世纪初，五大湖工业区开始进入开发的初级阶段，1850 年农业占国民收入的比重达到 50%左右，而城市化则为 9%。1865—1890 年为工业化加速推进阶段，此时，工业化已经成为促进城市化发展的主要推动力。五大湖工业区已成为美国主要城市化中心，全国 10 个大城市中，有 4 个位于五大湖，到 1870 年五大湖工业区城市化水平达到 30%，远超出全国平均水平。1890—1920 年，五大湖工业区进入鼎盛发展阶段，工业发展最繁荣。到 1920 年，五大湖区的城市化率达到 75.7%。1945 年第二次世界大战后，五大湖工业经济增长乏力，五大湖工业区制造业占全国比重由 1946 年的 77%下降到 1982 年的 57%。与此同时，人口郊区化的逆城市化现象出现，于是，多中小城市空间结构逐渐形成，各大都市区逐渐交叉变成城市带。1985 年后，五大湖区在制造业和农业的带动下，产业结构发生转变，很多大都市区的制造业外迁，并由制造业中心转变为管理、商务、法律、贸易、旅游、会展等服务业中心。产业结构的调整促进了城市化的积极响应，城市化逐步走向健康发展。进入 21 世纪，新技术革命的兴起，全球化经济的影响，五大湖区更是加快了经济转型，新兴产业的高生产率、产品的高附加值，不仅提升了经济发展的质量和效益，而且极大地满足了经济发展和人们生活对新产品、新技术、新设备的需求，更加重要的是，经济转型使得保护生态、保护环境从理念到实践得到极大发挥，可持续发展逐渐渗透到工业化、城市化发展中。

早在 20 世纪 50 年代，五大湖区在经济高速发展和城市不断繁荣的形势下开始出现了许多环境问题。冶金工业和有机化工的大力发展，导致大量重金属和有毒污染物排入湖泊水体，水体由于严重富营养化而引发水华现象，水污染问题对水生生物和人体健康造成极大危害。同时，受城市扩张影响，湖区内湿地面积急剧萎缩，湿地面积减少近 2/3，湿地生态加速退化，野生动物栖息地环境被损坏，许多物种消失或濒临灭绝。

到 60 年代，五大湖水环境恶化问题逐渐引起美国和加拿大政府及社会各界的重视，美加两国政府开始联合行动对五大湖流域水环境实施综合治理。1955 年，美国专门成立"大湖委员会"（GLC），作为美国大湖环境管理的最高决策机构，各州负责具体实施有关决策。1972 年，美国和加拿大签署《大湖水质协议》，美国通过《清洁水法》（the Clean Water Act CWA）授权联邦政府为各地城镇污水处理厂建设和其他的水质改善方案提供财政援助。五大湖水质协议规定两国必须共同努力治理五大湖水污染问题，指出两国应该首先开展健全控制水污染的法律、开展五大湖水环境问题学术研究、加强水环境监测三项工作。1978 年，五大湖水质协议进行了第二次修改和补充，着重强调有毒污染物对生态环境的影响，减少非点源污染，恢复和维护湖区生态平衡。1983 年，美国五大湖区附近的 8 个州和加拿大的安大略与魁北克两省联合成立了大湖区州长委员会，负责大湖地区环境改善和经济社会可持续发展协调行动。1986 年，美国颁布《紧急计划和公众知情权法》，规定某些行业的企业需要每年提供一份关于有害物质排放总量的报告，利用公众的监督向违法排污企业施压。1987 年，对水质协议进行第三次修订，首次提出污染排放总量控制的管理措施。从 1987 年起，美加政府在大湖地区联合实施大湖监管计划、资源管理计划、环境管理计划、友好大湖行动等一系列治理项目。从 1992 年起，美加对大湖流域企业实施"大湖区认证"，并开展一系列自愿行动，动员公众关注和爱护环境与生态。1996 年，美国环保署制定《基于流域的交易草案框架》，开展流域污染物（排污权）交易之先河。2002 年，由美国联邦政府、湖区州政府和当地部落参加的高级研讨会上，通过了《五大湖地区发展战略》的区域发展计划，该计划对最为关注的水环境问题优先制定一套共同的行动纲领，规定五大湖区的生态环境保护和自然资源管理由联邦政府、湖区州政府和当地部落共同承担。2004 年，由联邦政府内各成员、资深人士、国会议员、流域管理者、地方政府代表和部落代表组成的代表团在芝加哥签署了《五大湖宣言》，表明齐心协力保护、恢复和改善五大湖生态系统，以迎接不断出现的新挑战，确保后代人能够享有健康的生态环境。2007 年，密尔瓦基市成立水理事会，推动建立政府、企业、高校、科研机构之间的战略联盟，共同推进水环境产业发展。通过半个世纪坚持不懈的努力，五大湖流域基本恢复了流域生态良性循环。

6）启示和借鉴

五大湖流域的湖泊湿地保护与合理利用模式方要有以下启示和借鉴。

（1）共同参与的政策和合作机制。涉及五大湖生态保护和经济发展的各利益方作出的重要决策即合作共管，从联合制定政策、法律和制度，联合研究和制定行动计划及措施，合作开展研究和监测，共享相关资源和信息，甚至还建立了一个公共论坛，以便于信息交流和制定集团决议。美加两国政府间以及湖区各级政府、流域管理机构、科研机构、用水户和地方团队等作为一个环境保护团体来开展工作和互相合作，这一切都是为了实现五大湖水环境保护及五大湖生态与经济社会协调发展和资源可持续利用。

（2）进行流域综合治理。美加两国组成流域综合管理机构，注重流域综合管理，建立统一高效的管理体系；重视湖泊流域和水源水质的长期性规划，制定流域综合治理长期纲领；由美国、加拿大两国合作组建的"大气沉积共生网络"专门机构负责监测五大湖环境状况；建立健全具有高度权威的法律和制度体系；实施环境信息公开，强调社会参与，加强社会监督；增加政府资金投入，引入市场机制。

（3）推进城市群建设，强化中心城市的带动作用。以五大湖流域引领，培育了以大都市为中心的城市群，构建城市群各城市的定位和分工，逐渐形成城市群各城市的发展及竞争优势，同时加强中心城市职能的辐射和扩散，充分发挥城市群对经济社会发展的贡献及作用。

（4）调整经济结构，保障经济发展良性循环。由于区位、资源、市场需求等因素的影响，产业趋向于向某一区域集中，旨在获取规模经济效益。在湖区开发中，充分利用湖区的各种资源（如水资源、生物资源、土地资源等）、区位、交通等优势条件，开发主导产品、培养核心企业，以这些企业和产品为核心形成规模经济效益，使湖区发展起生态保护良好、资源合理利用、经济发展健康、社会发展进步的产业带。

2.3.2 英国伦敦湿地中心——多方合作的开发模式

1）基本情况

伦敦湿地中心（London Wetland Centre），也有称伦敦湿地公园，是世界上第一个建在大都市中心的湿地公园。占地 42.5 hm^2，位于伦敦市西南部泰晤士河围绕着的一个半岛状地带——巴·艾尔姆区中，距离市中心 5 km，离白金汉宫仅有 25 分钟的车程。于 2000 年 5 月建成开放，它是城市区域内湿地恢复和保护的一个成功范例，也是多方参与开发建设的一种新模式。

伦敦湿地公园由湖泊、池塘、水塘以及沼泽组成（图 2-4），中心通过引水排淤、分隔水域、种植树木等措施，种植了 30 多万株水生植物和 3 万多棵树，成为现今欧洲最大的城市人工湿地系统。大面积水域和植被营造的良好栖息环境引来了大批的野生鸟类，据湿地中心记录观察到的便有 180 多种野生鸟类，琵嘴鸭、针尾鸭、北方田凫、鹦鹉、欧亚松雀鹰、沙燕、普通翠鸟、小鹨鹛和凤头鹨鹛等，使公园成了湿地野生生物的天堂，同时，湿地公园由世界湿地区、水生生物区以及一个游览中心组成，也为伦敦市区的居民提供了一个远离城市喧嚣的游憩场所，营造出了大都市中一处自然景观环境。湿地公园有利于调节伦敦地区小气候和空气质量，在城市边缘创造了丰富的生物多样性，使人们和自然环境和谐相处。目前为止，这个湿地中心依然是建造在繁华现代化大都市区最成功的湿地项目。2012 年伦敦湿地中心被评为英国最受欢迎的自然保护区。

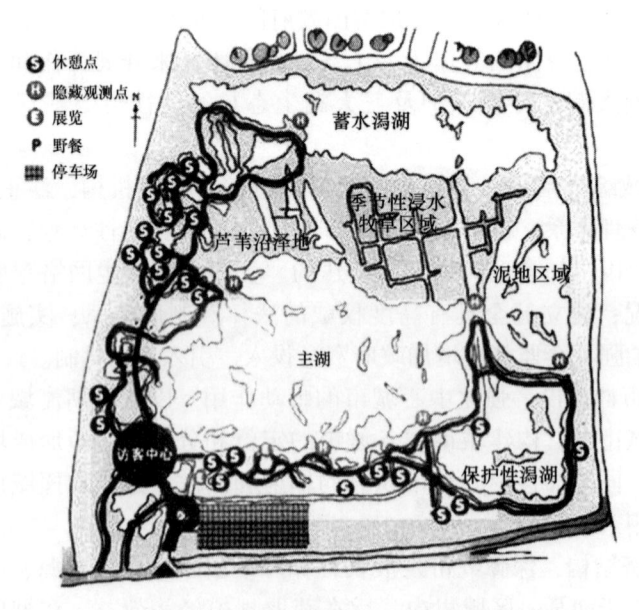

图 2-4 英国伦敦湿地中心平面图

2) 开发模式

20 世纪 80 年代之前，伦敦湿地公园现有的区域曾是伦敦泰晤士水务公司的蓄水池，为沃特家族所有，名为"维多利亚水库"。水库由 4 个混凝土蓄水池构成的，面积达 56.56 hm^2。1980 年，由于伦敦泰晤士环城水道（Thames Water Ring Main）建成，维多利亚水库就被逐步废弃。如果单纯从商业角度考虑，泰晤士水务公司可以选择将水库填平卖地造房，这种做法显然很难获得英国国会通过。鉴于该地块原先就有多种鸟类栖息，水库的拥有者沃特家族决定与英国野生鸟类和湿地基金会（Wildfowl and Wetlands Trust，WWT）合作，将水库转换成湿地自然保护中心和环境教育中心。因此，沃特家族以极低的租金将这个地块租赁给野生鸟类及湿地基金会，希望能将其重建为湿地公园。紧接着，伯克利（Berkeley）家族也加入了这一行动。为了解决兴建湿地公园的资金问题，国会允许出售少量土地给这家房地产商在湿地旁边盖房子。合作三方泰晤士水务公司、WWT 和伯克利房地产公司从 1995 年开始启动这个巨大的改造项目，三方合作者制定了一个方案：由伯克利家族在该地块北边建造 9 hm^2 房产，即靠近湿地公园边的 9 hm^2 的土地用于建设豪华型住宅及高级会议中心，然后从卖房所得中拨出 1 100 万英镑款项，作为在剩下的 42 hm^2 土地上建造湿地公园的启动资金。此外，WWT 也提供了 500 万英镑资助这个项目。最终，伦敦湿地公园在 1995 年开始动工，耗时 5 年后建成开放，伦敦湿地中心也成为多方参与开发建设的一种新模式。

英国野生鸟类和湿地基金会（WWT）耗资 2 500 万美元致力于在全国建立湿地中心，WWT 被认为是现代自然保护的发源地，其创办人彼得·斯科特（Peter Scott）爵士，也被认为是现代自然保护的创始人之一。彼得创造了世界自然保护联盟红色名录，这是衡量生物质是否受到威胁或濒临灭绝的一个工具手册。他是世界自然基金会的创会会长，他甚至为世界自然基金会画了他们著名的熊猫图案的基金会会徽。现在，全国各地有 9 个 WWT 湿地中心，伦敦湿地中心是其中之一；有 350 名员工，包括植物、动物、卫生和水管理等方面专家，帮助构建社区和野生动物和谐相处的自然环境；有来自当地社区的 700 名志愿者参与湿地中心的湿地保护活动。全英国有 3 000 hm^2 的主要栖息地的湿地是由 WWT 管理，其中很大一部分指定为国家或国际野生动物重要栖息地；有 50 000 名学生在 WWT 了解和学习水与自然环境的有关知识，包括为 15 000 名学生提供免费学习探访；每年，在英国和世界各地，有 20 万名 WWT 成员支持着 WWT 的工作；每年，有上百万游客参观游览湿地中心，感受和分享自然给予人类的恩惠；自 1946 年以来，虽然有近千万人次来湿地中心参观游览，而且人数还在不断增长，但由于 WWT 的有效工作使得动物和植物得到很好保存。

3) 启示与借鉴

(1) 寻求多方合作。湿地公园的建设不应只是单纯依靠政府机构拨款，而是应当由政府牵头寻求多方合作。力求通过公益机构、房地产开发商和土地所有者等各方的共同努力，在保护好湿地原有生态环境的前提下，进行合理适度的开发。兼顾经济利益与生态环境，实现"以地养地"的经济平衡。

（2）项目使多方得益。不仅泰晤士水务公司、WWT因此项目而获得同业的尊敬，伯克利房地产公司也因此获利不菲，周边房产价格达到每栋200万英镑以上，几乎是伦敦房产的标杆。

（3）成功的项目开发。由于伦敦市政要求在建设过程中不得有新的建筑垃圾产生，这就向项目的可持续性提出了挑战。结果，拆解水库所产生的混凝土块全部被用来铺设道路和停车场，项目建设中几乎所有建筑材料都被回收利用。这一工程量还包括，种植水生植物30万棵、种植树木27 000棵、铺设步行道3.4 km、动用土方$50×10^4$ m^3、建设浮桥600 m等，项目本身的开发和经营管理已经成为全球城市湿地保护与利用的典范。

2.3.3 日本琵琶湖——综合开发管理和公众参与的成功实践

1）基本情况

琵琶湖位于日本本州岛京都市南部的滋贺县中部，是日本最大的淡水湖，也是世界第三古老的湖泊，有着400万年历史。琵琶湖湖域面积670.25 km^2，占滋贺县总面积的1/6。湖泊呈南北长的琵琶形，跨度63.49 km，东西最宽处22.8 km，湖岸线长约235.2 km，平均水深达41.2 m，最深为103.58 m。蓄水量$275×10^8$ m^3。琵琶湖流域面积3 174 km^2，属于淀川水系的上游，约占淀川水系面积的47%。在琵琶湖流域的外缘分布着海拔高度1 000 m左右的群山，400多条河流从这些山脉分水岭一侧流入湖中，构成了琵琶湖的主要水源。湖水经濑田川流入宇治川，然后与桂川、木津川汇合形成淀川水系（图2-5）。琵琶湖在漫长的历史演进过程中形成了丰富的自然生态系统，目前，它已成为包括50多种特有物种在内的1 000多种动植物的栖息地。同时支撑着京畿地区二府四县（大阪府、京都府、滋贺县、兵库县、三重县、奈良县）居民生活与生产活动的宝贵水资源。它具有丰富的自然资源及旅游资源，发挥着供水、防洪、水产养殖、学术研究、旅游观光、生物多样性宝库和地域象征等多种功能。

2）开发利用

琵琶湖的利用价值主要体现在以下几个方面。

（1）水资源开发。琵琶湖的水资源对日本京畿地区生活和生产活动起着极其重要的作用，在琵琶湖综合开发计划期间，片面强调对水资源的开发利用，湖区在工业用水、农业灌溉用水、航运、发电等方面发挥了作用并产生了效益。

（2）土地资源利用。滋贺县全部土地面积中，森林超过50%，琵琶湖及河流约占20%，农业用地约占14%，住宅道路用地占近10%。从1996年、2000年和2005年的数据分析得出，农业用地面积不断减少，住宅等用地面积不断增加，无序的城市扩张及土地使用性质的变化会对琵琶湖的水质保护、水源涵养、生态系统及自然景观带来一定的负面影响。

（3）生物资源利用。琵琶湖水产资源十分丰富，有鱼类40多种、贝类约40种、水生植物70多种。琵琶湖的渔业是滋贺县的主要农业产业，琵琶湖盛产鲇鱼，日本

70%的鲇鱼都出自这里。

（4）自然景观资源利用。琵琶湖有自然景观，寺庙、历史遗迹等文化遗产，并有游泳、滑雪等多样化的旅游观光设施，加上交通便利，是日本有名的旅游地，2006年来琵琶湖旅游的游客达到4 650万人次。

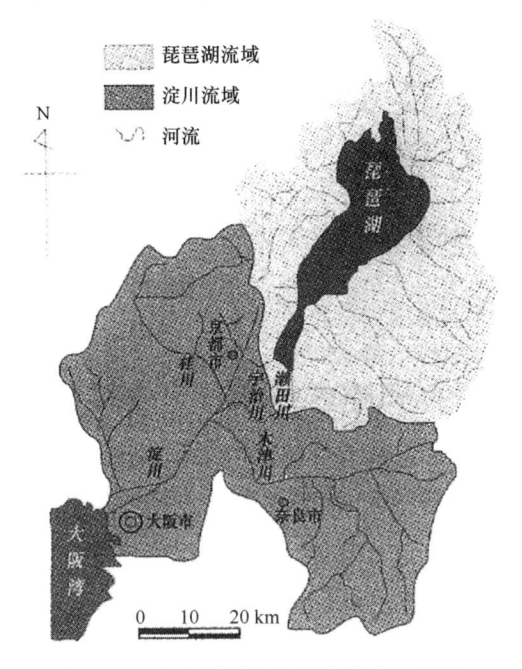

图2-5 日本琵琶湖流域及淀川水系图

琵琶湖的开发利用走过了三个阶段，即早期自然利用阶段、工业化时期开发阶段和现在的开发利用与保护结合的阶段。日本工业化之前，琵琶湖的水资源被广泛用于滋贺县和京都地区的生活用水、农业灌溉用水以及渔业、交通和旅游等方面。

20世纪60年代，随着第二次世界大战后日本高度经济增长期的到来，琵琶湖地区以及下游地区的用水需求急剧增加。为了缓解用水压力，日本于1972年制定了《琵琶湖综合开发特别措施法》，并于当年开始实施了长达25年（1972—1997年）的琵琶湖综合开发计划，该计划项目包括促进用水的有效性、控制洪水和干旱以及建造一个湖滨水域等。项目的主要目标是琵琶湖的生态保护和恢复以及促进水资源的有效利用。但是，琵琶湖综合开发主要是以水资源的开发利用为重点，缺乏对琵琶湖水质的保护和生态系统保护的相关考虑，在综合开发计划实施的25年间，出现了各种各样的生态环境问题。

例如，高强度的土地开发利用使农地面积不断减少，住宅、商业、工业等建设用地增加（表2-3），1966—2000年的34年间，滋贺县的土地利用变化与同期日本全国的情况相比，农地减幅与住宅等建设用地增幅远大于日本全国的平均水平，大量的农地变成了建设用地。预计在琵琶湖集水区域内，住宅建设的开发及比例还将进一步增大，势必对琵琶湖的生态系统带来新的压力。

表 2-3　滋贺县土地利用变化与日本全国的比较

土地利用类型	面积比率			日本全国
	滋贺县			同期增长幅度（%）
	面积（km²）		增减幅度（%）	
	1966 年	2000 年		
水田	650	553	−15	−11
旱地	86	64	−26	−5
住宅等用地	89	221	+149	+122

资料来源：http://www.biwakokasen.go.jp/others/genjou/pdf/siryou_53.pdf

土地利用与土地覆被变化导致琵琶湖集水区域的自然下垫面减少，加上大面积的人工林由于缺乏抚育性的采伐、修枝以及护林管理，森林质量下降，使湖集水区域的蓄水、保水能力降低，整个流域的正常水循环被改变，对水量和水质都产生了不利影响。

琵琶湖以前是贫营养湖，由于人口的增加、城市化的进展以及生产、生活方式的改变，使得入湖泊污染负荷量增大、湖内营养盐蓄积，养分平衡变化，底泥淤积，湖内自净能力下降，导致琵琶湖的水质恶化。琵琶湖水体污染严重的程度表现在，由于蓝藻的过量生长，从湖送出的饮用水有气味的事件首先发生于1969年，包括东京都在内的1 400万居民深受此害；1977年后，连续三年发生的大规模赤潮严重影响了流域内居民生活，还限制了产业活动的进行。琵琶湖水体生态功能基本丧失。

1980年，为防治琵琶湖富营养化发展，日本"富营养化防治条例"正式实施，主要包括的措施有，控制工商业氮和磷的排放浓度，控制农业化肥的使用量及相关的灌溉管理，改善养殖业动物粪便的处理，禁止家用含磷洗衣粉的销售和使用，居民生活废弃物不排入水体等。经过当地政府和居民近30年的共同努力，琵琶湖水体功能得到恢复，成为日本国家公园，并被列入国际重要湿地名录中。1997年，结束了长达25年的琵琶湖综合开发计划后，日本又于1998年制定了长达22年的琵琶湖保护战略规划，即《母亲湖21世纪计划》（1999—2020年），目标是在2020年使琵琶湖水质恢复到20世纪60年代前的水平，修复琵琶湖生态系统。这一计划总体思路是在全流域成员共同理解、配合和参与的基础上，从各自不同的角度出发考虑湖泊保护治理对策，使相互独立或对立的流域群体（居民、企业、行政单位、群众团体）变成协调一致的流域治理主体，从片面的开发管理转变成综合管理，从以政府为主的行政管理走向有广大群众参与的全面管理。

3）综合管理

（1）制定法律法规。为了修复和保护琵琶湖，1970年，日本制定了"水污染控制法"，出台了"环境质量标准"；1972年制定了《琵琶湖综合开发特别措施法》；有关部门在1979年制定了《琵琶湖富营养化防治条例》；1984年日本又制定了《湖沼水质保护特别措施法》；1987年制定了具体的《琵琶湖水质保护方案》，并于1982年和1997年进行了修订和补充。日本制定的一系列和琵琶湖保护与管理相关国家法律和地方法规，明确了各级政府、企业团体及个人的职责、权限与义务。其目的在于调整与琵琶湖利益有关方和琵琶湖之间的关系，对琵琶湖的开发、利用、保护、管理等各种行为进行规范，最终实现琵琶湖的可持续利用，促进琵琶湖流域以及下游淀川流域的经济、社会和环境协调发展。

（2）综合治理。琵琶湖治理实行了生态系统综合治理，点源治理和面源治理结合，治理工程和生态修复结合，治水和治山结合。实施的治理项目涉及多方面，如建设先进的污水处理系统，有效地去除污水中的氮和磷；改善农村地区的生活环境，在农村社区建造各种水污染处理设施；采取措施处理郊区和农村的雨水径流污染；湖底泥沙清淤和种植水生植物进行水质净化；河流和湖岸的生态恢复；保护鸟类和鱼类的生存，减少湖岸侵蚀和保持湖中水质；治水的同时也治山。恢复植被，涵养水源，从源头上控制了山地面源对湖泊的污染，并且为琵琶湖提供了充足的水资源等，多种措施综合治理取得了好的效果。

（3）综合管理与公众参与。琵琶湖实行了以流域为单元、政府主导与全民参与的综合管理。在政府主导方面，制定和完善琵琶湖保护与开发管理的法律法规、进行管理体制与机制的建设、开展湖泊科研与技术开发、加强控制污染的基础设施建设，制定总体战略规划以及年度实施计划。另外，政府负责监督、检查规划的实施情况，同时根据中央和地方分担的原则各自提供财力支持。为了组织公众参加，琵琶湖流域被分成7个小流域，按小流域设立流域研究会，每项研究都借鉴琵琶湖的保护管理模式，负责组织居民、生产单位等代表参与综合规划的实施。争取公众参与十分必要，政府主导与公众参与缺一不可。

4）启示与借鉴

（1）"先污染后治理"代价巨大。琵琶湖被污染后，日本政府投入3 750多亿美元，花费35年时间才将湖泊水体水质恢复到Ⅲ类水。这其中包括1972—1997年的"琵琶湖综合开发工程"，实施25年共有22个大类项目，实际投资19 050亿日元。紧接着，日本又于1998年制定了长达22年的《琵琶湖保护战略规划（1999—2020）》。由于湖泊湿地生态系统的脆弱性和治理的复杂性，先污染后治理代价太大，这个路子不能走。

（2）以治本为目标制定综合治理规划和实施方案。日本对琵琶湖采取以治本为主和综合治理的措施，内涵是"源水培育，湖水治理，自然恢复"。"源水培育"，在第一期综合治理的水源培育计划中首先提出要通过保林护林、造林育林、治山等措施来重点保护集水域的雨水渗透区的面积；在第二期综合治理计划中，对源水培育的要求是在确保入渗面积的基础上提高浸润区域的入渗能力，大力推进水源地域存水机能。通过以上两阶段的努力，建成琵琶湖优质高效的水源地，确保水源水量充足、稳定，以应对高速发展的社会经济生活需要和世界上越来越明显的少雨化倾向。"湖水治理"，从流入琵琶湖污浊负荷量所占比例分析可以看出，由农业、自然本身污染所形成的面源负荷已占主要比例，其中化学需氧量（COD）占52.2%，氮占59%，磷占34.5%，所以综合治理计划在加强点源污染负荷治理的同时，也把面源污染负荷的治理作为重点，从污染源对策、流动过程对策和湖内对策三方面进行治理。"自然恢复"，综合治理计划着眼于增加自然生态系统的数量和质量，着眼于大幅度提高生物生存空间的密度以形成生态网络。自然生态系统恢复过程实际上是指包括地形、地质、气象、水情、土壤等环境与生物间共存共荣并相互作用的过程，所以自然生态环境恢复与湖泊景观建设是分不开的。

（3）实行流域综合管理。琵琶湖是琵琶湖流域及淀川水系的组成部分，为了让琵琶湖发挥其多种功能，取得最佳综合效益，从流域全局出发对琵琶湖实行了综合管理。湖泊作为流域的一个组成部分，其特性归根结底是由它所属的流域特性决定的，而流域是一个由自然生态系统和社会经济系统组成的复合生态系统。因此，湖泊的污染治理与生态修复、湖泊的保护不能局限于湖泊本身，仅停留在污染控制与工程管理上，而是需要在流域尺度下考虑湖泊与流域、水域与陆地、区域与流域、专项规划与综合规划、土地利用与产业发展等多方面的关系。

（4）争取公众的广泛参与。琵琶湖所在地政府在引导公众积极参与湖泊治理方面做了有益的探索。治理初期，琵琶湖所在地滋贺县广泛听取民众、町、村长和相邻县市的意见，然后拟定计划提交国土交通省等相关部门协商、审批。总体计划确定后，县政府还要负责制定年度实施计划草案，抄送各有关机构和民众，听取各方意见，作修改后才能最终确定。为提高民众的认识，调动当地居民的积极性，使公众主动加入到琵琶湖综合治理中，县政府通过环境白皮书和宣传报等形式，向公众及时提供琵琶湖的环境状况、环境保护对策实施报告，还利用网络等媒体作为提供关于琵琶湖基础信息的共享平台以及通过定期召开环境论坛等，确保环境信息的提供与交流。县政府还进行了广泛的环境保护科普教育，在琵琶湖旁边建立博物馆，展示琵琶湖及湖生物种的演变、古代居民生活情况、捕鱼和航运的发展历程，介绍琵琶湖水质变化情况和采取的措施等。滋贺县政府还努力促成企业团体、个人之间的交流，激发当地居民对琵琶湖治理和保护的热情。

2.3.4　加拿大班芙国家公园——可持续旅游的成功典范

1）基本情况

班芙国家公园（Banff National Park）建于1885年，是加拿大第一个国家公园。1984年，被联合国世界遗产委员会列入世界自然遗产名录。

班芙国家公园坐落于落基山脉北段，公园共占地6 641 km²（图2-6），遍布冰川、冰原、湖泊、松林和高山。冰原公路从路易斯湖（Lake Louise）开始，一直连接到北部的贾斯珀国家公园。西面是省级森林和幽鹤国家公园，南面与库特尼国家公园毗邻。公园内主要的商业区为弓河山谷的班芙镇。每年有超过100万人来到班芙国家公园游览、考察和度假。

班芙国家公园沿落基山脉，有多处冰川湖泊，它们犹如一串串珍珠，把静静的群山点缀得生气勃勃。中部的路易斯湖位于班芙镇以西约 60 km，湖泊长 2 400 m，宽 500 m，深达 90 m，呈细长形。坐落在海拔 1 731 m 高的山里，是红鹿河（Red Deer River）一处未经开垦的由冰河侵蚀所形成的洼地，充满冰河流出之水而形成湖泊。它又被称为"翡翠湖"（Emerald Lake），是因为围绕四周的雪山消融下来的雪水是绿色的，以致形成湖面一片如翡翠碧绿的秀丽奇景，湖水随光线深浅，由蓝变绿，漫湖碧透，因而得名。梦莲湖（Lake Moraine），在路易斯湖以南不远，距路易斯湖 15 km，两湖常被称为姐妹湖。湖面呈宝石蓝色，晶莹剔透，湖畔是十峰山，倒映在湖中，风景秀美。Moraine 的中文翻译是"冰碛"，地质学的解释是"由冰川携带并最后沉积下来的石砾、石块及其他碎石的堆积"，因此也称作"冰碛湖"。双杰克湖（Two Jack Lake）在班芙镇的东北，距班芙 11 km，湖就在公路旁，从湖边可看到南边的伦达尔山（Mt. Rundle）。明尼万卡湖（Lake Minnewanka），在双杰克湖北边与后者相连，但面积比双杰克湖大得多，长 28 km，最深 142 m，是加拿大落基山区最长的湖。它本来是个天然的冰川湖，但后来在 1912 年和 1942 年筑了坝，使湖水升高了 30 m，也扩大了面积就成了水库，向当地供水电。弓湖（Bow Lake）是进入班芙国家公园最早看到的湖，就在冰原大道旁。弓湖也是个有蓝绿色湖水的冰川湖。它位于弓河上，接近弓河的源头。它的水从湖西入湖东出。

图 2-6　加拿大班芙国家公园区位图

班芙国家公园至少有 280 种鸟，包括白头海雕、金雕、红尾鵟、鹗和隼等。另外，在低海拔地区常见的物种还包括灰噪鸦、美洲三趾啄木鸟、山蓝鸲、北美星鸦、北美白眉山雀和云雀等。河流和湖泊附近生活着超过 100 种不同的水禽，包括潜鸟、鹭鸶和野鸭等。

2）保护和利用策略

1930 年通过的《加拿大国家公园法》，确定班芙国家公园由加拿大公园管理局负责管理。随着全社会对环保的重视，公园的管理重点从开发转到了保护。1964 年，一项政策声明颁布，在1930年的法律之外重申了环境保护。1972年申请冬奥会主办权引发的争议，使环境保护组织的影响力加大，最终加拿大公园管理局放弃支持申办。1988年，修订后的国家公园法将生态环境的保护放在第一优先地位。1994年，加拿大公园管理局指定班芙弓河研究所起草新的公园运行政策，和其他国家公园一样，班芙国家公园被要求制定公园管理计划。保护与开发策略主要有：①对于人类活动所及的区域，要把人对环境的冲击减至最小；②严格限制班芙城的常驻居民数量的增长；③公园区域内禁止扩建新的酒店，以保持接待能力不足的状态；④旅游公司和酒店经营者被要求不断提高自身"软、硬件"的环保高科技含量；⑤通过各种公众参与措施鼓励游人尽可能与动植物和谐相处。

班芙镇建于1883年，是班芙国家公园的主要商业重心，也是文化活动中心。1978年，班芙镇桑夏恩村滑雪度假区的开发获得批准，包括增设停车场，扩建旅店，开发羊眼山等项目。80年代，这项开发工程的实施由于环保因素而推迟。1989年，桑夏恩村撤回了该项发展计划，根据政府的规定，于1992年重新递交了修改后的提案。这项新的计划在环境的审核还悬而未决的时候，获得政府的批准。之后，加拿大公园和原野学会（CPAWS）申请了法院禁制令，使计划搁浅。CPAWS还认为公园的发展影响了生态平衡而向联合国教科文组织施加压力，要求撤回班芙世界遗产称号。1988年，《加拿大国家公园法》的修正法案强调了生态保护，班芙的发展方针面临着不协调的境地。1994年，在当时的加拿大公园管理局负责人赫拉·科普斯的要求下，班芙弓河山谷研究会成立，目的是为了更好地管理人类对公园的使用和开发，同时维持生态平衡。研究发布了超过500项提议，其中包括限制班芙镇的扩张，将镇人口控制在1万人限制，徒步旅行的人数，缩减公园内开发项目等。另一项建议是在镇周围建立隔离带，减少人和麋的冲突情况，建立隔离保护区还可以减少麋遭遇食肉性动物的机会。在报告发布后，科普斯立刻通过了控制班芙镇人口数量的提议。她还下令搬迁了一个小型机场和军校训练营，因为这些设施会妨碍野生动物迁徙。根据班芙弓河山谷研究会的建议，90年代，许多开发计划被缩减。1996年，班夫温泉高尔夫度假区增加9座宾馆的计划被取消。

3）启示与借鉴

"可持续旅游"是加拿大旅游业联合会在20世纪90年代初提出的新概念，旨在通过政府、业界和游客等多方的共同参与，实现促进旅游经济和保护自然环境目标的共赢。班芙国家公园开发旅游至今已有120年历史，目前每年有约400万游客来旅游，但依然保持着原始自然生态景象，可谓"可持续旅游"的成功典范，值得我们借鉴。

（1）依法科学规划。加拿大《国家公园法》规定对国家公园的利用必须"不损害后代人享用"，《加拿大的绿色规划》又把国家公园的保护纳入国家整体自然和环境保护的综合性规划。联邦政府环境部公园局掌握国家公园管理权，各地方政府只享有运营权，运行一切项目都需开听证会，征询包括当地居民在内的各方意见。从根本上杜绝了地方为一时一地之利而滥开发的问题。

（2）严格控制旅游活动。根据公园不同功能把旅游活动限制在一定范围和程度内。

班芙国家公园被划分为5个不同区域：珍贵自然地貌和濒危生物资源的绝对保护区严禁游客进入；荒野区多为陡峭的山坡、冰川和湖泊，予以严格保护；自然风景区允许修建一些简易旅馆及相关设施，但只允许行人和非机动车辆进入；户外娱乐区包括滑冰场、游泳场以及公路沿线，允许机动车辆进入；城镇区是公园管理机构所在地，也是游客住宿、娱乐和购物的中心。

（3）细致的管理计划。公园区域内一切建筑和设施严格规定了建筑风格，规划、选材和施工须经联邦公园管理局相关技术专家委员会核准，必须与周围环境相协调。对于普通民宅，也同样如此，个人建造房屋的图纸需经管理局方面审核后方可施行。同时，严格限制常住居民数量的增长。班芙2005年常住居民约7 500人。公园的发展规划限定，在2030年之前这个数字不得突破1万。所有居民对其房产只有使用权，没有产权。

（4）有效的管理措施。为控制公园内的活动人数，公园管理局对前来旅游的游客人数做了严格限定，避免了在旅游旺季临时游客蜂拥而至的情况。所有生活垃圾都要送到150 km外的处理厂处理。公园区域内禁止扩建新的酒店，有意保持接待能力不足。在6—11月的旅游旺季，公园内酒店价格则比平时翻倍，"迫使"很多游客不在景区内过夜。游客被鼓励乘公交车旅游，以减少进入景区的机动车数量。公园区内禁止游客投喂所有野生动物，以免改变其生活习性。

2.3.5 中国香港湿地公园——湿地环境教育的典范

1）基本情况

香港湿地公园（HongKong Wetland Park）位于香港新界西北部，天水围新市镇以北，毗邻米埔国际重要湿地。香港湿地公园的宗旨是加强市民对湿地的认识和了解，并争取市民支持和参与湿地保护工作。同时香港湿地公园还为香港市民及海外游客提供一个湿地生态旅游景点。香港湿地公园定位是：创建一个世界级的游览胜地；丰富国际游客在香港的旅游体验；缓解米埔湿地自然保护方面的压力；成为独具特色的教育、解释和资源中心；支持国际重要湿地的保护；提供环境教育机会和加强公众对重建自然栖息地的了解。

2005年10月1日起《香港湿地公园（特别地区）令》生效，此命令授权郊野公园及海岸公园管理局总监（即渔农自然护理署署长）管理湿地公园，使香港湿地公园得到更好的保护和管理。香港湿地公园2006年5月正式向公众开放。湿地公园的生境包括淡水沼泽、季节性池塘、芦苇床、林地、泥滩和红树林。

公园主要由两部分组成，包括一个占地约10 000 m²的访客中心和60 hm²的湿地保护区。访客中心位于公园入口处，主要是室内展览馆"湿地互动世界"，这是一个两层高的建筑物，包括5个以湿地功能和价值为主题的展览廊，分别为湿地知多少、湿地世界、观景廊、人类文化、湿地挑战。展览廊并不是简单的图片展，或者一般概念的声光电展出，这里大多是通过互动方式来达到环境教育效果。如"湿地挑战"以互动游戏引领访客探索人类活动对全球湿地的威胁，还有一些游戏则是引导访客特别是

图 2-7　香港湿地公园布局图

青少年了解和学习环境污染及保护的一些知识。湿地保护区包括溪畔漫游径（介绍溪流由上游至下游的生态）、湿地探索中心（设有两个小型展馆，定期有展览）、原野漫游径（原野的缩影，可在此探索生态的奥秘）、演替之路（模拟荒废的湿地逐渐从开阔水域演变成林地的过程，并介绍生境与生物群落互相影响的关系）、红树林浮桥（使游客近距离观察和认识红树林，感受红树林自然生态景观）；在湿地公园设立了三处观鸟屋，即河畔观鸟屋、泥滩观鸟屋、鱼塘观鸟屋，观鸟屋为木结构，很隐蔽，内设望远镜，可以远距离清楚地看到湿地活跃的鸟类。在观鸟屋都放有"访客生态观察记录报告"，游客可以将观察拍摄到的鸟的品种、数量、观察地点、日期及个人信息等填在表内，充分体现了公众的参与性。

2）启示与借鉴

香港湿地公园作为米埔湿地保护区的缓冲区，世界级的湿地生态旅游景点，更是公众接受环境教育的良好场所和典范。作为湿地利用的一种方式，以下方面非常值得我们借鉴。

（1）控制游客容量。参观香港湿地公园需要提前预约，香港湿地公园网站可以预约，这一措施主要是为控制游客容量，防止游客过多而对生态环境带来不利影响，这是一项很有必要也有效果的措施。

（2）生态保护知识宣传遍布公园。香港湿地公园内有许多休息廊亭，每一个廊亭里都有湿地生物多样性知识介绍牌栏，使游客在休息中也能了解有关动物和植物知识。公园内的各种植物都有一个小小的铭牌介绍该植物的种类、性能等知识，并配有图片，可谓一目了然，宣传教育效果好。

（3）通过互动学习和了解湿地知识。香港湿地公园专门为游客提供了一份免费盖章服务，在一份彩图上预留了大小不同的6个圆圈，在公园内设了多处鸟类拓印和盖纪念印章处，游客可以自己选择拓印和盖章，使游客增加参观游览的趣味，同时在拓印和盖章中了解有关湿地鸟类知识。在观鸟屋里可以把你观测到的鸟与预先设置的图片对照来加深认识。

（4）组织志愿者服务。香港湿地公园有许多志愿者（义工），义工计划的目标有三项，即通过义工活动及训练，提高市民保育香港湿地的意识；为大自然爱好者提供一个服务社会的机会；透过政府及社会各界合作，达到共同保护香港湿地的目标。一种义工定时参与公园的护理工作，如植树、施肥、去除个别入侵物种等；一种义工逢星期六、星期日及香港公众假期，带领生态导赏团，并向游客讲解生态知识等。一些专家在湿地公园讲授湿地保护的有关知识，有的专家与小游客开展各种环境教育互动活动，讲授者和听讲者都很认真专心，的确是环境教育的一种和谐方式。

（5）处处体现环境教育。香港湿地公园原来向顾客发过导览图，但后来发现游客胡乱废弃的导览图数目太多，于是不再免费发放，改为游客如有需要，可在纪念品店以港币5元购买导览图，这不失为一种保护环境、减少碳耗的小小措施。参观结束后，你可以在访客中心就餐和休息，同时，公园出口明显位置也不忘记提醒你："你今日在香港湿地公园的参观游览，你对湿地生态了解了多少，你找到了多少种野生动物"。

2.3.6 国际湿地保护与利用政策

从全球来看，湿地保护经历了湿地过度开垦和破坏、湿地保护与控制利用、湿地全面保护与合理利用阶段。世界上湿地保护与合理利用政策特点主要有以下几方面。

（1）不断构建完善的法律和制度体系。美国和欧洲的发达国家从20个世纪70年代就开始重视通过立法明确湿地保护的社会责任以及通过法律规范社会对湿地利用的行为。同时，重视通过管理制度的建立确保湿地保护政策的稳定性和可持续性。美国、加拿大等先进国家对于湿地都采取"可持续管理"的政策和制度。

（2）重视湿地保护及利用的综合政策体系构建。国际湿地对湿地保护与合理利用的概念、政策不断完善。湿地保护与合理利用建立在复杂利益关系调整基础上，涉及私人利益与公共利益关系的调整，也关系到国家短期利益与长期利益的取舍，这就客观要求湿地保护政策具有综合协调功能。

（3）建立湿地保护管理公务协商机制，即参与式管理。在明确不同湿地保护管理部门的责权范围基础上，建立协调机构。如德国的国家湿地委员会等，形成共同参与的协商机制，提高湿地保护与合理利用的管理效率。

（4）探索湿地保护与合理利用的模式。在法律和政策指导下，制定相关规范，创建湿地保护与合理利用的有效模式。如英国伦敦湿地中心的多方参与建设，许多国家采取的可持续湿地旅游模式以及发展湿地生态经济的模式等。

（5）广泛的社会公众参与。通过立法和相关制度建设搭建公众参与湿地保护的平台，利用社会力量增加湿地保护投入，并通过湿地保护信息公布制度加大社会监督是发达国家湿地保护政策的新走向。

2.4 中国关于湿地保护与利用的政策和实践

2.4.1 中国可持续发展意识和行动计划

1) 中国生态和环境保护与可持续发展的政策、规划和计划

1992年6月，联合国环境与发展大会（UNCED）召开后，中国政府即提出了促进中国环境与发展的"十大对策"，制定了《中国21世纪议程》等环境与发展行动的战略、规划和计划（表2-4）。从国家层面到相关部门相继制定了相应的计划行动，湿地保护与合理利用的内容也被纳入这些规划和计划中。中国政府将湿地及其生物多样性保护与合理利用纳入了《中国21世纪议程》《中国生物多样性保护行动计划》《中国湿地保护行动计划》、《全国湿地保护工程规划》和《全国湿地保护工程实施规划》的优先领域之中。

表2-4 近年来中国有关生态和环境保护与可持续发展的对策、规划和计划

对策、规划和计划名称	批准机构及日期	主要内容
中国环境与发展十大对策	中共中央、国务院，1992年8月	指导中国环境与发展的纲领性文件
中国环境保护战略	国家环保局、国家计委，1992年	关于环境保护战略的政策性文件
中国生物多样性保护林业行动计划	林业部，1992年	部门级履行《生物多样性公约》的行动计划
中国环境保护行动计划（1991—2000）	国务院，1993年9月	全国分领域的10年环境保护行动计划
中国21世纪议程	国务院，1994年3月	中国21世纪人口、环境与发展的白皮书，国家级的21世纪议程
中国生物多样性保护行动计划	国务院，1994年6月	履行《生物多样性公约》的行动计划，指导全国生物多样性保护的纲领性文件
中国环境保护21世纪议程	国家环境保护局，1994年	部门级的《21世纪议程》
中国林业21世纪议程	林业部，1995年	部门级的《21世纪议程》专项计划，其中提出湿地资源保护与合理利用的目标和行动框架
中国海洋21世纪议程	国家海洋局，1996年4月	部门级的《21世纪议程》专项计划
中国自然保护区发展规划纲要（1996—2010年）	国家环保总局，1995年	制定全国自然保护区建设和管理的纲领性文件

第2章 国内外湿地利用政策、方法和典型模式

续表

对策、规划和计划名称	批准机构及日期	主要内容
国家环境保护"九五"计划和2010年远景目标	国务院，1996年9月	指导今后5年和15年的环境保护工作的纲领性文件
中国跨世纪绿色工程规划	国务院，1996年9月	国家环保"九五"计划的具体化，包含了生态环境保护工程
全国生态环境建设规划	国务院，1998年11月	生态环境建设具有长期指导作用的纲领性文件
全国生态环境保护纲要	国务院，2000年	制定了2010年、2030年、2050年全国生态环境保护目标
中国湿地保护行动计划	国家林业局等17个委部局 2000年9月	指导中国湿地保护与合理利用的行动指南
全国湿地保护工程规划（2002-2030年）	国务院，2004年10月	第一个指导全国湿地保护与合理利用的规划
千年生态系统评估——生物多样性综合报告：生态系统与人类福祉	科技部、国家环保总局 2005年5月	中国参与的联合国首次在全球范围对生态系统及其对人类福利的影响进行的多尺度综合评估
全国生态功能区划	环境保护部、中国科学院 2008年7月	提出了区域生态保护与生态建设、产业布局、资源利用和经济社会发展方向
中国生物多样性保护战略与行动计划（2011—2030年）	环境保护部，2010年9月	明确全国生物多样性保护的优先区域、优先领域与行动、优先项目
全国生态保护与建设规划（2013—2020年）	国家发展改革委、科技部、财政部、国土资源部、环保部、住建部、水利部、农业部、国家统计局、国家林业局、中国气象局、国家海洋局，2014年	内容界定为"以自然生态资源为对象开展的保护与建设"，确定国家层面的建设重点，提出了森林、草原、荒漠、湿地与河湖、农田、城市、海洋七大生态系统建设任务

2)《中国21世纪议程》及湿地目标和行动

《中国21世纪议程》是一个非常重要的纲领性文件，共20章，78个方案领域，主要内容分为四大部分，即：① 可持续发展总体战略与政策。提出中国可持续发展战略的背景和必要性；提出了中国可持续发展的战略目标、战略重点和重大行动等。② 社会可持续发展。包括人口、居民消费与社会服务，消除贫困，卫生与健康、人类住区和防灾减灾等；通过正确引导城市化，加强城镇用地管理，加快城镇基础设施建设和完善住区功能，改善住区环境。③ 经济可持续发展。包括可持续发展的经济政策、农业与农村经济的可持续发展、工业与交通、通信业的可持续发展、可持续能源和生产

消费等部分。④ 资源的合理利用与环境保护。包括水、土等自然资源保护与可持续利用。还包括生物多样性保护；防治土地荒漠化，防灾减灾；保护大气层等。

《中国 21 世纪议程》集中反映了中国人口、经济、社会、资源、环境的可持续发展战略、政策和行动框架，许多章节关系到湿地保护及合理利用。其中提出：要根据《湿地公约》的要求和中国国情，实施中国湿地保护的国家战略，制定湿地保护行动计划，并采取有效措施保护中国湿地生态系统、物种和生境，合理利用，使湿地生态系统和生栖在湿地上的生物物种能够持续生存和发展。

在《中国 21 世纪议程》的近期目标中，强调要制定中国湿地保护行动计划；建立湿地和水禽保护区；确定物种保护、湿地生态系统研究、人员培训及保护技术研究推广等方面的优先重点领域，并优先安排经费，组织实施。建立湿地保护和合理利用示范区，选择具有国家和世界重要意义的不同类型湿地地区或湿地保护区，搞好建设，制定和实施科学有效的保护与管理，并使其成为国际湿地保护的重要部分。

在优先行动中提出建立湿地优先保护与利用示范点。选择有代表性的湿地，作为湿地保护与利用的示范点，对这些湿地生态系统和资源进行就地保护和实施有效管理，通过区域内或不同区域所采取的保护和管理措施，研究和探讨人类活动对湿地的影响和作用，掌握持续利用湿地环境和资源的途径。在宏观上提出切合中国湿地情况的保护与合理利用计划和实施方案，以维持中国湿地生态系统的平衡、水资源的保护、蓄洪防旱、湿地濒危珍稀动植物资源保护以及科研、教育、旅游和污染防治等不同目的的需要，使中国湿地生态系统能朝着良性平衡和循环的方面发展。提出中国湿地保护区建立、管理和发展的有效方法和途径，使湿地保护区成为有效保护湿地生物多样性，保持湿地良好环境和进行合理利用湿地资源的基地。

3) 《中国生物多样性保护行动计划》中的保护与利用策略和行动

《中国生物多样性保护行动计划》强调生物多样性保护必须与合理利用相结合，实行在"保护中利用、通过利用促进保护"的策略；引导生物资源的合理利用，从以前主要利用野生资源转变为以利用人工养殖和栽培的资源为主；大力推广生态旅游，防止旅游活动对生物多样性造成的不利影响。《全国湿地保护工程规划（2002—2030年）》即体现了 2010 年的保护目标。2010 年制定的《中国生物多样性保护战略与行动计划》（2011—2030 年）确定了"保护优先、持续利用、公众参与、惠益共享"的基本原则，提出了"内陆陆地和水域生物多样性保护优先区域"和"海洋与海岸生物多样性保护优先区域"两大优先区域，综合确定了我国生物多样性保护的 10 个优先领域及 30 个优先行动。其中与湿地及可持续利用相关的行动有以下几项。

(1) 优先领域一：完善生物多样性保护与可持续利用的政策与法律体系；
(2) 优先领域二：将生物多样性保护纳入部门和区域规划，促进持续利用；
(3) 优先行动 1：制定促进生物多样性保护和可持续利用政策；
(4) 优先行动 2：完善生物多样性保护与可持续利用的法律体系；
(5) 优先行动 5：保障生物多样性的可持续利用；
(6) 优先项目 9：主要河流湖泊水生生物资源调查与编目；

（7）优先项目14：湿地保护和恢复示范及重要湿地监测体系建设。

4）《中国湿地保护行动计划》

1992年，中国正式加入《湿地公约》，湿地作为经济社会可持续发展的重要资源之一，其保护与合理利用引起全球及中国的广泛关注。1995年，中国国务院决定由国家林业局牵头，国务院16个委部局，即外交部、国家发展计划委、教育部、科技部、公安部、财政部、国土资源部、建设部、交通部、水利部、农业部、国家环保总局、中国科学院、国家轻工业局、中国石油天然气股份有限公司共同进行了《中国湿地保护行动计划》的编制。2000年《中国湿地保护行动计划》发布实施。这是中国第一个全面系统提出湿地保护与合理利用的纲领性文件。

《中国湿地保护行动计划》是中国政府履行《湿地公约》义务的具体表现。它的编写、批准和实施，对中国众多湿地环境和资源的保护、管理和合理利用起到了积极的指导推动作用，同时也是中国对世界湿地保护和开展国际间交流与合作的一种促进。

《中国湿地保护行动计划》的基本内容包括：中国湿地概况、中国湿地保护管理现状、中国湿地保护与利用存在主要问题及原因、中国湿地利用与保护的重要意义、中国湿地保护与合理利用的重点和目标及中国湿地保护优先行动。

《中国湿地保护行动计划》分析了中国湿地的利用，包括：① 湿地生物资源的利用，湿地动物、植物的利用，同时带动了相关产业的发展；② 湿地矿产的利用，一些湿地区域的油气资源、湖盐等主要得到康复利用；③ 湿地提供的能源利用，水电在中国电力供应占有重要地位；④ 湿地水运的利用，内陆水运承担了大量的货运量；⑤ 湿地景观资源的利用，湿地生态旅游创造了经济和社会效益；⑥ 湿地调蓄洪水功能的利用，大湖为调蓄洪水提供了防护体系等。

《中国湿地保护行动计划》提出中国湿地保护与合理利用的指导思想，以维持湿地生态系统平衡，保护湿地功能和生物多样性，实现资源的可持续利用为基本出发点，坚持"全面保护，生态优先，突出重点，合理利用，持续发展"的方针，充分发挥湿地在国民经济发展中的生态效益、经济效益和社会效益。

《中国湿地保护行动计划》在优先行动中提出"促进湿地的可持续利用"，湿地保护不能离开可持续利用，可持续利用必须以保护为基础，对湿地资源的开发利用制定科学的规划，建立湿地生态环境影响评价，实现统一规划指导下的湿地资源保护与合理利用的分类管理等。同时提出优先行动项目39个，其中湿地合理利用和湿地可持续利用项目占到15个，特别是项目1：建立中国湿地保护与合理利用综合管理的协调机制，项目2：中国湿地主要保护利用政策法规研究，项目3：开展湿地保护与合理利用公众意识宣传教育等具有指导性和重要意义。

2.4.2 湿地保护与利用的新模式——湿地公园

1）湿地公园的理念、建设和发展

湿地公园是指拥有一定的规模和范围，以湿地生态系统保护为核心，兼顾湿地生态系统服务功能展示、科普宣教和湿地合理利用示范,蕴涵一定文化或美学价值,具有一定的基础设施,可供人们进行科学研究和生态旅游,并予以特殊保护和管理的湿地区域。湿地公园作为湿地保护与合理利用的一种新模式,在中国是一个创新型事业。湿地公园建设的实质是协调人与湿地资源利用的关系。湿地公园既不是自然保护区,也不同于一般意义的城市公园,它是兼有物种及其栖息地保护、生态旅游和生态教育功能的湿地景观区域,体现"在保护中利用,在利用中保护"的一个综合体系,是湿地与公园的复合体。我国近几年湿地公园建设发展较快,湿地公园已成为保护和合理利用湿地的主要形式和我国湿地保护体系的重要组成部分。

2005 年,"全国湿地保护工程实施规划"全面启动,明确了湿地公园建设是湿地可持续利用示范工程之一。2005 年 8 月,国家林业局发出了《关于做好湿地公园发展建设工作的通知》,提出了"保护优先,科学修复,适度开发,合理利用"湿地公园建设的基本原则,指出"发展建设湿地公园,既有利于调动社会力量参与湿地保护与可持续利用,又有利于充分发挥湿地多种功能效益,同时满足公众需求和社会经济发展的要求,通过社会的参与和科学的经营管理,达到保护湿地生态系统、维持湿地多种效益持续发挥的目标。对改善区域生态状况,促进经济社会可持续发展,实现人与自然和谐共处都具有十分重要的意义。"2010 年 2 月,国家林业局制定《国家湿地公园管理办法》中进一步明确,"国家湿地公园可分为湿地保育区、恢复重建区、宣教展示区、合理利用区和管理服务区等,实行分区管理。湿地保育区除开展保护、监测等必需的保护管理活动外,不得进行任何与湿地生态系统保护和管理无关的其他活动。恢复重建区仅能开展培育和恢复湿地的相关活动。宣教展示区可开展以生态展示、科普教育为主的活动。合理利用区可开展不损害湿地生态系统功能的生态旅游等活动。管理服务区可开展管理、接待和服务等活动。"2005 年,中国第一个国家湿地公园——浙江杭州西溪国家湿地公园试点建设,截至 2013 年底,我国国家湿地公园(包括正式批准和试点)数已达 435 个(图 2-8)。同时全国各地也积极建设了省级湿地公园近 200 个,为保护和合理利用湿地进行了有益的探索和实践。湿地公园保护的主要湿地类型有:沼泽(森林、灌丛、苔草)、河流、湖泊、水塘、水库、浅海滩涂、稻田、红树林,几乎涵盖了我国所有的湿地类型。

城市湿地是城市的重要生态及景观,据统计,全国城市湿地面积约 274×10^4 hm^2,其中水域面积约 88×10^4 hm^2。尽管城市湿地占我国湿地总面积不到 10% 的比例,但其具有与人类聚居区共生的独特地位和不可替代的复合功能,而且在所有湿地类型中,城市湿地是最易受到城镇化进程破坏的,所以城市湿地资源保护尤为重要和紧迫。城市湿地公园是国家湿地保护体系的重要组成部分,建设城市湿地公园是落实国家湿地分级分类保护管理的一项具体措施,是维护和扩大湿地保护面积的有效途径之一,也是一种合理利用湿地的模式。建设部于 2005 年 2 月制定施行了《国家城市湿地公园管理办法(试行)》,明确城市湿地公园是指利用纳入城市绿地系统规划的适宜作为公园的天然湿地类型,通过合理的保护利用,形成保护、科普、休闲等功能于一体的公园。并具体指出,国家城市湿地公园保护、利用应以维护湿地系统生态平衡,保护湿地功能和生物多样性,实现人居环境与自然环境的协调发展为目标,坚持"重在保护,生态优先,合理利用,良性发展"的方针,充分发挥城市湿地在改善生态环境、休闲和科普教育等方面的作用。城市湿地公园合理利用是指在可持续发展的框架下,在生物多样性持续改善的条件下,通过生态系统保育和管理措施,维持湿地的基本生态功能。"绝对保护"和"无序开发"等极端理念在城市湿地保护中都是不可取的,因为城市是人类活动最频繁的地方,城市湿地的保护和利用是一对非常特殊的矛盾关系,既要保护好湿地生态,让其中的各类物种都能生存繁育,又要合理利用,使湿地为人类生活更美好服务。

2005年2月,山东荣成市桑沟湾国家城市湿地公园作为第一个国家城市湿地公园批准建立,至2013年全国已建立国家城市湿地公园46个。已建国家湿地公园和国家城市湿地公园分布在我国全部省、自治区和直辖市。

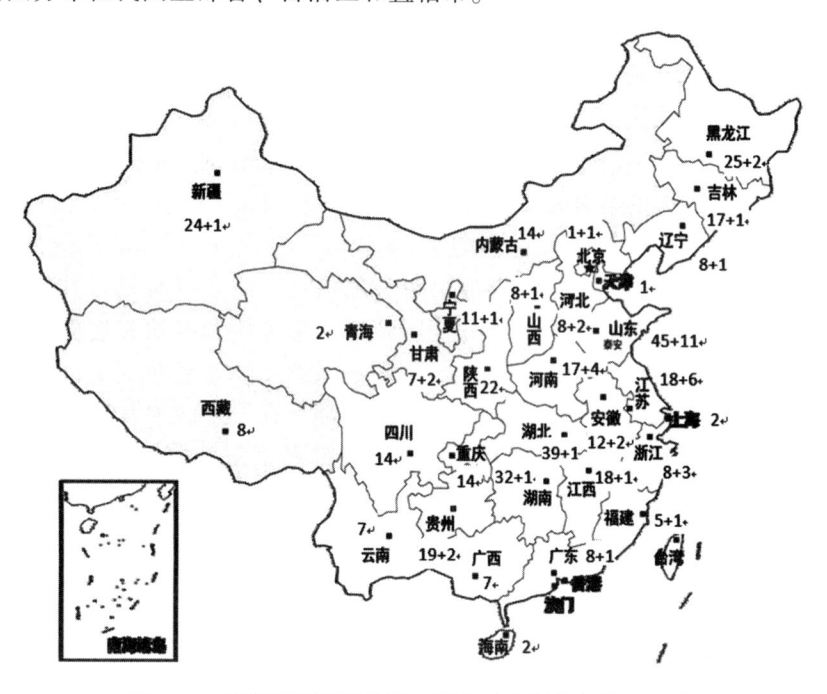

图 2-8 中国国家湿地公园和国家城市湿地公园分布图
(图中数字前为国家湿地公园,后为国家城市湿地公园)

2) 湿地公园的主要利用方式

(1) 旅游和休闲。湿地生境的恢复和重建、湿地景观与湿地生态服务功能的再现、科普教育中心与休闲游憩设施建设以及地域文化的逐步挖掘,为湿地公园开展生态旅游提供了取之不尽的题材。生态旅游是目前可支持湿地公园持续发展的主要产业,生态旅游产生的经济效益,可以缓解湿地保护与当地社区资源利用的矛盾。有学者曾提出发展生态旅游应首先发展湿地生态旅游,因为湿地最富生物多样性和文化多样性,具有最好的环境教育功能和社区参与功能。湿地公园的旅游与休闲内容丰富,基本原则是因地制宜和充分发挥资源优势,但也极力深度挖掘文化内涵,把自然生态游和特色文化有机相结合。杭州西溪国家湿地公园湖面及沿岸自然景观游、古代文人宅院文化游、农渔业体验主题游、地方民俗文化风情游等,充分体现了西溪湿地自然与文化的结合;上海后滩湿地公园是上海世博园的核心绿地景观之一,占地 15 hm^2,场地原为钢铁厂(浦东钢铁集团)和后滩船舶修理厂所在地。公园在保留并修复的黄浦江边的原有 4 hm^2 江滩湿地基础上不仅开展了黄浦江滩湿地生态游,更显著的是突出原地特点开设了工业文明记忆游、后工业生态化游,不失为湿地生态旅游与产业结构调整的一个好案例。溱湖国家湿地公园总面积 26 km^2,湖泊、河流等占 37% 左右,特有的湿地生态环境与里下河水乡民俗文化,是其独有的景观特色。经过长期的积累和发展,现已形成以溱湖为主体的水环境景区,以"麋鹿故乡园"为品牌的湿地生态景区,以"全球生态 500 佳"为基础的生态农业园区,以溱湖地热资源综合开发利用而形成的温泉休闲度假区以及以溱潼古镇、中国溱潼会船节为代表的人文景观。

(2) 观鸟和科考。中国湿地及湿地公园生物多样性丰富,由于中国是国际上东亚—澳大利亚鸟类迁徙路线的主要经留地,鸟类资源十分丰富,作为湿地生态最基本的利用方式,开展观鸟和进行鸟类等资源科学考察活动,不仅是专业人员的一项主要工作,也吸引着越来越多的游客来观赏和探索。鄱阳湖国家湿地公园每年有世界上 98% 以上的白鹤和数十万只天鹅来此越冬栖息,被称为"白鹤的天堂,天鹅的故乡",因而在该湿地公园实施了中国最先进的湿地科研基地项目,使之目前成为国内最大的湿地科学园,通过征集、保藏、陈列、研究代表湿地生态系统和湿地文化遗产的实物,具有较强的公众参与性。

(3) 发展湿地种养殖业。由于湿地公园一般都是在原来湿地基础上建设的,许多湿地原就有湿地种植和养殖的传统,一些湿地还要考虑湿地公园及周边区域的民生,因而可以在湿地公园适度发展水生经济植物种植和水产品养殖。广东新会银湖湾湿地公园原围垦土地以农业生产为主,生产方式以养殖和种植为主。渔业养殖又分为水产精养和涵围粗养两种,垦区以其丰富的鱼类品种吸引着周边众多钓鱼爱好者前来垂钓度假;同时开发滩涂养殖和捕捞业,农业种植则以经济作物为主。为利用好资源优势,提高农产品市场竞争力和提升知名度,垦区成功申报锯缘青蟹、芋头和葛粉为"无公害农产品"。垦区的农产品享有"水中三宝"(鱼、虾、蟹)、"树上三宝"(柑、橘、橙)和"地下三宝"(葛、芋、藕)的美誉,深受广大消费者的青睐。在湿地公园规划的 9 个功能区中,设立了农渔耕作区、土地储备区。

(4) 科普和环境教育。湿地公园一个重要功能是开展湿地生态保护及环境教育。湿地环境教育内容应包括:面向全社会开展的湿地生态知识、生物多样性知识等科普知识的教育;面向全社会开展的湿地生态保护和利用的相关法律政策教育;面向全社会的湿地文化、湿地经济价值和休憩价值等功能教育和展示;面向青少年的保护鸟类等互动性教育;面向专业人员的湿地保护管理知识、湿地保护、恢复和利用技术教育等。湿地教育的形式也应多种多样:①建立湿地环境教育中心,对全社会特别是青少年开展湿地生态教育、生物多样性保护教育已经成为常态。②建立湿地博物馆是一种宣传湿地、保护湿地的科普教育好形式。2009 年建成开放的中国湿地博物馆位于杭州西溪国家湿地公园,博物馆内部展厅按"湿地与人类""中国湿地""西溪湿地"三大主题设置,让参观者了解各种有关湿地的知识。③建立湿地公园环境教育基地,如广东星湖国家湿地公园已成为中国南部著名的丹顶鹤野外繁育基地、最佳野生鸟类观赏地,在湿地生态建设、保护和宣教方面起到了较好的示范作用。④建立教育模板,如浙江省长兴县国家湿地公园中德合作的湿地生物多样性项目建立的环境教育模板,包括编写环境教育手册、体验自然方法及沟通交流技巧、宣教中心如何开展环境教育等,形成湿地公园的教育模板。江西修河国家湿地公园对科普宣教中湿地科普教育的规划内容形式做了较系统的设计,虽然不可能面面俱到,但亦要结合实际开展环境教育。这些设计以展示湿地生物的湿地植物园,以展示江西珍稀湿地植物种质资源保存园,以展示湿地动物的动物展示园,以展示地方湿地文化、农耕文化的湿地文化园,以向游客进行宣传教育的湿地宣传长廊,以向公众宣传湿地生态功能的湿地净化功能展示区,以综合进行湿地宣传教育的湿地博物馆,以常态化开展湿地宣传教育的湿地教育中心和湿地学校以及湿地宣传网站等。

(5) 营造宜居环境。城市和城郊的湖泊湿地对于改善城市环境,营造宜居环境十分重要,中国自古以来就有"城市有水就有灵气"的说法,水是生命之源,水在城市环境中的作用十分重要,如增加空气湿度,改善小气候(特别是在北方地区城市);增加城市绿地,美化城市环境;展示水景景观,给人以舒适的生活;围绕水打造水文化,给人以美感和享受等。许多城市以有水有湖而提升城市价值,成为城市品牌;一些城市也挖掘资源打造城市水景,目的都是改善城市环境,营造城市特色,发展生态城市。城市是人类集中居住之地,住得更健康、更舒适,人与自然和谐共存,是人们的居住追求。湖景住宅(水景住宅)通常指建造在湖(水)边或靠近湖(水)的地方,能够或比较容易观赏到湖上景色并享受湖泊功能及景观的房子(建筑物)。湖景住宅不仅给人们提供了健康舒适的居住环境,而且成为房屋开发的新亮点,湖景(水景)楼盘比一般楼盘的价格要高出 5%~10%。但不可否认的是,湿地公园周边楼盘大规模开发,甚至是不合理开发,将对湿地生态系统带来不利的影响,目前,国内一些城市湖泊湿地周边开发对湿地带来的湿地退化和水生态等问题已经引起了社会各界的关注。

浙江杭州西溪位于杭州西北部,历史上是一大片平原水网,它以河荡连片、鱼塘密布为主要特点,湖漾与村落、农田相间,是一处少见的次生湿地。2003 年开始,杭州市政府把仅存 1/6 的湿地开辟为湿地公园,2005 年,杭州西溪成为中国第一个国家湿地公园。在湿地公园建设基础上,促进了该区域的经济发展。对政府而言,西溪湿地提升了土地的价值,带动了周边房地产的发展(图 2-9);对当地群众而言,由于参与湿地公园建设和保护增加了额外收入。西溪湿地公园开放后对周边房产产生了极为显著的辐射效应,周边楼盘群起,其中不乏高端楼盘,由于环境好,一些重点高等院校也移居此处,现在,这里已经成为杭州市一个环境良好,品质优良的新区。

湖南长沙洋湖垸湿地公园,位于湖南长沙市洋湖大道以北,潇湘南大道东线以西、靳江河以南、以东,总占地面积 5.2 km²,是长沙城区最大的湿地公园。湿地公园处于长沙市规划的洋湖垸片区中。洋湖垸规划面积 15.52 km²,其规划目标,以国家批准的"全国资源节约型和环境友好型社会建设综合配套改革实验区"为指导,以大河西先导区的起步区建设为背景,逐步将洋湖垸片区建设成中部地区集总部经济基地、城市湿地公园、旅游休闲、生态宜居等多种功能为一体的示范新城区。洋湖垸片区在两条城市发展轴的基础上将形成"一心两轴三片"的规划结构。（图2-10）"一心"指城市绿心即洋湖湿地公园；"两轴"指沿含浦大道的科研文化产业发展轴和潇湘大道的创新创意产业发展轴；"三片"指位于西部的教育科研组团及配套居住区、位于东北角的总部基地组团及配套居住区以及位于东南角的居住组团。目前，广电地产、万科、华润、中海、中建、合能、中水电等一批品牌房企在此排兵布阵，"生态与宜居"成为洋湖湿地的代名词。

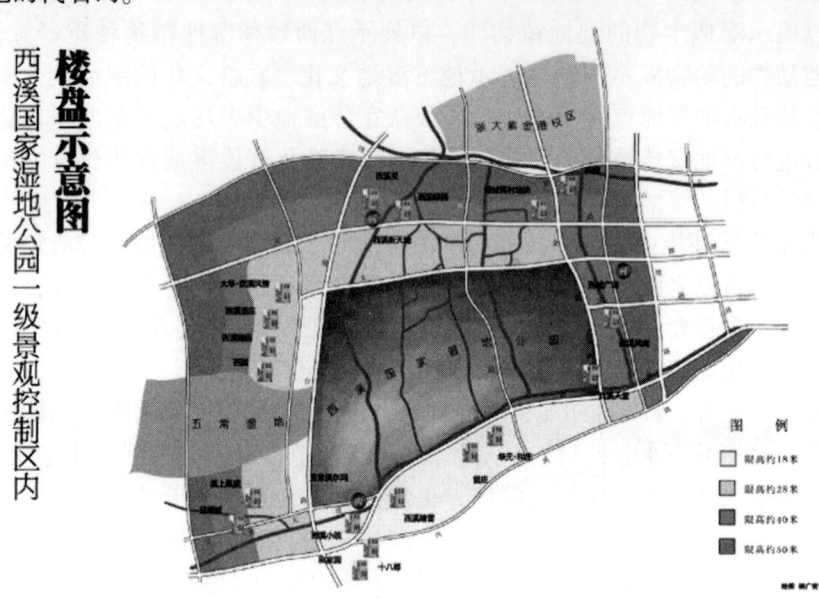

图2-9　杭州西溪国家湿地公园及周边土地规划图

（6）复合型或综合型利用方式。在实际开发利用中，一般不可能把以上各种利用方式都采用；同样，一般也不会只利用一种方式，更多的是几种利用方式综合利用，如《西溪国家湿地公园生态服务功能价值评估研究报告》结果显示，西溪国家湿地公园每年提供的生态系统服务功能总价值为11.32亿元/a。其中，西溪湿地纯生态物质生产价值占据比例较小，只有0.26%；西溪湿地的旅游价值，达到了37.64%；由于西溪湿地本身及周边生态环境的改善，西溪湿地对提升周边土地价值的贡献最大，达到了46.61%，即每年5.23亿元。因此杭州西溪国家湿地公园的利用方式，主要是旅游、改善周边环境及环境教育。

由于湿地生态系统的脆弱性，对湿地生态及资源的任何利用都应该是适度的、合理的，按照国家湿地公园管理办法和国家湿地公园规划编制导则，湿地生态旅游作为一种主要利用方式应大力探索合理利用的方式，其他利用方式则要根据各湿地公园的实际确定。

3）我国湿地公园开发利用特点

（1）湿地公园建设的设施类型较为丰富，主要是景点式开发，一些湿地公园出现园林化、人工化趋势;而国外湿地主要依托游客服务中心,建设与湿地环境教育项目相关的设施为主以及餐饮、休憩等设施为主。

(2)城市湿地公园开发充分考虑本地居民的使用,开发各类休闲娱乐活动,特别是利用水资源开发水上活动;而国外湿地公园注重教育项目的开发,针对青少年、家庭游客和团体游客提供丰富有趣的环境教育项目。

图 2-10　长沙市洋湖垸区规划图

(3)湿地公园开发注重湿地对区域环境的改善的功能以及开发旅游获得的经济效益;国外湿地公园开发注重社区参与和公众参与,包括保护行动和环保宣传。

(4)湿地公园开发活动由政府主导、企业运作和经营管理的逐步增多,特别是一些民营企业参与建设和经营管理湿地公园,逐步摆脱了仅靠政府投资的老模式;国外则从政府、公益组织、开发商及各利益方多方面共同参与。

(5)湿地公园由经营收入所得反哺湿地生态保护不够,湿地开发者普遍重开发轻保护,鲜有回笼资金用于对受损资源进行建设性恢复。

(6)国内湿地公园虽然设有环境教育区,有的湿地公园也建立了湿地博物馆,但多作为展示功能,互动性不够;国外和香港地区的湿地公园注重环境教育的互动,注重志愿者服务,这类人员通常提供免费的解说服务和园内的部分保护工作,另外义工计划也提供公众参与到保护行动的机会。

2.4.3　湿地生态经济区——综合开发利用

流域是保护资源、保持生物多样性、发展当地社会经济、改善和提高人居环境质量的基本单元。通过流域管理，可以最大限度地维持水土资源的可持续生产能力，促进流域内生物多样性的保护和丰富，优化流域内的产业结构，协调和改善流域内各种资源的综合管理，促进生态系统的良性循环和经济社会可持续发展。流域综合开发管理提供了一个能将生态系统保护、经济社会发展和环境的可持续性整合到决策过程中的制度与政策框架。世界许多国家已经认识到，传统的流域管理必须向基于生态系统的流域综合管理转变。我国开展了大量流域综合开发管理、大湖区域综合开发管理的研究和实践。

1) 鄱阳湖生态经济区

2009年，《国务院关于鄱阳湖生态经济区规划的批复》要求紧扣鄱阳湖生态经济区"特色是生态，核心是发展，关键是转变发展方式，目标是走出一条科学发展、绿色崛起之路"的本质内涵，以促进生态和经济协调发展为主线，以体制创新和科技进步为动力，转变发展方式，创新发展途径，加快发展步伐，努力把鄱阳湖地区建设成为全国生态文明与经济社会发展协调统一、人与自然和谐相处的生态经济示范区。

鄱阳湖是中国最大的淡水湖泊，面积3 583 km²，容积约276×10⁸ m³，鄱阳湖水系流域面积16.22×10⁴ km²，约占江西省流域面积的97%，占长江流域面积的9%；其水系年均径流量为1 525×10⁸ m³，约占长江流域年均径流量的16.3%。鄱阳湖是中国重要的生态功能保护区，是世界自然基金会划定的全球重要生态区，是生物多样性非常丰富的世界六大湿地之一，承担着调洪蓄水、调节气候、降解污染等多种生态功能。鄱阳湖水量、水质的持续稳定，直接关系到鄱阳湖周边乃至长江中下游地区的用水安全。

鄱阳湖生态经济区包括南昌、景德镇、鹰潭3市以及九江、新余、抚州、宜春、上饶、吉安市的部分县（市、区），共38个县（市、区），国土面积为5.12万km²（图2-11）。鄱阳湖生态经济区的发展定位是：建设全国大湖流域综合开发示范区、长江中下游水生态安全保障区、加快中部崛起重要带动区、国际生态经济合作重要平台。其功能区划分为以下三部分（图2-12）。

（1）湖体核心保护区——范围为鄱阳湖水体和湿地，面积5 181 km²。区域功能是：强化生态功能，禁止开发建设。

（2）滨湖控制开发区——范围为沿湖岸线邻水区域，以最高水位线为界线，原则上向陆地延伸3 km，面积3 746 km²。区域功能是：构建生态屏障，严格控制开发。

（3）高效集约发展区——范围为区域其他地区，面积4.22×10⁴ km²。区域功能是：集聚经济人口，高效集约开发。

基本要求主要有：稳定提高生态空间，严格保护自然保护区、自然文化遗产、风景名胜区、森林公园、地质公园以及饮用水源地等；大力推进新型工业化、新型城镇化，促进人口向城镇集中、产业向园区集中、资源向优势区域与优势产业集中，积极发展生态产业、推广低碳技术，加快形成并壮大产业集聚区和特色块状经济。

2) 洞庭湖生态经济区

2014年4月，国务院批复了《洞庭湖生态经济区规划》，建设洞庭湖生态经济区，统筹湖区经济社会发展和生态环境保护，有利于建立新的江湖平衡关系，保护和修复湖泊生态系统，保障长江流域水安全和生态安全；有利于巩固提升湖区粮食主产区地位，加快现代农业发展，保障国家粮食安全；有利于平衡区域利益关系，促进城乡、区域协调发展，保障广大人民群众共享改革发展成果；有利于探索大湖流域以生态文明建设引领经济社会全面发展新途径，促进长江中游城市群一体化发展，加快中部地区全面崛起和长江全流域开发开放。

图 2-11 鄱阳湖生态经济区区位图

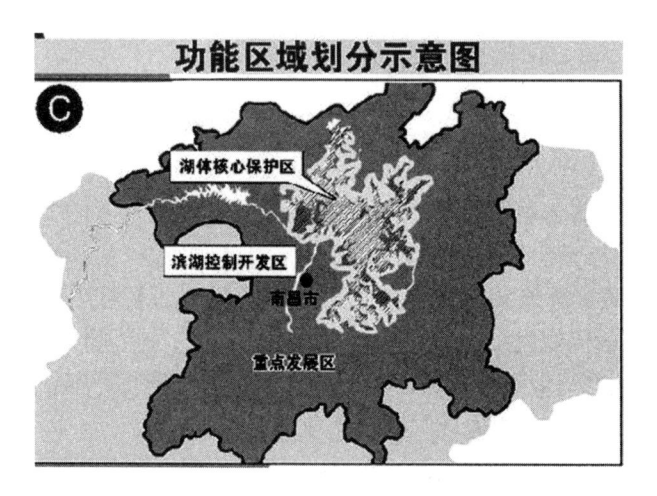

图 2-12 鄱阳湖生态经济区功能区划图

洞庭湖地跨湖南、湖北两省，是我国第二大淡水湖、长江重要的调蓄湖泊和国际重要湿地。洞庭湖生态经济区包括湖南省岳阳市、常德市、益阳市，长沙市望城区和湖北省荆州市，共33个县（市、区），规划面积$6.05×10^4$ km^2，2013年末常住人口2 200万，地区生产总值7 152亿元（图2-13）。洞庭湖区受江湖关系、气候变化和人类活动等因素影响，湖泊萎缩、生态退化问题日益凸显，统筹湖区经济社会发展和生态环境保护刻不容缓。

洞庭湖生态经济区的规划基本原则是"生态优先、民生为本、协调发展、改革创新"。战略定位之一是全国大湖流域生态文明建设试验区。突出长江流域和湖泊生态特色，加快构建绿色生态产业体系与和谐人水新关系，促进经济社会生态协调发展，走出一条生态良好、生产发展、生活富裕的生态文明之路。功能分区为四个区。

（1）湖体保护区，面积约7 800 km^2，主要承担维护生态系统安全、保护生物多样性等功能，严格禁止不符合主体功能定位的开发建设。

（2）控制开发区。面积约$3.12×10^4$ km^2，主要承担发展生态农业和湖乡文化旅游等功能。

（3）生态涵养区，面积约$1.6×10^4$ km^2，为洞庭湖区绿色生态屏障和水资源涵养保护区。

（4）集约开发区，面积约5 500 km^2，主要为新型工业化和新型城镇化的集聚区。

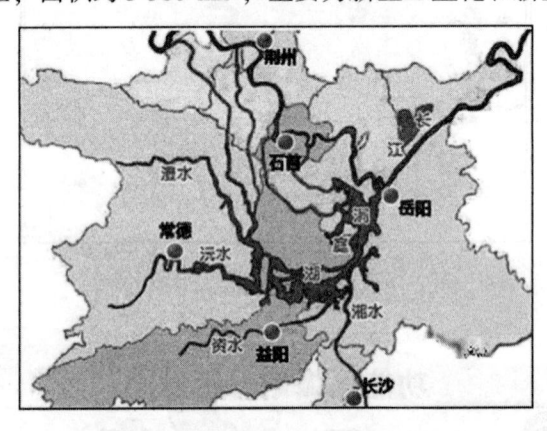

图2-13 洞庭湖生态经济区规划图

洞庭湖区是我国重要的湿地生态系统之一，按照科学发展的要求，立足区位、资源、生态环境优势，合理、协调发展三次产业，突出水资源及其相关资源的特色，发展与水资源及其相关资源的利用与保护相关的现代农业、新型工业、现代物流和旅游业。其中通过对产业转型发展，立足湖区资源优势和产业基础，发展高效生态农业、"两型"产业、现代物流业和文化旅游业，推动产业转型升级，加快形成特色鲜明、优势明显、与生态经济区定位相适应的现代产业体系。

3）黄河三角洲高效生态经济发展区

大江大河入海口三角洲是孕育人类文明的摇篮，是区域经济社会发展的龙头。

2008年，山东省制定和实施《黄河三角洲高效生态经济区发展规划》，较早进行了发展以湿地生态为主要特征的生态经济有益探索。黄河三角洲地区，是以黄河历史冲积平原和鲁北沿海地区为基础，向周边延伸扩展形成的经济区域。地域范围包括东营和滨州两市全部以及与其相毗邻、自然环境条件相似的潍坊北部寒亭区、寿光市、昌邑市，德州乐陵市、庆云县，淄博高青县和烟台莱州市，共涉及6个设区市的19个县（市、区），总面积 $2.65 \times 10^4\ km^2$，占山东省面积的1/6（图2-14）。

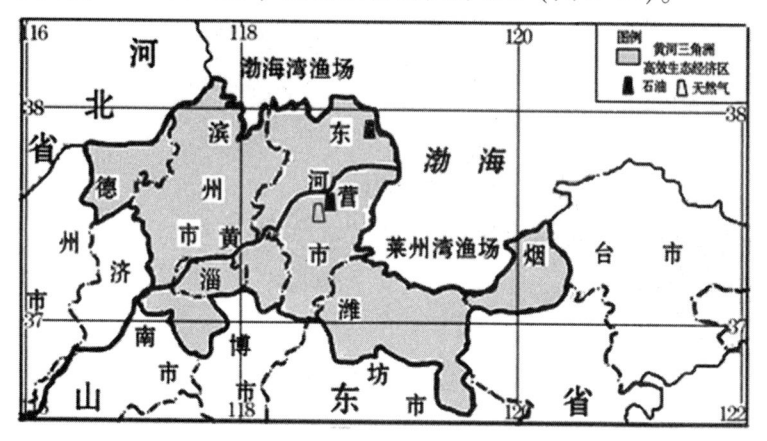

图2-14　黄河三角洲高效生态经济区区位图

黄河三角洲区域生态系统独具特色，生态系统的多样性为多层次推进保护开发建设提供了广阔空间。自然资源较为丰富，资源优势转化为经济优势潜力巨大；产业发展基础良好。因而围绕高效生态经济主题，在保护中科学开发，在开发中加强保护，实现经济、社会和生态效益的统一。发展定位是建成全省重要的现代农业经济区、现代物流区、技术创新示范区和全国重要的高效生态经济区。

根据资源环境承载能力、发展基础和潜力，按照高效与生态相统一、发展和保护相一致、人与自然相和谐的原则，结合自然资源的组合特点，区域发展规划以下三类功能区（图2-15）。

（1）重点开发区域：主要包括四大临港产业区和各类开发区，距海岸线10 km以外的成片荒滩盐碱地。

（2）限制开发区域：主要指沿海岸线开发带的浅海滩涂、盐碱地以及高效生态农业区等。

（3）禁止开发区域：主要指农业保护区、水源地保护区和自然保护区等。

其中生态自然保护区（带），包括国家级自然保护区、海岸线自然保护带、沿黄河和沿小清河自然生态保护带。东营的国家级自然保护区，重点发展生态旅游业，适度开发绿色食品和立体林业；海岸线自然保护带，搞好浅海护养，重点发展滨海旅游、生态旅游、绿色种植业、健康养殖业等；沿黄河和沿小清河自然生态保护带，加强人工造林，重点发展优质粮棉、畜牧、林果等高效生态农业和生态旅游业。

全国各地进行了多种形式的生态经济区（带）规划建设，逐步探索和总结了生态保护和经济发展的协调及可持续发展模式，为当前我国倡导的建设生态文明，以生态

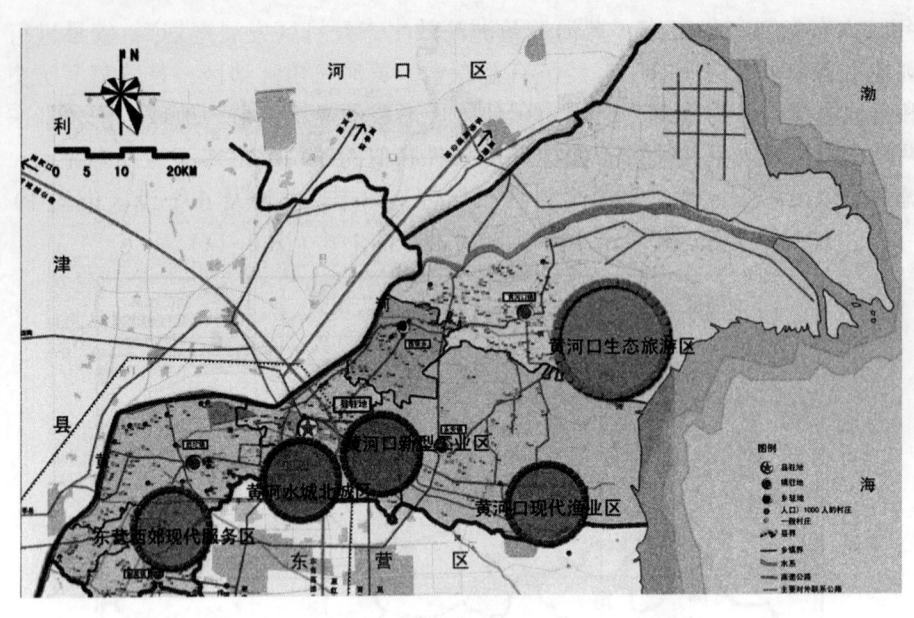

图 2-15　黄河三角洲高效生态经济区河口区规划

建设引领经济发展积累提供了宝贵经验。

参考文献

林业部野生动物和森林植物保护司.1994.湿地保护与合理利用指南.北京：中国林业出版社.
国际湿地公约.2010.国际湿地合理利用手册,第4版.
中华人民共和国国际湿地公约履约办公室.2013.湿地保护管理手册.北京：中国林业出版社.
国家林业局等.2000.中国湿地保护行动计划.北京：中国林业出版社.
牛志明,Ian. R. Swinggland,雷光春.2012.综合湿地管理——综合湿地管理国际研讨会论文集.北京：海洋出版社.
傅春.2009.中外湖区开发利用模式研究.北京：社会科学文献出版社.
皮里阳.2009.湿地保护的国际法发展——以《拉姆萨公约》为例.湖北社会科学.
腾藤.2012.生态经济与相关范畴.中国生态学会.
Hiroki Suzuki, Arish Dastur, Sebastian Moffatt, Nanae Yabuki, Hinako Maruyama.2011.生态经济城市.刘兆荣 朱先磊,译.北京：中国金融出版社.
卜菁华,王洋.2005.伦敦湿地公园运作模式与设计概念.华中建筑,23(2).
林锐芳.2006.香港湿地公园规划理念.湿地科学与管理,2(1).
张兴奇,秋吉康弘,黄贤金.2006.日本琵琶湖的保护管理模式及对江苏省湖泊保护管理的启示.资源科学,28(6).
蒋蕾蕾.2009.日本琵琶湖治理对我国公众参与环境保护的启示.环境科学,7.
汪易森.2004.日本琵琶湖保护治理的基本思路评析.水利水电科技进展,24(6).
王明杰.湖泊保护的公众参与模式探讨——日本琵琶湖治理经验的启示.首届中国湖泊论坛论文集.
国务院.1994.中国21世纪议程.

但新球，吴后建.2009.湿地公园建设理论与实践.北京：中国林业出版社.
王浩，汪辉，王胜永，孙新旺.2008.城市湿地公园规划.南京：东南大学出版社.
陈江妹，陈仉英，肖胜和，刘伟斌.2011.国内外城市湿地公园游憩价值开发典型案例分析.中国园艺文摘，4.
黄国勤.2010.鄱阳湖生态环境保护与资源开发利用研究.北京：中国环境科学出版社.
谢花林，刘桂英，胡海胜，宫之君.2013.鄱阳湖生态经济区资源利用与开发模式研究.北京：中国环境科学出版社.
邝奕轩.2013.湖泊湿地资源利用与经济发展——以太湖湿地为例.北京：社会科学文献出版社.
国务院.2014.洞庭湖生态经济区规划.
国务院.2009.鄱阳湖生态经济区规划.
山东省人民政府.2008.黄河三角洲高效生态经济区发展规划.

第 3 章 银川平原湖泊湿地的历史变迁和开发利用

3.1 银川平原湖泊湿地的历史变迁及趋势

银川平原是在新生代断陷盆地基础上发育的堆积平原。新生代以来，伴随着青藏高原的隆起，银川平原持续下沉，堆积了巨厚的冲积洪积物。中更新世，黄河切穿银川盆地成为外流河；此后黄河不断发展壮大，到中晚更新世时，有宽广的河面，在银川平原发育了二级阶地（图 3-1），河道在摆动过程中，沉积了厚达数百至千余米的河湖相物质，其中银川平原下沉中心的银北至平罗一带，第四纪沉积物厚达 1 600 m。

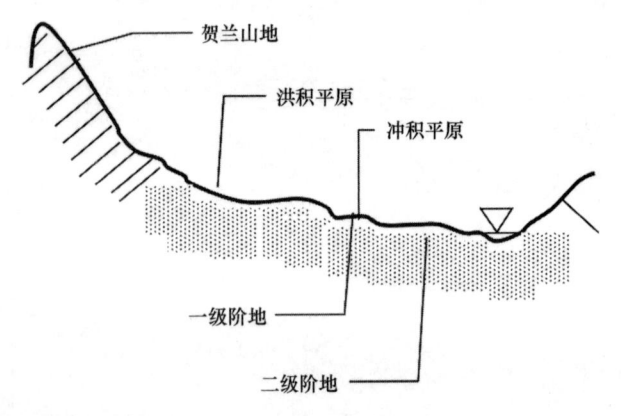

图 3-1 银川平原构造断面示意图

至全新世，黄河河道向东游移，大致流动在今银川市金凤区西侧至石嘴山西河桥一带，原有的河道——即从今青铜峡市蒋顶-增岗-银川市五里台-西大湖-石嘴山市明水湖一线，成为故道，从而分布着大片的湖泊洼地（图 3-2）。从银川平原新石器遗址的分布（图 3-3），也可以看出这种趋势，即所有已发现的遗址均分布在银川平原边缘高阶地和洪积扇上，而这正是湖沼湿地分布格局的佐证。由于黄河出青铜峡后水流束放出来，形成众多支汊，泥沙淤积，滩涂发育。从贺兰山西侧随冬季风搬运而来的风成沙，与银川平原上的冲洪积物原碎屑物就地起沙共同作用，形成了沙丘与湖沼、大河与干湿滩地以及大面积干涸的盐碱滩地相间分布状态，这即是人类的土地开发活动干扰以前的银川平原自然景观。

根据构造成因，可将银川平原划分为以下地貌单元，自西向东依次为贺兰山前洪积倾斜平原、冲积洪积平原、河西冲积湖积平原、黄河河道滩地、河东冲积湖积平原、青铜峡冲洪积扇和苦水河三角洲平原 6 个部分（图 3-4）。根据地表地貌形态，还可以划出阶地、低平碱滩地和沙丘地等类型。黄河河道滩地及其两侧的冲积湖积平原、西大滩等地是银川平原湿地集中分布区域，各地貌单元交接处也是易形成湿地的区域。

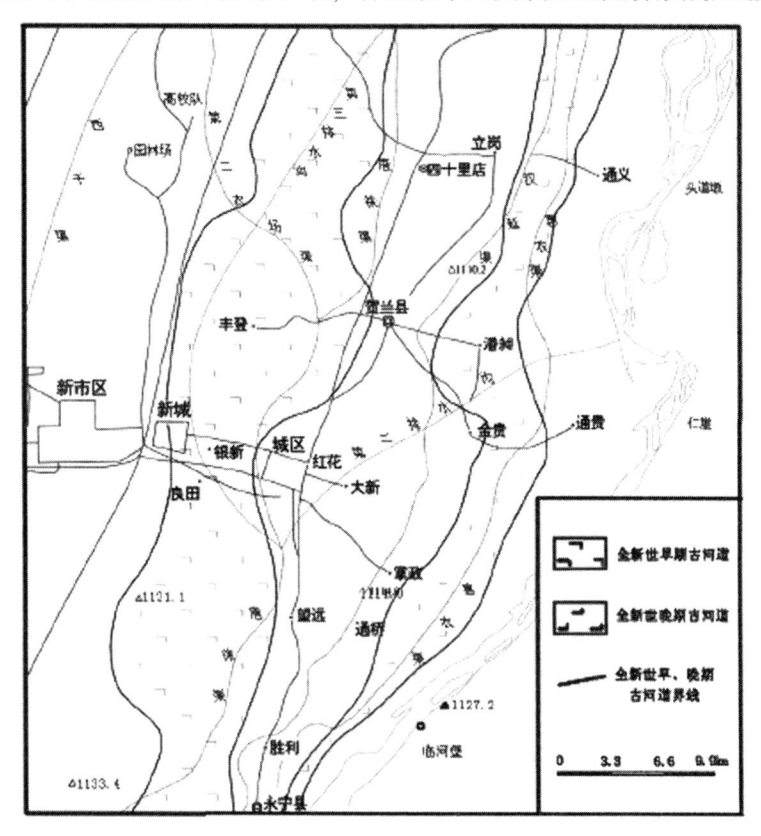

图 3-2　全新世黄河故道分布图

3.1.1　黄河及其周边湿地的变迁

秦汉时期，黄河河道在银川平原中北部向东迁移到目前的二级阶地前缘和一级阶地后缘一带；南部主河道则很有可能东延至今汉渠一线，过吴忠市利通区后才折向北去。东汉初，北地郡治富平县由马岭迁至宁夏中部吴忠市利通区一带，考古显示其遗址在今吴忠市利通区扁担沟镇扁担沟村西侧，东干渠南侧。考虑我国古代有"高勿近阜而用水足，低勿近岸而洇防省"等一些比较具体的筑城原则，可以认定：当时黄河流经富平县治所西北侧，《水经注》载"河水历峡北注，枝分东出，河水又北迳富平县故城西……"，可见当时流经富平县城的应为黄河的东侧汊河，位置大抵相当于今关马湖、巴浪湖农场八队、十队一带，今青铜峡大坝镇以东，吴忠城区以南，扁担沟乡以北皆为河道或河滩湿地。

西汉惠帝四年（公元前 191 年）置灵洲县，故址在今吴忠市利通区，东汉为灵州，《汉书·地理志二》记载其地有两个国家级马场——河奇苑与号非苑，唐人颜师古按曰:"苑为马牧也,水中可居者曰洲";"此地在河之洲,随水高下,未尝沦没,故号灵州,又曰河奇也",说明灵洲(州)一带有大面积的滩涂,有良好的沼泽与草甸湿地,适宜牧马。

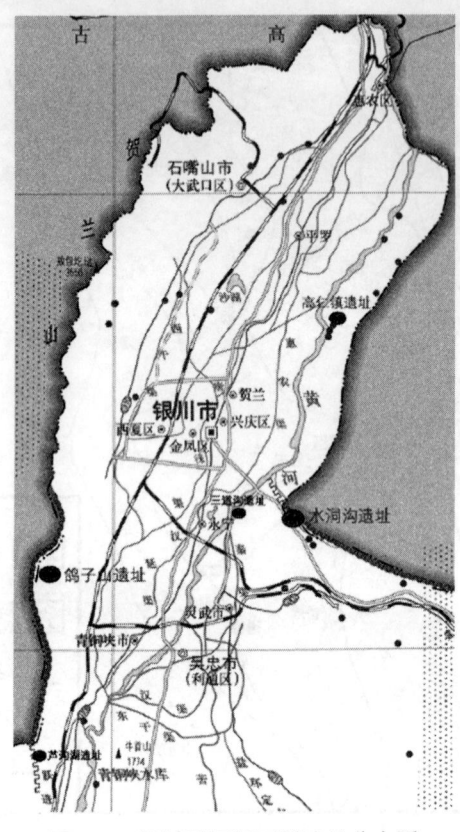

图 3-3 银川平原新石器遗址分布图

北魏太延二年(436年),北魏在汉代河奇苑所在的黄河古沙洲上设立了薄骨律镇。太平真君五年(444年),镇将刁雍主持开凿了艾山渠,把古高渠渠首下移8里(1里为0.5 km),接入黄河的西侧汊河,引水40里后复入古高渠,而后该渠双延伸80里,形成了一个长120里,灌溉4万余顷的灌区。而西汊河整个被"绝断",由原来的河流湿地成为牛轭湖,该牛轭湖湿地会逐渐破碎成若干小湖存在几个世纪,也可能成为后世的排灌体系而存在下去。汉代的河奇苑即北魏的薄骨律镇,至唐宋时为灵州,考古显示其位于今吴忠市利通区西北的古城镇。唐代诗人吕温(771-811年)笔下有"山横旧秦塞,河绕古灵州"的记述,显示当时灵州还在黄河中的洲岛上,但是随着河道的变迁、侵蚀,加之人为筑渠改道,大约在唐末,灵州城已位居黄河东岸,因而在宋神宗元丰四年(1081年)十一月的宋夏战争中,宋军已兵临"高三丈,尽以毡裹水沃之"的灵州城下,结果被西夏军队扒开七级渠淹没军营,大败而归。至明洪武十七年(1384年),旧灵州被黄河水淹没,加之黄河河道的不断右侵,于是有了明代的"灵州三迁",直至张九德采用丁坝挑流与顺坝护岸相结合,才基本遏制了明时黄河东蚀的局面。

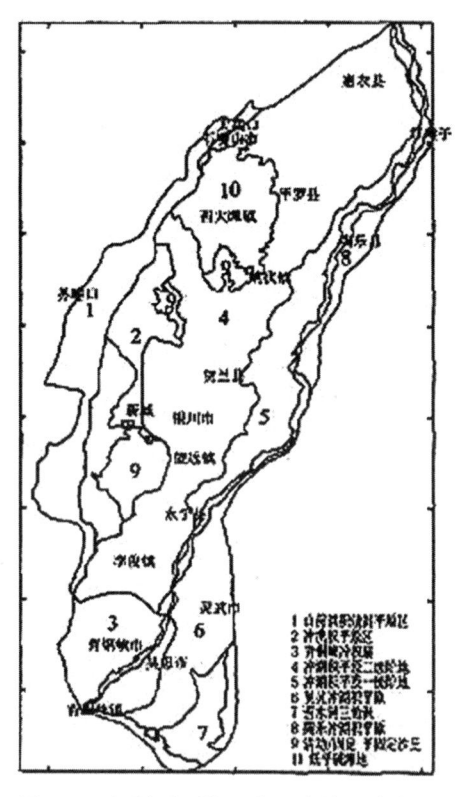

第3章 银川平原湖泊湿地的历史变迁和开发利用

图 3-4 银川平原的地貌组成单元分布图

始建于清雍正四年（1726 年）的惠农渠是目前银川平原河西灌区最靠近黄河的干渠，据《惠农渠碑记》载："查汉托护地方，沃野膏壤，因汉唐二渠余波所不及，遂旷为牧野。"清廷要员侍郎通智，率人"相土宜，度形势，以陶家嘴南花家湾为进水口，近在叶升堡之东南也。黄流自青铜峡口而下，支派分流至此，而滔滔汩汩顺流远引，足溉数万顷之田。其渠口石子层累底岸维坚，由此而东北遍历大滩，择地脉崇阜处开大渠三百里，口宽十三丈，至尾收为四五丈，底深丈一二以至五六尺不等。高者洼之，卑者培之，引入西河尾并归黄河。"由此可见，惠农渠是筑于黄河西河之外的边滩湿地上的，渠成之后，查汉托护湖滩成为"川辉原润千村聚，野绿禾青一望同"的农耕之区。通智随后还在惠农渠东主持开凿了昌润渠。按《钦定昌润渠碑记》记载，在惠农渠渠区东南隅有一片处于河水之上的广阔滩地，其上有从黄河伸出纵列的支汊，称为六羊河，在下游合为一股注入黄河，通智等于是采用"循其已然之迹。顺其势而利导之。凡湃岸之倾圮者，培之使平；河流之淤塞者，浚之使通。爰于渠口建正闸一，曰昌润闸；外设退水闸，曰清安，使水有所泄，以备岁修堵口也。内设退水闸，曰清畅，使水有所分，以杀湍流涨溢也。相地制宜，分列支渠二十余道。中多高壤不能尽达，复设逼水闸三：曰永惠、永润、永屏，束之，使其势昂而盈，科而进，仍由故道以入于河，诸闸既建，俱跨桥，以通耕牧往来。正闸之上覆以桥房，其旁则立有龙王庙碑记亭。渠两旁俱插柳秧资其根力，以固湃岸。自此启闭以时，蓄泄有方，而大渠以东遂无不溉之田矣。"

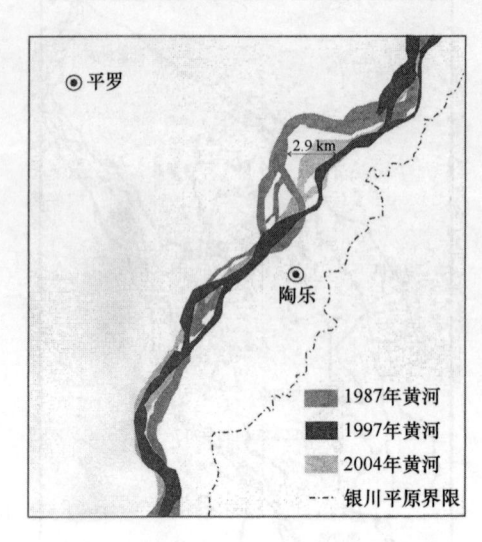

图 3-5　黄河河道当代变迁示意图（吴家敏等，2006）

由此可见，银川平原历史时期黄河的河流湿地与其周边滩地（湿草甸湿地或盐草甸湿地）或被逐渐开发成农地，"易畜牧为桑麻"；或因来水不断减小导致的河道萎缩，范围在不断缩小中。黄河银川平原段也是一个摆动型河段（图 3-5），黄河汊河与河滩地在近半个多世纪中也被看成是荒地，是后备耕地资源，大片大片地被开垦或造林，即使有些滩地可能发生洪水漫滩，也被占据种创田，因此，黄河及其周边湿地被人为蚕食不断减少是大势所趋。据 2014 年利用遥感数据判读得到的数据，1987 年银川平原河流湿地面积为 197.18 km^2，到 1997 年为 115.76 km^2，2004 年为 109.14 km^2，呈直线下降趋势。据考证，查汉托户湖滩是明清时期黄河主河道逐渐东移而成的，可见黄河在银川平原的"淤高—改道—再淤高—再改道"的往复，也是导致河流湿地变迁的推动力。

3.1.2　沟渠带状湿地的变迁

银川平原河东的秦渠相传为秦代开挖，但有案可考的最早渠道，应为汉代开凿，今天河西灌区的汉延渠和唐徕渠的前身、河东灌区的汉伯渠（今汉渠）均开凿于汉代。黄河以西的银川平原，汉时也筑渠开发，《魏书·刁雍传》中记载的高渠可能就是汉代渠道。北魏时期开凿的艾山渠，是将古高渠改造一新，由此说明古高渠也为汉代开凿。

隋唐时期，银川平原的灌溉系统更加发达，不仅兴修了原来的渠道，还新开发了一些渠道，有案可考的渠道名称有光禄渠、薄骨律渠、特进渠、汉渠、御史渠、尚书渠、胡渠、百家渠、白渠等。宋夏时期，在继承和重修先代渠道的同时，还兴修了长达 300 里的昊王渠，但因为渠首太高进水不畅，昊王渠并未发挥持续的灌溉作用。元代除整修上述渠系外，还在原贺兰渠基础上改修了大清渠，清代新修了惠农渠、昌润渠。民国时期新筑的渠道最著名的有唐徕渠支渠云亭渠、湛恩渠等，至新中国成立前夕，共有大小干渠 14 道，全长 951 km，灌溉面积 $10.96×10^4$ hm^2（表3-1）。

表3-1 宁夏引黄灌区20世纪中叶主要灌溉渠道相关信息一览表（卢德明，李景牧，2006）

序号	渠名	长度（km）	灌溉面积（×10⁴ hm²）	所在区域
1	汉延渠	120	2.31	青铜峡河西灌区
2	唐徕渠	210	3.10	青铜峡河西灌区
3	大清渠	37	0.40	青铜峡河西灌区青铜峡市
4	惠农渠	184	1.89	青铜峡河西灌区
5	昌润渠	85	0.50	青铜峡河西灌区、银北地区
6	滂渠	30	0.11	
7	永惠渠	24	0.03	平罗县
8	永润渠	20	0.07	平罗县
9	西官渠	24	0.09	平罗县
10	东官渠	16	0.02	平罗县
11	汉（伯）渠	49	0.89	青铜峡河东灌区
12	秦渠	72	1.24	青铜峡河东灌区
13	天水渠	18	0.17	青铜峡河东灌区
14	马家滩渠	12	0.02	黄河中滩
15	利民渠	20	0.03	陶乐灌区
16	惠民渠	30	0.07	陶乐灌区
	合计	951	10.96	

虽然银川平原在2000年的农业开发中都注重渠道建设，灌溉体系也在不断完善中，但是却没有大规模的挖沟排水工程见于史料，说明开挖新渠与疏浚工程是政府行为，而挖沟排水问题往往不在政府考虑之列，即使有需求，可能也不是政府的重要工程，抑或只能是民间或农户个人行为。如民国末期银川平原的主要排水沟——林皋沟（东沟）、王洪沟（西沟）、黑阴沟、黄阳沟、北大沟、西大沟以及河东的清水沟与山水沟8条，总长度310 km，无不是断面狭小，沟身弯曲，淤塞严重，水流不畅，排水作用非常有限。

1949年以后，银川平原的水利建设得到空前发展，通过裁弯取直、疏浚、加埧、建闸等措施修整了旧有渠道；新建了河东灌区的东干渠、第一农场渠、第二农场渠、河西灌区的西干渠等一大批重点灌溉渠道；随着青铜峡水利工程的兴建，开通了河东、河西两道总干渠，改变了多头引水渠道混乱的局面；开挖了第一、二、三、四、五、六以及反帝沟、永二干沟、银新沟、灵武东西沟等多条排水大沟和各级支沟，整修了清水沟、扩延了黑烟沟；在银北地区兴建了一大批电排站和排水机井，形成沟、站、井相结合的排水系统。目前，银川平原有总干渠、干渠和支干渠 18 条，总长度为 1 084 km，总引水流量为 603 m³/s，灌溉面积为 33.0×10⁴ hm²；有骨干排水沟道 24 条，总长度为 660 km，控制排水面积为 41.9×10⁴ hm²，排水能力达 955 m³/s。由于沟渠湿地——尤其是斗渠（沟）以下级别的沟渠湿地——属线状土地利用类型，面积大多未计入湿地类型。据笔者在银北典型区测算，其面积占耕地面积的 1/16~1/9。

3.1.3 湖泊沼泽湿地的变迁

西汉时期出于屯田植谷、移民实边的需要，在银川平原设置一个县级政区单元——廉县，位置在今平罗县崇岗镇暖泉村，大抵相当于贺兰山洪积扇前缘，新莽时更名为西河亭，考古显示其为一东西宽 100 m、南北长 200 m 的土夯城池，应当是当时的重要交通节点。考虑中国古代选址筑城对水源和地形条件的考虑，故认为这一线应当为银川平原历史时期湖泊湿地分布的西缘，一方面，这一地带有简泉、暖泉这样的地名遗留，说明其为贺兰山前的泉水出露带；另一方面，即使到目前，银川平原的冲积洪积平原和二级阶地后缘，也是贺兰山洪水汇聚之所，故此形成银川平原西侧的一个湖沼湿地带，其位置相当于西干渠一线，但由于山洪水补给的年季与年内变化大，常年性湖沼可能面积并不很大，湿地的景观大抵与西干渠以北几个滞洪区相当，即以干湿草甸和红柳、沙枣林为主，清代宁夏府城西的"多水草便孳牧"的"快活林"即是这种景观。

渠道的开挖使当时得以灌溉的滩地及沙地变为良田，而渠水下泄的洼地则归为湖沼。实际上，排水问题在银川平原是个不容小觑的问题，有研究按照银南灌区的水量转化模型（图 3-6）和水平衡方程，以多年的实测灌排水量为依据计算出的排灌比为 0.58，表明银南地区进入农田的灌溉用水的 58% 都要通过垂直和侧向下渗排出。

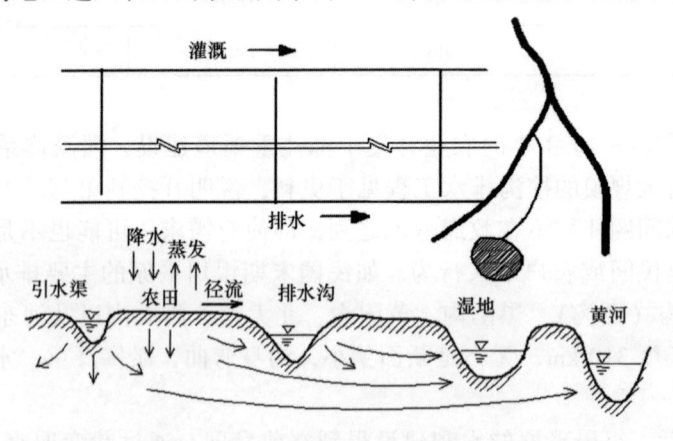

图 3-6 银南灌区水量转化模型图（席伟彦等，2007）

银川平原地势整体来说是西高东低、南高北低；从地貌单元来看是冲积扇高、阶地顺序降低，河道和河滩地最低；银北西大滩一带因为是平原地区的沉降中心，地面高程与同纬度的黄河水面基本齐平，在 1 090~1 100 m 之间。从局地地形来看，干支渠基本都是渠道内侧高外侧低，渠首高渠尾低；沟道则相反。由于黄河泥沙的落淤和澄浑排清作用，加之人为挖低补高，渠道和农田与周边未利用土地的高差也呈加大趋势，因此，在干支渠边、尾闾和两片灌区的交接地带势必形成洼地乃至出现一串串的湖沼湿地，唐徕渠流域著名的"七十二连湖"即因之产生。对于处于银川灌区中下游的银川平原中北部地带而言，维持土壤系统良性状态（即不发生盐渍化）的排灌比应当更高，在排水系不完善的情况下，必然形成积涝严重，灌溉退水向洼地汇聚的情形。

清人李培荣的《南北涝河记》记述吴忠秦、汉二渠"渠水入田，其尾潴而为湖。北湖自金积堡下至吴忠堡之东西共十二处，汪洋清澈，几数千顷；南湖自忠营堡至汉伯堡，虽势不甚广，而渠之所经偶破冲口，洼处辄钟聚。夏秋之交，洪河盛溢，渠流张王，游波入湖，湖不能受，则漫衍田亩，浸坏屋庐，亦其势然也。"后在李培荣主持下疏浚了南侧的浑涝河和北侧的清涝河（即排水沟后），迅速解决了吴忠灌区的内涝问题。由此可见，银川平原绿洲区大片的尾闾湖湿地在重灌轻排中形成，在灌排通畅中趋于消亡。

银川平原的湖泊一般为浅水湖。20 世纪中期以后，随着银川平原排水系统的完善，许多湖泊都有条件被排水疏干，当时宁夏农垦 15 个农场中，近半数在建设初期都是通过挖沟排水、引水灌淤的方式将湿地开发成农田，如灵武农场、连湖农场、巴浪湖农场、西湖农场、贺兰山农牧场等，导致灵武东湖、青铜峡连湖、吴忠巴浪湖、银川大西湖、平罗大北湖等湖沼的萎缩和消亡。但是随着农垦的大规模农业开发，在银北低洼之区，一些新的退水湖泊也随之出现或扩大，如沙湖、暖泉湖、简泉湖等。据对宁夏农垦 45 309 hm² 耕地土壤的调查研究，"垦区耕地土壤分 9 个类型，19 个亚类，不同土类占总耕地面积的比重依次是灰钙土占 44.9%、潮土占 20.6%、灌淤土占 20.3%、新积土占 11.1%、风砂土占 2.4%，粗骨土、沼泽土、草甸盐土和碱土共占 0.7%；成土母质以洪积物、人工淤积物和冲积物为主"。潮土为半水成土，灌淤土是黄河泥沙落淤形成的耕作土，沼泽土、草甸盐土和碱土更是典型的湿地土壤，由此判断，宁夏农垦大约 41%的耕地来源于湖沼与周边草滩。

3.1.4 泛滥湿地的变迁

农业开发是历史时期银川平原泛滥湿地变化的主要原因。有详细记载的开发见于清代。据《惠农渠碑记》载，嘉靖时期黄河主河道与其西侧汊河之间的查汉托护湖滩，自修筑惠农渠将渠道下段接入西河，此西河为明清时期黄河主河道以西的一道汊河，位在今惠农渠一线，该湖滩其后成为了农耕之区。昌润渠灌区则是建于号称"六羊河"的滩涂之上，为避免新辟耕地被洪水所淹，还在滩地边缘修筑了一道堤坝。

渠首混乱是银川平原渠道溃绝，泛滥湿地广泛存在的又一原因。由于许多渠道是在黄河沙质上开口，随着河床的摆动，引水口每年变迁，甚至一年几变，每年春季修渠时，临时现找引水口，次级渠道的渠口也时常被泥沙堵塞，渠道退水外溢、渠拜决口的问题很容易发生。各级渠口周围因水流泛滥极易出现片状泛滥湿地。1953 年，今石嘴山市惠农区和平罗县境内的昌润渠、滂渠、东官、西官、永润、永惠 6 道干渠被陆续并入惠农渠而成为支渠，大清渠也被并入唐徕渠，各渠口都设置了节制闸，使渠首积水湿地面积大大减少。1960年青铜峡水利枢纽工程截流后，从根本上改变了银川平原无坝引水的历史，在青铜峡东西两岸建成有坝引水的干渠8道，坝上新开东干渠1道，坝下开西干渠1道，旧有的16条干渠逐步合为干渠10条，总干渠2条，使沟头混乱，"岁岁儿清淤，年年找渠口"的局面完全改观，也使渠道泛滥湿地面积大大减少。

3.1.5 水稻田人工湿地的变迁

据考证：宁夏自唐代先天元年（712年）郭元振任朔方军大总管始，即在银北的定远城（今平罗县姚伏镇）一带大规模推广种植水稻。《宋史·夏国传下》记载"其地饶五谷，尤宜稻麦。甘、凉之间，则以诸河为溉……岁无旱涝之虞"，说明西夏（1038—1227年）时期其属地灌溉农业已很发达，银川平原无疑是其水稻的主产地。至明清，水稻种植规模当有增无减，《嘉靖宁夏新志》中记录的当地物产中，稻谷是当地排行第一的谷类物产，其他有稷、大麦、小麦、豌豆、黑豆、青豆等；《乾隆宁夏府志》记载的物产中，在"谷之属"一栏中排在第一的依然是稻，其后才是糜、稷、大麦、小麦之类。至20世纪中叶，宁夏水稻种植面积大约3 500 hm^2；60年代猛增到2.67×10^4 hm^2；2006达到8×10^4 hm^2；在灌区节水的大背景下，水稻种植面积被大幅度压减，目前基本维持在6.67×10^4 hm^{2}左右。

银川平原是全国优质粳稻种植区，其气候干燥，降雨稀少，光照充足，昼夜温差大，病虫害轻，有利于干物质积累。黄河宁夏段泥沙含量在2.7~4.1 kg/m^{3}之间，灌溉即是施肥，具有"且溉且粪"的作用，灌淤作用还有利于水稻生长和根系呼吸，加之技术成熟，品种优良，所产之大米素有"贡米"之说。但是直至20世纪中期，都采用的是俗称"浪稻子"的种植方式。即先把选好的稻种子进行晾晒，然后进行清水和泥水选种。放水入田浸泡土壤3~5 d，再进行"浪田"——即由农人牵着大牲畜拉着一根"浪木"（约5 m长的笔直木杠），一至二人用力按住"浪木"，在泡软的泥水中反复拉刮，直至将水田刮平为止。经过"浪木"拉刮，水田泥水浑浊无比。趁着水浑，播种之人胸前挂一大布袋下到田里，将袋中稻种用手均匀地抛撒于田中，3~4 d后稻种扎根起苗。由于这种种植方式比较原始，植株不均匀，每667 m^{2}产量长期以来在150 kg左右，正所谓"大把撒，浪稻子，收不多，饿不死"，其长处在省工、省力，新开农田通常都用来种植水稻，有"碱地种稻当年前效"之说。直至20世纪后半期，由于育秧插秧技术和新品种的推广，水稻才成了优质高产的粮食作物，每667 m^{2}平均产量能达到700 kg左右，单产800~900 kg的也不在少数。

水稻种植耗水量大，每667 m^{2}均耗水量一般在2 000 m^{3}左右，最多的可达到3 000 m^3，由于银川平原蒸发强烈，需不断灌溉补水，一年灌溉次数达8~11次。随着许多节水措施的实施，水稻耗水量已减到1 000~1 200 m^3，新型控灌技术推广试点区域已达到800 m^{3}左右。

3.1.6 典型湖沼的变迁——以沙湖为例

嘉靖九年（1530年），佥事齐之鸾主持修建了今平罗县城北十余里的长城北关门。

在其《朔方天堑北门关记》中,最早出现"沙湖"一名,文中载:"由沙湖至贺兰山之枣儿沟,凡三十五里,皆筑墙……沙湖东至黄河凡五里,水涨则泽,竭则濡(土),房可窍出,皆为墙。"石嘴山市前人大副主任刘尚文先生著文,考证该沙湖为潮湖之前身,面积在 200~300 km² 之间,亦为水面与沙丘融为一体的湖泊,当年的沙湖墩位置已确定,在星海湖即古沙湖的核心位置上。笔者基本赞同此观点,但是认为对明代北关城外沙湖面积的推测未免过大,位置失之过西,然而至少说明水沙相伴的空间格局在平罗一带明代即有之,那时的所谓沙湖系洪水宣泄形成的季节性大湖,与今之沙湖不在一处。而今之沙湖在有明一带的环境特征,尚无处可考。

据道光年间(1821—1850 年)成书的《平罗记略》中收录的平罗知县徐保字(任职时间为 1824—1830 年)《改修新济渠字》一文所记:"新济渠者,镇朔堡民田四十二顷养命之源也。先是,镇朔、洪广皆受水于唐徕之大罗渠,以沙压不得水,开新济渠灌之,被其泽者,四十年矣。无河渠之侧,旧有沙窝,始而渠东,忽转而渠南。渠十余里横亘沙碛,由是断源绝流。夫镇朔孤悬贺兰之尾,村墟寥落,滩地荒远。当封表,有常信以截上流、有洪广以堵中游。岁修甫竣,即深通一律,尚难达水到梢,况以沙山限之,势更不能……"显示道光年间或者更早时段,今沙湖沙带所在区域已有沙窝,而且颇具流动性。同文还记载,当时修通新济渠时还切断了旧有的杨渠、沙渠两渠,县令徐保字命令"搭盖飞槽,以通水泽"。《平罗记略·卷六》还记载洪广营有 19 处墩台易遭山洪,其中有新常沙墩、旧常沙墩和沙城墩 3 处墩台有"沙"字,鉴于墩台常以显著地物命名,故认为应该指示沙地环境,似说明几处墩台既处于沙地之上(不排除为沙丘),又易被水患,属于地近贺兰山,地势又相对低洼之所。

从 1935 年的《宁夏全省渠流一览图》上看,在今姚伏镇正西有一很大的南北展布的长条形状湖泊,名为西湖。西湖西侧即为一大片沙地,面积约 10 倍于西湖。沙地西侧为近乎南北走向的新济渠,北侧紧临处无标识,土地类型不详,较远处标为西滩。由目前的姚伏至平罗的距离为参照大概量算,姚伏镇西侧沙地面积在 80~100 km² 之间,现今这片沙地的面积据量测为 42.3 km²。

1945 年黄河水利委员会宁夏工程总队实测的《宁夏青铜峡河西灌区图》上,在今沙湖的湖泊中心区的位置上有一地名曰"青草圈",并有一条东自姚伏,西至汝箕沟的道路通过。青草圈的海拔在 987~989 m 之间,与南侧闭合的 995 m 等高线有数米的高差(民国时期地图的标高系统与现今大地测量的青岛海平面基准不一致)。姚伏西湖及其西侧的沙地未标出,但更西却有 1935 年地图中未出现的新开渠通到镇朔堡,另有西大沟绕过镇朔堡后穿越今沙湖地界,并在堡西和前图标出的西滩一带各连通 1 个湖泊。

在前进农场建场的 1952 年,沙湖水域尚未形成,南侧的沙带被称为"洪广沙滩"。1956 年实测的大比例尺地形图上也没有水域标出。《宁夏农垦志》(1995 年)载:"1954 年,前进农场开始种植业生产后,随着灌溉面积扩大,地下水逐步升高,位于农场东干渠以东、第六生产队以西、洪广沙滩以北的洼地逐渐出现明水。1957—1958 年,连续出现几次山洪,第三排水沟决口,洪水和沟水流入洼坑内,形成平均水深 1.2 m,最深 4 m,水面 8 000 亩(约 533 hm²),像'元宝'形的湖泊。"《前进农场志》(1992 年)记载沙湖水域是"1958 年以前因特大降水有了较多积水,1958 年以后,农场大面积种植水稻,地下水位升高,秋季又发山洪,第三排水沟决口,沟水大量进入洼地,形成面积为10 000亩(约667 hm²)的湖。各种鱼类开始在这里生长繁殖,湖泊中还生长着水生植物,为鱼类提供了天然饵料,成为农场的天然大渔湖……。"

以上分析可知:沙湖沙丘早在明清时期就已存在,而沙湖水域的出现不过是20世纪50年代后期的事。沙湖原本是紧挨沙丘的一处碟形洼地,是贺兰山山洪宣泄的天然积水洼地,山洪过后洼地干涸,成为草滩地。现今沙湖水域在1958年前后形成,水的来源一是洪涝灾害,即贺兰山山洪水在洼地的积蓄;二是山洪造成第二排水沟决口,沙湖洼地(红渠洼)大量接纳沟道退水;三是灌溉用水增加抬升地下水位,造成地下水补给的增加。

沙湖自20世纪50年代末具备雏形以来,在60—70年代,呈现波动变化状态,这主要在于沙湖处在水面蒸发量十数倍于降水量的区域,其维系需要定期的补水。1958年秋至1963年春季,第三排水沟的灌溉退水是其主要补给源;1963年,前进农场大搞农田水利建设,重修了第三排水沟的决口沟堤,封闭了沙湖的进水口,导致当时的前进农场渔湖水位下降,水质恶化,pH值一度达到9以上,渔业生产无以为继,渔业生产队无奈改为园林队。1967年,前进农场重新修建了渔湖的进水闸,从第三排水沟引入农田退水,这才逐渐使沙湖水由黄变绿,水域生态得以缓慢修复。1971年,前进农场成立了渔场,一改过去只以捕捞为主的渔业生产方式,开始了养捕结合的渔业生产。自此以后20余年,沙湖均以第三排水沟的农田灌溉退水为主要补水水源,既保证了湖泊的水量需求,又为渔业养殖提供了较多的养分,地下水和黄河水直补则是辅助的补给来源。

20世纪80年代后期开发旅游以后,前进农场渔湖成功地进行了角色转变,成为银川平原旅游明星景区——沙湖,产业功能也由渔业为主转变为旅游业为主,对水质的要求也越来越高。与此同时,横贯贺兰县、平罗县、惠农区的第三排水沟由于沿途接纳的城镇生活污水和工业废水增加,流经沙湖一带时水质明显下降,已不适合作为湖泊主要补水来源,因而在90年代,开始由唐徕渠第二农场渠的东一渠引水,经淀清以后补给沙湖,第三排水沟的退水及灌溉期的地下水成为辅助水源。稳定水源补给是沙湖维系的关键。近年来,由于周边的退田还湖与滩地还湖工程实施,使沙湖面积不断扩大,已经从20世纪90年代初的10 km²,扩大到今天的24.3 km²。

3.1.7 银川平原的湿地演变趋势

银川平原湿地的时空演变截至目前还很难给出清晰的路径,但粗线条地勾勒,可以基本给出湿地变迁的大概图景。

如果把银川平原湿地按成因和补给类型考量,可以划出自然湿地和人工湿地两大类,前者包括牛轭湖湿地、扇缘湖湿地、洼地渗水湿地、渠水溢出湿地、河流湿地、洪水泛滥湿地、泉眼湖沼湿地;后者包括沟渠灌溉湿地、水稻农田湿地、人工湖沼湿地、养殖鱼塘湿地等。实际上有些湿地的成因和补给特征非常复杂,不排除特定湖泊归属的交叉重叠。从历史演变来看,自然湿地从面积到数量整体都呈衰减趋势,而人工湿地总体呈增加趋势,可能由于人为调控和水资源利用效率提升,未来沟渠湿地面积会有所下降；水稻农田湿地面积会稳中趋降。养殖鱼塘湿地自20世纪60年代出现后，表现出一种政策和市场双重引导性的变化，目前已达到2×10^4 hm^2，据初步估算，80%是由原来湖泊改造而成，最典型的如银川老城北侧的老北塔湖、掌政乡的闫家湖、贺兰县的三丁湖和寇家湖、平罗县的明水湖等。

从空间分布来看，银川平原湿地分布格局总体上应当是自上游向下游、自外缘向内部（黄河河流一线）逐渐增加。从类型上看，牛轭湖数量自二级阶地后缘向一级阶地、河滩地逐渐增加；泉眼湖主要分布在洪积平原前缘，但在平原腹地有的湖可能也有泉眼补给，如永宁县鹤泉湖，原名黑泉湖和黑渠湖，因大地震后地陷与涌出黑水而名；扇缘湖主要分布在洪积平原与冲积平原交接洼地上，目前银川平原西侧各滞泄洪区新修水库，如西夏水库也有此类功能；洼地渗水湿地主要分布在银北的西大滩洼地，干支渠的渠间洼地湖，取土场积水湖也属此列；洪水泛滥湿地明清时期在银川平原北部平罗、惠农一带和黄河滩地区分布广泛，洪积扇下部和阶地区域也有分布，但随着黄河来水减少和堤防工程实施，此类湿地的分布目前主要在黄河心滩种创田区域。渠水溢出湿地是指渠道决口或渠水溃堤形成的湿地，在民国以前非常常见，但新中国成立后大大减少。沟渠灌溉湿地、水稻农田湿地、养殖鱼塘湿地等人工湿地的空间分布与银川平原湿地的总体分布相当，表现出很好的空间合理性，但是人工湖沼湿地因其往往作为城市基础设施进行建设，因而体现出"趋城性"分布特征。

黄河流淌到银川平原上变得非常和缓，表现出平原河流游荡型特征，每一次河道变迁都会有废弃河道成湖。银川平原湖泊基本都属于浅水湖，深度在1~2 m；水深1 m以内及季节性积水的沼泽化湿地、无地表积水而具有较高地下水位的发育为草甸湿地。湿地作为水域与陆域生态系统间的过渡性生态系统，本身就是最多变、最不稳性的生态系统类型。银川平原黄河的来回摆动，决定了它"三十年河东，三十年河西"的时空变迁；湖沼与草甸湿地更是变化无常，由沙湖的变迁即可见一斑。但是总体来说，湿地的时空变化有其合理性和实用性，如长期灌淤后的稻田因灌水困难改种麦豆或玉米，周边湖沼坑塘排水疏干后辟为稻田等，这样的轮回开发在历史上是一个普遍现象，也是用工少而收益大的开发方式。

3.2 银川平原湖泊湿地的开发利用

湿地不仅是重要的生态系统类型，也是重要的资源类型。国家林业局2014年1月发布的全国第二次湿地普查结果显示，我国除水稻田以外的现状湿地总面积为5360.26×10^4 hm^2，湿地率为5.58%。银川平原作为黄河上游开发历史长达2 000余年的一片人工绿洲，其水稻田以外的现状湿地面积为13.08×10^4 hm^2，湿地率为16.60%，是全国平均水平的3倍左右，显示其湿地分布的集中度很高。湖泊湿地是银川平原重要的湿地类型，长期以来，对于湖泊湿地利用的呼声很高，历史时期的经验传承，近代与当代农业技术进步，都为湖泊湿地利用奠定了基础，特别是20世纪中期以来银川平原大规模的农垦开发，开创了湖泊湿地多重利用，全面利用的局面。

3.2.1 湖泊湿地的主要开发利用方向

1) 水产养殖利用方向

20世纪中期以前，银川平原地区人口数量少，黄河和湖泊水域鱼类资源丰富，加之当地原驻人口没有食鱼的习惯，自然状态下的鱼类生长繁殖即能满足当地人消费需求，故此可以认为，宁夏早期的渔业是渔猎式生产方式。

银川平原以养殖为基础的水产业生产肇始于宁夏回族自治区成立的1958年前后，因为将其定位于大农业中的副业，因此发展很缓慢，到1978年，全宁夏养鱼水面仅2 000 hm²，年产量逾280 t。改革开放与农村联产承包责任制实施以后，渔业养殖暴发性增长，至1998年，宁夏水产品总量比1978年增长了77倍，渔业总产值超过1.3亿元，人均占有水产品达到4.5 kg，在西北地区名列首位。其中银川市已达到全国平均水平，银川郊区和贺兰县则超过全国平均水平。至2012年底，银川平原水产品总产量为19.6×10⁴ t，其中99.8%为养殖产量；水产养殖总面积达6.66×10⁴ hm²，其中64.9%为非池塘养殖，其中湖泊湿地是最主要的养殖水面（图3-7）。银川平原水产养殖品种除传统的草、鲤、鲢、鲫以外，特种养殖也在21世纪以来逐渐兴起并获得稳定发展，尤其是黄河鲤、黄河鲇、乌克兰鳞鲤、河蟹等名优品种，极大地满足了市民所需。目前银川平原水产养殖品种已达41个。除上述品种外，还有斑点叉尾鱼、鲟鱼、鳜鱼、黄鳝、中华鳖、银鲫、团头鲂、六须鲇、黄颡鱼、泥鳅、南美白对虾等食用鱼类和十多个品种的养殖观赏鱼。水产养殖已成为湖泊湿地资源利用的主打方式。

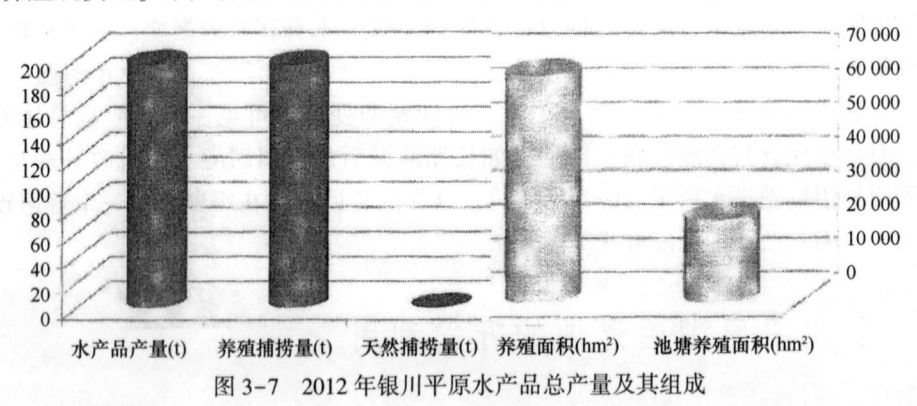

图3-7　2012年银川平原水产品总产量及其组成

2) 水生蔬菜种植利用方向

莲藕、茭白、荸荠等水生蔬菜植物种植，是银川平原湖泊湿地的又一利用方面。早在20世纪60年代初，宁夏水产试验场（现宁夏水产研究所）即开展了水生蔬菜的引种培育工作，并在吴忠县古城大队、永宁县邬渠大队、贺兰县得胜大队、银川市水产养殖场和中山公园等处开展示范推广，获得成功，但是并未形成产业。2000年前后，宁夏农科院和黄羊滩农场的科研人员在银川西干渠西侧的贺兰山防洪区内种植茭白，获得成功。银川阅海国家湿地公园自2006年起也在其浅水区种植茭白，取得了每667

m² 平均单产 2 018 kg 的成绩，每 667 m² 平均效益在 3 000 元左右。科研部门早年还引种过荸荠、芡实、菱角等其他水生经济植物，虽试种成功，但并未成产业，这与银川平原的生长期较短，水温低，种植采收难度较大有关。

3）水稻种植与稻田养殖利用方向

银川平原虽然处于湿带半干旱地区，但日照充足，年均日照时数 3 000 h 左右，无霜期约 160 d，昼夜温差较大，具有适宜水稻生长的光热条件，虽然年降水量只有 200 mm 左右，但有黄河自流灌溉之利，盐碱土开耕后种稻又有利于洗盐排碱，所以自宋夏时期以来，水稻就是银川平原的主要粮食作物。随着引黄扬黄灌溉面积的扩大，城镇化和工业化进程的快速发展，黄委会"八七"分水方案给宁夏的水定额越来越紧张。由于农业用水占据 90% 左右的黄河水配额，而水稻又是第一耗水大户，因此，2003 年黄河水配额大幅压缩而被迫减少 2×10^4 hm²，其后该压减水稻种植面积成为宁夏的一项重要产业节水政策，要求水稻种植面积控制在 6.67×10^4 hm² 以内。

稻田养蟹是 20 世纪 80 年代在我国兴起的一项混合农业新技术，2009 年在宁夏平原试验 66.7 hm²，获得成功，到 2012 年，宁夏全区稻田养蟹面积已推广到 9 133 hm²，形成了稻田、养殖池塘与湖泊、河道相结合的养殖模式，既充分利用了宁夏现有渔业资源，又有效解决了水稻和河蟹的用水矛盾。还开展了稻田养殖鱼及泥鳅、鲫鱼、鲤鱼、甲鱼、田螺等的试点，稻田养鸡、稻田排水沟种花卉、种蔬菜等也提上议事日程。

4）水环境工程利用方向

湖泊湿地是陆地物质循环的重要环节，作为水和水溶解物质的汇聚场所，面临着水体富营养化等生态问题，并可能引起藻类或大型水生植物的过度繁殖，因此，水污染防治问题是湖泊湿地保护和利用中的一个敏感问题。湖泊湿地生态系统在其物质循环、能量流动过程中，具有很好的消纳外来和内源物质、维持一定生产力和自我稳定性的能力，人们模拟自然过程建立的人工湿地，目前在净化水质，优化生态方面，发挥着越来越大的作用，从而构成一个新兴的湖泊湿地利用方向，即水环境工程方向。

银川平原湖泊湿地的水环境工程利用目前才刚刚起步，主要是在污水处理厂和重点排水沟开展试验示范工程，如银川市第三污水处理厂，银川章子湖等。一般的做法是在有一定长宽和坡度的洼地上铺设由沙石、土壤及沸石等疏松多孔，有强吸附作用的填料床，在床体上释放活性淤泥并种植成活率高、抗水性强、吸收作用明显、生长期长、美观造景的植物，如芦苇、香蒲、凤眼莲等，将污水用不同方式排入（根据排入方向而有表面流湿地、垂直流湿地、潜流湿地、混合流湿地等），通过动植物和微生物的吸收、转化，填料床的吸附、交换、沉淀、螯合等生物与理化作用，起到吸收降解污染物，净化水质的作用。

人工浮床是另一种净化水质、美化景观的水环境工程利用方向，宁夏水利厅艾伊河管理局等单位曾开发过人工浮床。浮床上的水生、湿地植物通过直接吸收水体营养物质，将水体污染物转移到植物体中，然后可将浮床上的植物体收割或从水体中移除，达到净化水质的作用。与此同时，湿地植物一方面通过光合作用和输氧过程，将氧气释到水体中,增加水体中溶解氧的含量,提高水体自净能力;另一方面通过化感作用和营养物质的吸收,抑制藻类生长,防止水体富营养化。

5) 水禽养殖利用方向

水禽养殖在银川平原有传统可循,许多农户都会半放半养一定数量的鸭、鹅等家禽,但是大规模发展而形成产业是近年来的事情。2000年前后,银川市金凤区丰登镇农户开始自发地引进雏鸭、欧洲雁等水禽品种进行养殖,形成一定规模。金凤区政府随后也适时提出打造10万只水禽养殖基地的建设规划,至2009年,养殖每批在500只以上的规模户已有15家,涉及丰登镇6个村,年计划养殖各类水禽12.3万只,主要品种有欧洲雁、大白鹅、瘦形鸭等。宁夏回族自治区政府和农牧厅,在适水产业发展规划中也将水禽养殖业作为调整渔业产业结构,提高产业效益的层面,给予了一定的政策支持和资金扶持。目前,从银北的平罗县、贺兰县,到银南的永宁县、青铜峡市等县市也有一些农户和养殖场专事水禽养殖,宁夏农垦下属各企业也在尝试以"公司+基地+养殖户"的方式发展水禽养殖,使银川平原的水禽养殖业表现出很好的发展势头。

6) 水上旅游利用方向

依托江、海、湖、河等各种水体开展的旅游活动,也被称为"水上旅游",是利用水的亲和力,吸引游客坐上船或体验其他水上游乐设施,亲近水域的旅游方式。水上旅游之于银川平原有"半壁江山"之说,宁夏在全国排名靠前的十大旅游景区中,就有沙湖、沙坡头、青铜峡108塔等3个涉及水上旅游。除此以外,银川平原以"塞上江南"为品牌构造了一系列的特色旅游产品(表3-2)。

表3-2 塞上江南涉水旅游特色旅游产品

品牌目标	格局	品牌载体	
塞上江南旧有名	一个中心	塞上湖城银川市	湿地公园、沟渠
	三大产品系列	黄河远上白云间	沿黄风情线 黄沙古渡 吴忠黄河湿地公园 金沙湾 青铜峡水利枢纽
		湿地公园	鸣翠湖湿地公园 阅海湿地公园 鹤泉湖湿地公园 ……
		田园风光	玉泉营万亩葡萄园 中宁万亩枸杞园
	三条精品旅游带		黄河沿线 景观水道 唐徕渠

第3章 银川平原湖泊湿地的历史变迁和开发利用

沙湖景区是银川平原乃至宁夏水上旅游的翘楚，沙湖西面有挺拔巍峨的贺兰山作远景，南侧有流动沙丘，中心湖泊元宝湖呈心形，盐碱地与沼泽湿地从东、北、西三面包围，湖水中芦草丛内栖息、繁衍的各种动物达 140 余种，其中鸟类近百种，总数在 10 万只以上。自 1990 年进行旅游开发以来，由于旅游资源配置奇特，景观多样，风光美丽，沙湖旅游区的知名度迅速提高，1994 年被国家旅游局确定为全国 35 个王牌景点之一，2001 年成为国家首批 4A 级生态旅游区，2007 年被国家旅游局首批评定为 5A 级旅游景区。沙湖景区 2014 年接待国内游客总数为 115 万人次，占宁夏回族自治区的同年接待国内游客总数（1 680 万人次）的 6.85%。沙湖旅游景区的水上旅游项目有游艇、渡船、摩托艇、冲浪、游泳、钓鱼、水上飞机、水上降落伞、跳伞等，但因为特异的水沙组合，以沙为主的旅游项目——如骑骆驼、划沙、沙地赛车等也是沙湖旅游区的吸引物，因此，沙湖旅游区经营的是不完全的水上旅游业，可以称为涉水旅游业。

目前，银川平原水上旅游已形成规模，有些涉水项目不仅为本地乃至周边游客所熟悉，而且成为业内知名品牌，如鸣翠湖的水上拓展、阅海的水上游乐场和冬季滑雪场、艾伊河的湖滨休闲、银湖的水上泛舟、沙湖的观鸟等。

7）休闲渔业利用方向

休闲渔业是以休闲娱乐和体育运动为目的的渔业活动，它把旅游业、旅游观光、水族观赏等休闲活动与现代渔业方式有机结合起来，实现了第一产业和第三产业的有机结合，转变了渔业增长方式，不仅减少了传统渔业对环境与资源的压力，而且使人们通过休闲娱乐，亲近自然，实现缓解压力、强身健体等目的，如果操作得好，可以成为一种双赢乃至多赢的产业。因此，休闲渔业不仅是集经济效益、社会效益、生态效益为一体的现代化新型产业，也是一个极大体现生态文化和生态文明的产业。

休闲渔业近 20 年来在国际国内都受到高度关注，是国内外公认的湿地保护性资源开发方式之一，有着广阔的发展前景。银川平原是西北地区渔业生产的中心，其众多的湖沼鱼塘、密集的沟渠、平坦的土地、适宜的气候条件等，为其发展休闲渔业奠定了良好的资源和产业基础。"十一五"以来，银川平原以湖泊湿地恢复为核心的生态建设，银川市的"两宜城市"建设等，为休闲渔业发展创造了优良的社会条件和政策保障，休闲渔业得到了迅速发展，宁夏钓协已成为全国最大的行业协会，银川平原 2012 年休闲渔业消费者估算达 513 万人次左右，银川市有成长为西北"最具影响力的休闲垂钓之都"的潜力。

8）景观美化利用方向

湖泊湿地，尤其是位于城镇的湖泊湿地，在城镇环境美化和生态改善中发挥着重要作用。我国历史上以提升人居环境质量和体现文化修养为核心的园林建设，特别强调湖泊湿地的作用，民间素有"无水不成园""园以水活""无水不成景""无水不成居"等说法，依托湖泊湿地打造的美丽风景往往成为城镇竞争力的核心品牌和文化象征，例如杭州的西湖、南京的玄武湖、济南的大名湖、扬州的瘦西湖等。

银川平原虽然历史上湖泊众多，但是至 2000 年前后大量的湖泊湿地已萎缩消亡。

进入 21 世纪以来，银川市启动了以"城在湖中，湖在城中"为理念的"塞上湖城"建设，实施了艾伊河水系连通工程，建成了从唐徕渠永家湖退水闸至石嘴山入黄河口段总长 129 km 的青铜峡河西灌区的总排水干沟，并给予其一个极具地方文化的名称——艾伊河，其控制排水面积 10.67×10⁴ hm²，跨永宁县、银川市金凤区、贺兰县、平罗县等地区，沿途连接永家湖、七子连湖、华雁湖、西湖、阅海、北塔湖、沙湖等湖泊湿地共 3 333 hm²，成为纵贯银川平原河西灌区的生态廊道和风景线。2002 年银川市启动的唐徕渠环境综合整治工程，将千年古渠建成银川平原第二条绿带，该工程 2006 年获得中国人居范例奖。2010 年滨河大道的开通，将沿黄的滨河湿地带打造成银川平原的第三条湿地风情线。除上述三个湿地景观条带外，自北而南，有石嘴山星海湖、平罗瀚泉海、银川阅海、鸣翠湖、宝湖、丽景湖、永宁鹤泉湖、中干沟景观水道、吴忠罗家湖等一系列湖泊景区。以景观美化为核心的湖泊湿地恢复和建设工程，后来居上，从投资额度上看，动辄数亿或十数亿，已成为银川平原湖泊湿地利用的主导方向。

3.2.2 湖泊湿地利用的效益评价

1) 经济效益

（1）渔业 由图 3-8 可知，自 1995—2011 年，宁夏全区的农、林、牧、渔各业的总产值均呈增长趋势，其中林业总产值在 16 年中翻了 5.86 倍，农业为 9.62 倍、牧业为 5.99 倍，渔业为 8.82 倍，说明渔业在大农业中的经济增长水平仅次于林业，虽然对农业经济的总贡献率不敌农业和畜牧业，但是 16 年中，渔业产业增加值翻了 6.54 倍，农业为 5.09 倍、林业为 5.53 倍，畜牧业为 4.42 倍，说明渔业对宁夏农业和国民经济贡献率有领先增长态势。1995 年、2000 年、2005 年、2010 年和 2011 年共 5 个年度的农林牧渔业总产值中的中间消耗和增加值所占比重（图 3-9），农业最高，为 0.42：0.58；畜牧业其次，为 0.55：0.45；渔业居于第三位，为 0.60：0.40，说明在宁夏的农林牧渔业的直接产值收益中农业最高，渔业居于中偏下位置。

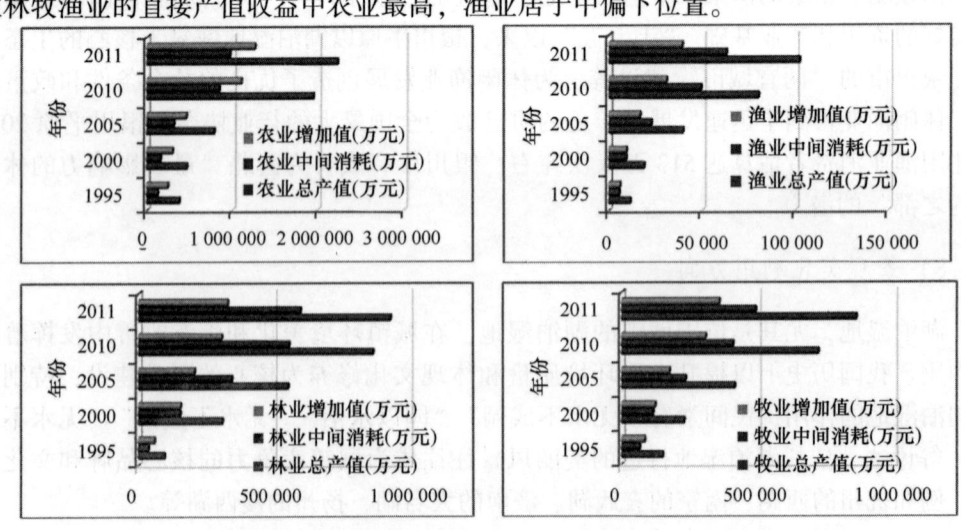

图 3-8 宁夏农林牧渔业总产值、中间消耗及增加值

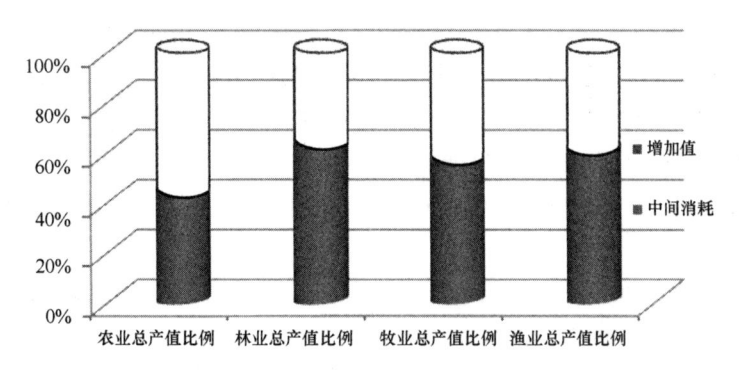

图 3-9　宁夏农林牧渔业的中间消耗与增加值（即投入产出比）

银川平原 2011 年渔业总产值为 8.84 亿元，在大农业中总产值中所占份额为 5.00%，远低于农业的 61.50% 和畜牧业的 28.01%（图 3-10）。但从单位面积产出来看，正常情况下一般渔业池塘养殖每 667 m^2 平均收益在 1 200~2 000 元之间，与粮食种植户农田的每 667 m^2 平均产值相当，但精养鱼塘收益可能翻倍。

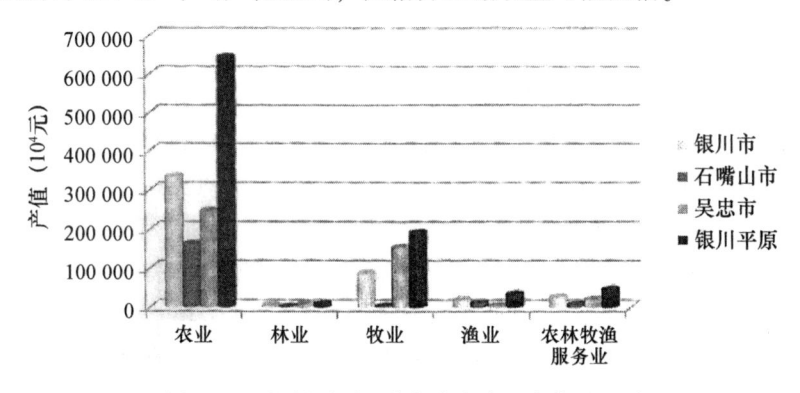

图 3-10　银川平原及其各大市农业产值对比图

（2）水生蔬菜种植。水生蔬菜种植的经济效益也比较显著，如茭白每 667 m^2 平均产值为 3 000 元左右，莲藕则为 2 000 元以上。水生蔬菜的种植可大大丰富本地人民的菜篮子，降低南菜北运的成本。

（3）水稻种植。银川平原水稻种植每 667 m^2 平均产量一般在 700 kg 以上，除掉种子、肥料、农药等生产资料和劳动力等其他成本费用，每 667 m^2 平均产值通常在 1 200 ~2 000 元之间，明显低于精养鱼塘产值。实施有机种植以后，产量变化不大或微有降低，但因有机稻米售价高，产值显著提高。据测算，2012 年，宁夏稻田养蟹 4 组实验地的每 667 m^2 平均产值分别为 2 995 元、2 959.7 元、3 260.6 元和 3 070.3 元，分别比常规单种同品种水稻每 667 m^2 平均增收 1 303 元、1 011.7 元、1 130.8 元和 1 010.1 元。

（4）水上旅游。在银川平原湖泊湿地开展的众多水上旅游项目中，游艇、渡船、摩托艇等水上旅行类项目是各景区景点的必备。按照 2014 年沙湖游船收费标准［（成人大船票+儿童大船票）/2］与当年接待游客总数相乘，得到的船票总收入，可简单视为沙湖流域水域旅游总产值，该值为1.24亿元，按研究通用的1∶4.6的我国旅游行业投入产出比计算，沙湖水域2014年旅游收益折算到沙湖元宝湖1 334 hm^{2}水面上，每667 m^{2}平均收益为5 187.88元。虽然并非所有湖泊类旅游景点都有这么高的水上旅游收入，但是据调查，所有此类景区景点的总收入中，此项收入对总收入和贡献率都不会少于3成。

（5）休闲渔业。2012—2013年，宁夏大学西部生态中心的研究团队对银川平原休闲渔业消费人群和相关机构、渔具店等开展了广泛的问卷调查，调查结果显示：在休闲渔业参与者中，每年投入1 000元以下的消费者所占比率为39.32%；支出在1 000~5 000元的占37.6%；支出在5 000元以上的占23.08%，其中5 000~10 000元和1万元以上的消费人群数量均超过10%。按各消费层次和总消费人次折算的银川平原休闲消业年度总消费额在3亿元以上，这应当还是计算不够全面的数据。

包括水禽养殖、水环境工程、景观美化等在内的其他湖泊湿地利用方向的经济效益，因规模小或没有专门的研究和核算，目前还很难估量。

2）生态效益

在开发利用过程中，湖泊湿地也体现一定的生态效益，只不过相对于以保护恢复为主的湖泊湿地，以产业活动为主的湖泊湿地的生态效益是间接效益，也即是生产过程中的溢出效益，主要表现在以下方面。

（1）生物多样性建造和维护效益。即使是水稻田、渔湖、垂钓场和旅游用水域，也往往是野生动植物、鸟类中转停歇或栖息繁殖理想场所，具有保护生物多样性的功能。宁夏湿地资源调查表明，银川平原湖泊湿地脊椎动物有139种，隶属于6纲18目32科（表3-3）。其中：鸟纲10目19科96种；鱼纲3目5科31种；两栖纲2目3科7种；爬行纲2目2科2种；哺乳纲2目3科3种。由于位于中国西部以及东亚-澳大利亚鸟类重要的迁徙路线和栖息繁殖地，鸟类生物多样性尤其丰富，占全国湿地鸟类总数的35.43%。

表3-3 银川平原湖泊湿地动物组成

	鱼纲	两栖纲	爬行纲	鸟纲	哺乳纲	合计
目	3	2	2	10	2	19
科	5	4	2	19	3	33
种	31	7	2	96	3	139
合计	31	7	2	96	3	139

（2）物质循环效益。湖泊湿地生态系统是陆地和水域之间物质迁移转化及能量交换的渠道，而且参与地球上H_2O、CO_2等物质的循环，并起到调节气候、控制水源的作用，可局部调节气温和空气湿度，对银川平原宜居生活环境的创造功不可没。位于

石嘴山市同纬度的内蒙古鄂尔多斯市,多年平均降水量350 mm,年平均气温在5.3~8.7℃,1月平均最低气温为-13℃,7月最高气温25℃,年相对湿度在40%以下;石嘴山市处在银川平原风口地带,其1月平均气温-19.4℃,极端最低温度-28.4℃,7月最高气温36.1℃,年相对湿度在40%以上,这与湖泊湿地的调节作用密切相关。

（3）排滞及防污效益。湖泊湿地作为集水区的汇点可接受来自周围地区的过量营养物,而后通过一定的生物、化学、物理过程达到净化水体的作用。银川平原目前还有一些湖泊就是停滞汇水区废污水的,尤其在广大农村地区,不仅有生活污水还有工业废水和灌溉退水,不仅人工湿地,一些自然和半自然湖泊湿地也成了滞纳和净化废污水的场所。

（4）调蓄与防洪效益。湿地的洼地蓄水能力决定了其具有拦蓄洪水、防洪功能。雨季时,它们是自然汇水区域,减少河水补给量,削弱河流洪水峰值,减轻洪水灾害威胁。银川平原西侧的十数个滞洪挡洪区从水文特征来看,属于季节性或永久性湖沼湿地,是贺兰山洪水的第一道防线;艾依河沿线的阅海、沙湖和星海湖等,则是贺兰山山洪暴发时最后的汇水场所,这些湖沼在发挥其正常生产功能和经济效益的同时,同时也兼顾着防洪蓄洪的生态功能。

3. 社会效益

（1）风景美学效益。湖泊湿地因为水源辐辏,动植物繁盛,给人们带来的是一种勃勃的生机,加上湖泊水体与周边景致、建筑、光影等的组合,往往形成千变万化的美景,产生不同凡响的魅力,不仅有可供观赏的美,还有可以聆听的美、可以触摸的美、可以闻香的美,因而产生特定的景观效益,成为休闲娱乐,修身养性的良好去处。

（2）科研教育价值。湿地的生态系统、多样的动植物群落、濒危的物种残存等,在科学研究中都有极重要的地位和作用,既是科学研究的对象、材料和试验基地,也是科研成果实施、应用的场所。银川平原历经2 000多年的开发,是黄河流域历史久远、面积广大的绿洲,目前载育着近300万人口,是宁夏及陕、甘、蒙、宁四省交接过渡区域黄金地带,在国家生态功能区划中既担负着农产品提供的功能,同时也肩负着本区域生态安全保障和东部地区生态安全屏障的作用。随着气候变化和黄河来水大幅减少等外在压力的增加,土地和水资源开发规模的加大以及城镇化的快速推进,生态安全问题已经开始凸现。开展银川平原湿地科学研究,搞清湿地生态系统的结构功能、水平衡与动态变化过程、湿地的补水与保水机制、生物多样性及鸟类栖息地变化、湿地生态服务及湿地生态健康等科学问题也是当务之急。

（3）第三产业带动效应。湖泊湿地是一类特殊的旅游资源,有很高的旅游产业开发价值,这已是社会各界的共识。与此同时,湖泊湿地的存在还可以大大提升所在城镇的软实力,吸引更多投资,尤其是房地产投资,"亲水"住宅越来越受到购房人的青睐,也成为房地产开发商的最大卖点。邻近湖泊湿地的区域生态环境较之非邻近区域要柔和很多,对人们有怡情养性的功能,有调节气温、净化空气环境的作用,使绝大多数购房者认同与向往,因而使房地产楼盘快速明显升值,诸多房地产也正是利用"水经济"大做文章以展现"水经济"的魅力所在,这在银川平原也有所体现,特别是银川市城市水体对周边楼盘的房价都起到了较大的推动作用，金凤区成为银川市房地产最高档区块很大程度上就是因为房地产的趋水性。

（4）生态科普与环境教育效应。湖泊湿地是人们亲近自然场所、师法自然课堂。例如，湿地观鸟不仅是国际上一个重要的湿地旅游项目，而且是重要的湿地生态教育方式，在银川平原观鸟也成为一大盛事，许多的民间团体和个人参与其中。通过对银川平原休闲渔业消费人群主要的出行目的调查，发现出行目除休闲娱乐外，强身健体、亲近自然、缓解压力等都是重要出行动机。有关休闲渔业消费人群生态观的调查显示，86.34%的消费人群倡导"放生"理念，并且能以身作则，其中有71.04%的消费人群会积极主动引导并影响他人树立"放生"理念。消费人群的这种生态意识和行为，在保护湖泊湿地鱼类资源和生态环境方面有积极意义。有59.16%的消费者会自备垃圾袋处理所产生的垃圾废物，收集后丢进垃圾箱的占21.99%，随手丢弃的为18.85%。当消费者面对周边垂钓环境中非本人产生的垃圾时，65.03%的消费者会顺带进行处理，体现出休闲消费者普遍具有较好的生态理念和个人素养。

3.3 银川平原湖泊湿地开发利用的历史经验和教训

众多研究表明：干旱区湖泊湿地的位置、范围、深积速率等物理性质与水化学组成、生物学特征等，对气候变化响应敏感，因而湖泊也成为反演古气候与环境变化的重要代用指标。人类生产与生活活动，对湖泊湿地的干扰程度和范围要大很多，往往在短时期内就改变了湖泊湿地的土地类型和基本性质，空间上改变了湖泊湿地的分布格局，时间上造成湖泊湿地存续和利用的不连续。分析银川平原湖泊湿地历史以来的开发利用方式及其产生的生态后果，总结经验和教育，对于今后合理利用和保护湿地资源，发挥其生态、社会与经济效益，将大有裨益。

3.3.1 湖泊湿地与农业开发

银川平原湖泊湿地的下伏土壤——即沼泽土、盐化沼泽土等，虽然盐分含量较高，但同时有机质含量也比较高，在排水疏干后，是非常肥沃的耕作土壤，因此，湖泊湿地在银川平原地区往往被作为良好的后备耕地资源，长期以来民间就有"碱地生效，开沟种稻"的传统，而且这也是湖泊湿地开发利用的主导方向。把低洼湖沼改造为水稻灌区，"既满足了当时唐王朝巩固边防对粮食的需求，又繁荣了地方经济"，把银川平原北部变成了"渠水盈盈、稻禾青青、人烟稠密、遍地绿阴的田园风光"。宁夏大米质量上乘，清代乾隆年间成书的《宁夏府志》之《物产》卷中就记载宁夏"物产最著者，夏朔之稻……。所产大米如珠似玉晶莹剔透。"宁夏优质大米在元、明年间就成为宫廷贡米，从清代、民国直到当代，银川平原都是我国北方驰名大米产区。

银川平原北部地区地势相对低洼，是引黄灌溉用水汇集之所，地下水位较高，湖沼湿地和盐草甸发育，但是盐渍化问题也成为该区农业生产的头号制约因素。自唐代以来，人们在长期的生产实践中归纳出了一套完整的治盐碱经验，即"排、稻、灌、洗、淤、平、肥、翻（伏翻伏泡打干田）、轮（两旱一稻的三段轮作）、松、种（抗旱耐盐品种）、换（换土铺沙垫高地面）"的12项盐碱地治理开发措施。鉴于水稻种植很大地提高了土地生产力，一定程度下减轻了盐渍化程度，将天然湿地改造为人工湿地的"改湿种稻"举措，具有比较显著的生态效益与经济效益，总体来说是一项利大于弊的利用方式。但是由于历史时期存在着重灌轻排、灌排设施效率低和整修不利等问题，抬高了地下水位，也造成了积水洼地随处分布，并带来了严重的次生盐渍化问题。民国时期银川地名的得名即因为其土地盐碱化严重，一片银白，又是一马平川，因而形象地得以命名。另据研究，我国北方地区水稻田的蒸腾量为 700 mm/d，大豆为 450 mm/d，芦苇群落为 352.6 mm/d，可见水稻为最耗水的植物，但水稻的种植很大程度上调节了银川平原的气候环境，大大提升了区域的气候舒适度，对银川平原成为"塞上江南"、银川等城市近年来成为"宜居城市"等具有功不可没的作用，银川平原由于水稻种植而产生的综合生态效益是周边诸多大小绿洲所无法比拟的。

3.3.2 湖泊湿地与水利工程

追溯银川平原水利建设史可以发现，在2 000多年的农业开发中，水利工程的兴废在很大程度上主宰着湿地的变迁，并影响着湿地的开发利用方式。

(1) 水利工程项目本身即是湿地。银川平原上的沟渠体系是湿地廊道，发达的沟渠体系集成排灌网络以后，便形成了湿地网络体系，平原上的林带几无例外地依托着湿地网络而建，干支渠和大排水沟堤坝上建设有银川平原重要林带，斗渠、农渠、毛渠上则分布了农田防护林带，因此，水利工程是带状湿地形成的根本，也是林带建设的依靠。在银川平原2 000年基本连续的开发过程中，古代渠道经历了"由低到高，由小到大，由短到长的演进过程"，即是说明这种条带状的人工湿地也经历着这样的发展过程。

(2) 沟渠湿地属于自由表面流式人工湿地，因而具有河流与湖沼湿地的双重特征，是一种人类活动影响下的半自然化湿地生态系统类型，能够滞留、吸收和转化周围环境输入的物质元素，并作为物质输出的源流通道，极大地影响湖沼水体的水质和生态环境。针对银川平原沟渠湿地开展的生物多样性调查表明，沟渠——尤其是其中有常流水的沟道，多个植物多样性指数都很显著，如位于银川市西夏区的高家闸泄洪沟，断面上的物种数可达到22种（图3-11），这是一般湖泊都无法比拟的，因此，沟渠湿地本身也是生物多样性宝库。

(3) 20世纪50—60年代，在银川平原开挖了多条排水沟，如河西灌区就有六条大沟，在银北低洼地带还采用了沟排与井排、电力强排等相结合的排水方式，加大了洗盐力度，使灌溉退水得以宣泄，也使大片盐碱荒地成为良田。但对湖泊洼地来说，既减少了补给又排除了积水，从而"改变了银川平原到处湖泊星罗棋布的所谓'七十二连湖'的面貌"。相对于农田来说，天然的湖泊湿地在我国土地类型划分中，长时期被定性为荒地，尤其是零星湖沼与季节性积水湿地；从发展经营的角度来看，大量零星湿地转化成耕地，提高了土地的单位产值，未尝不是好事，而且还调控了水盐循环，降低了土壤盐渍化程度。但是对于湖泊湿地来说，多种排水方式的实施，在降低地下

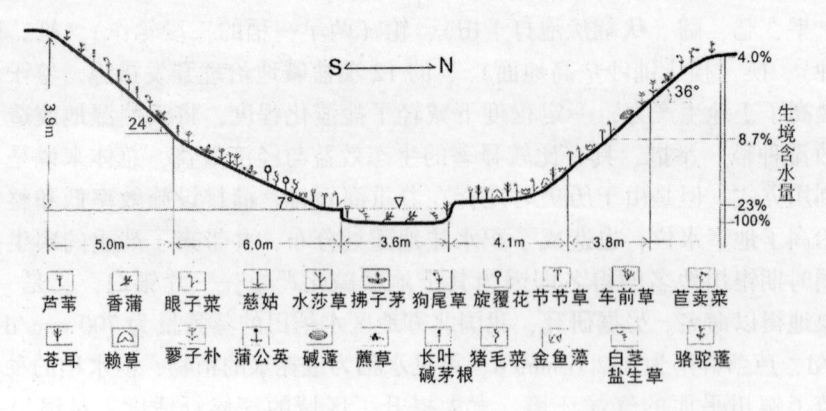

图 3-11 银川平原典型沟道湿地植物种类分布（何彤慧等，2012）

水位的同时，加快了湖泊湿地的干涸消亡，是致命的。

（4）近年来，随着引水渠道砌护工程的推进，渠道防渗性能的提高，渠道渗漏量、潜水蒸发量、排水沟排汇地下水量都在逐渐减小，这虽然有利于提高水资源效率，减少泥沙淤积，降低土壤盐渍化风险，但是对渠系两侧湿地补水极为不利，调查中已发现原有积水坑塘湿地消亡，沼泽湿地变为草甸湿地，湿草甸变为干草甸情形普遍存在。有关研究还表明，一旦渠道衬砌使地下水渗漏补给量过小，将改变银川平原现有的水循环和生态特征。合理的方案是把引水渠道底部或侧旁的渗透性能降低到原有值的 3/4 左右。

（5）传统的大引大排、大水漫灌的灌溉方式虽然造成了用水浪费并导致土壤盐渍化等生态环境负效应，因为排水量占到引水量的 60% 左右，给银川平原湿地提供了主要的补水来源，但是随着耕地整理工作、小畦灌和膜上灌、滴灌等农业节水技术的大规模推进，湿地的农田补水来源将会大幅度减少，补水缺口会越来越大。

3.3.3 湖泊湿地与渔业生产

根据文物考古资料的研究：两汉时期，鱼已成为"生活在今宁夏境内人们的主要食品之一"，但当时作为食物的鱼主要来源于捕鱼业（或称渔猎业），鸭类水禽养殖也已存在。到北周武帝时期（560—578 年），银川平原地区已获得"塞上江南"的美誉，其中很大程度上因为其为"鱼米之乡"。西夏时期，鱼产成为重要的食物来源，以至于西夏法典《天盛律令》都不得不颁布法律对军队的猎鱼行为加以约束，有"不得么使军卒、笨工打围行猎，违律时计所猎野曾价钱，十缗以内不治罪……其中为张网捕鱼者，钱价二十缗以内不论多少，皆徒六个月；二十缗以上一律徒一年"这样的条文。明代以后养殖渔业兴起，以至于有军官"霸占鱼池，侵夺水利"这样的事件都在史志中出现，但比起捕鱼业，养殖业并未形成规模，也没有连续下去形成产业，《嘉靖宁夏新志》记录的大宗鱼产品还是鲤、鲫、鲇、白鱼四类野生鱼类另有沙鱼、鳣、石鱼、鳖、鳅、蚌等，由于渔猎压力太大，以至于官方面不得不开征税银，一如文献记载的那样"鱼湖六处，河船二只，岁该银三十六两二钱。"《乾隆宁夏府志》中记载的宁

第3章 银川平原湖泊湿地的历史变迁和开发利用

夏"鳞之属"类有鲤、鲫、鲇、鳣、沙鱼、鳝、白鱼、石鱼、鳅等,"介之属"有鳖、蚌、螺等,唐徕渠东畔的湖区产鱼是多,所谓"唐渠东畔,多潴水为湖,谷以其相连属,曰边湖,亦曰莲湖。在邵刚、李俊二堡间者最大,回环十里,不生葭菼(加草头),而水深多鱼",因而有诗曰"闻说连湖七十二,汾波深处聚鱼多"(见田霖的《连湖渔歌》前题诗)。道光年间成书的《平罗记略》载其水产有鲤鱼、青鱼、鲫鱼、白鱼、绵鱼、鳖、蛤蜊等,且以近河处绵鱼多,鳖则产自磴口。民国时期银川平原的渔业生产还是停留在捕鱼业阶段,因为人口少水域多,加之民间有"吃鱼一条,刮膘四两"的说法,未形成大量吃鱼的习惯,湖沼中野生渔业资源非常丰富。至20世纪50年代农垦建设之时,银川平原的河湖沟渠中野生渔业资源依然很丰富,如1959年始巴浪湖农场自制木船6艘在黄河青铜峡至横城之间捕鱼,1960年捕捞量达8.3×10^4 kg,其后3年逐渐下降;简泉农场1961年始在附近的沟渠湖泊捕鱼,当年捕捞量达8.3×10^4 kg,以后产量锐减,因而于1971年停止捕捞。50—60年代——尤其是三年饥荒时期的过量捕捞,使银川平原的水生生物资源受到严重破坏。

1954年,灵武农场在旧山水沟修筑了三个鱼池共2.67 hm^2,8月份稻田撤水时在农田排水沟设网捕捞鱼苗7.5万尾放入鱼池;1958年灵武农场开辟鱼池约67 hm^2逾;1959年巴浪湖农场也开挖水塘10口进行养殖;进入70年代,简泉、渠口、连湖、暖泉等农场开始了用鱼苗种的养殖。银川平原各县域的渔业生产也基本始于70年代,如贺兰县自1972年才建成人工渔场,开始从南方购鱼苗放养,1974年才开始用区内自繁鱼种,1977年以后才进入渔业养殖的快速发展阶段。随着联产承包责任制的推行,80年代起,银川平原各市、县、区和农垦推行社会办渔业,对于当时被认为是荒地的湖沼滩地,实行谁开发谁受益原则,调动了农户养鱼的积极性。1985年始,农业部和自治区农业厅还在银川市开展了世界粮食计划署的"WFP2814"项目——即"利于低洼荒滩发展淡水养殖业"援助项目,诸多措施促进了银川平原的渔业发展。进入90年代,银川平原即成为西北地区的渔业生产中心,渔业产品行销全国十多个省区,甚至外销尼泊尔等国。据估算,银川平原湖泊水域的1/3左右都变成了鱼塘,2011年渔业养殖面积达7 020 hm^2,总产量达1×10^4 t以上,总产值为10.23亿元。

湖泊湿地开挖成鱼湖,大大提高了土地生产力,每667 m^2平均产值可达10 000元上下,带来显著经济效益。与此同时,鱼塘掏深使一些已经或濒临干涸的沼泽滩地积水重为湿地;也在一定程度降低了湖边农田地下水位,并对周边盐碱滩地产生较高的水盐控制和土壤改造作用;还因为有鱼虾生长而成为鸟类重要的栖息场所,有一定的生物多样性保护作用。但是与此同时,鱼塘的富氧化和水污染也给整个银川平原的地表水和地下水水质带来威胁,是引发地表水富氧化的原因之一。水域的分割和家养鱼类的引入使野生鱼类急剧减少,宁夏有记录的27种野生鱼类,如鲇鱼、鲤鱼、鸽子鱼、长须铜鱼、鲫鱼、雅罗鱼、赤眼鳟、麦穗鱼、泥鳅、金黄薄鳅、后鳍巴鳅、黄黝鱼等受到很大冲击,吻、大、钉、花钉、金黄薄鳅、后鳍巴鳅等6种已稀有。鸽子鱼、长须铜鱼也不常见,雅罗鱼及赤眼鳟在湖沼中已濒临绝迹。例如沙湖中的鱼类,在50—60年代,主要是随黄河水而来的野生鱼,1970年后前进农场才开始放养鱼苗,80年代以后才渐成规模。1992年编纂出版的《沙湖农场志》记载沙湖有5科22种鱼类,即鲤科的黄河鲤、肥鲤、红鲤、三杂交鲤、丰鲤、鲫鱼、白鲫、草鲫、鲢鱼、青鱼、鳙鱼、团头鲂、麦穗鱼、棒花鱼、餐条、翘嘴鲌、鳑鲏鱼、镜鲤；鳅科的泥鳅；鲇科的鲇鱼；胡子鲇科的胡子鲇；虾虎鱼科的吻虾虎鱼等等。沙湖 90 年代之前主要的渔产品为鲤鱼和鲫鱼，1975 年曾投放螃蟹、甲鱼；1988 年投放青虾 40 万只，未形成明显收益。近年来，沙湖外围的养殖用鱼塘面积已达到，放养大闸蟹、草鱼等取得成功，鸭鹅养殖也渐成气候。但是，随着渔业养殖的兴旺，野生渔业资源种类和种群呈萎缩趋势。2010 年的湿地资源普查时仅在大湖中发现鱼类资源 7 种，主要是养殖的鱼类，显示大量野生鱼类种群正在沙湖水域消失。但是其后针对沙湖自然保护区开展的综考活动，确认保护区范围内有鱼类 4 目 8 科 22 属 23 种，与 80 年代的调查结果接近。

3.3.4 湖泊湿地与旅游休闲

湖泊湿地还是非常好的旅游休闲场所，明代朱梅的《西夏八景图诗序》中就有月湖夕照、官桥柳色、汉渠春涨、黄沙古渡四景与湿地有关。"八景"文化是中国传统文化与旅游活动的有机结合，"宁夏八景"就通过诗文与图画的形式诠释着景点的文化内涵。

月湖夕照：百顷平湖月样圆，光涵倒影欲黄昏。天边乌兔端相望，水底鱼龙不敢吞。近见钓耕方辍业，远看樵牧已归村。老夫愿睹升平景，野处人家不闭门。

官桥柳色：边城寒苦惜春迟，三月方看柳展眉。金搭画栏黄尚浅，丝淹流水绿初垂。染增新色缘烟雨，折减长条为别离。可幸娇莺飞不到，等闲乌鹊闹争枝。

汉渠春涨：昆仑雪化走流澌，九曲溶溶入汉渠。堤长涨痕过塞雨，壤分公利得河鱼。匹夫不夺耕耘际，万顷皆沾润泽馀。囊底春秋无用笔，不妨常报有年书。

黄沙古渡：天堑西来禹迹陈，高桥北下是通津。造成荡荡摇摇棹，渡尽忙忙汲汲人。雪浪休风明似练，冰梁映日净如银。贺兰设险金城固，护此汤池壮塞滨。

明代宁夏镇城还有两处人工湖成为人们休憩会友的好去处，即城东金波湖："垂柳沿岸，青阴蔽日，中有荷菱，画舫荡漾，为北方盛观"；城南南塘湖："植柳千株，缭以短墙，注以河流"，形成"杨柳夹堤，周道如坻，湖水浩浩然也"的壮阔景观，"菰蒲萍藻，鸥鹭凫鱼，杂然于中。泛以楼船，人目之如西湖，居民喜为乐土"，成为当时著名风景区。

清代"银川八景"之一的"南塘雨霁"是一处人造湿地景观，是南薰门外在积雨洼地上开辟的一处人工湖，《乾隆宁夏府志》记其在"永通桥西南。旧为停潦之区，嘉靖十五年，巡抚、都御史宇川张公文魁尝惜其废于不治，工作岁余未成。都御史南涧杨公守礼委指挥方舆，因势修之，植柳千株，缭以短墙，注以河流。周方百亩，菰蒲频藻，欧鹭凫鱼，杂然于中。泛以楼船，人目之如西湖，居民喜为乐土。"因雨中的南塘更有朦胧之美，故此"南塘雨霁"成著名景观。

而在乾隆《朔方八景》中，就有以下四景与湿地有关。

河带晴光：黄河紫澜浩瀚，晃日浮金，萦回数百里，望之如带；

长渠流润：汉延、唐徕、惠农渠，洪流分注，喷瀑溅涛，绣壤连畦，瞬息并溉，为此地之胜观；

西桥柳色：城西唐徕渠上之桥名贺兰桥，面山临流，风廊水槛，夹岸柳影，轮蹄络绎其间，望之入绘；

连湖渔歌：亦曰莲湖，回环数十里，水深多鱼，澄泓一碧，山光倒影，远树层匝，时有轻舟出没烟波中，过者森然动江乡之思。

湿地旅游休闲就湿地保护来说是兼顾生态与经济效益的利用模式，在银川平原既有深刻的历史人文背景，又有广泛的市场和社会需求。目前以湿地为核心资源的旅游活动支撑着宁夏旅游业的半壁江山，沙湖旅游景区 2012 年接待游客总人次超过 100 万，直接旅游收入入超过 1 亿；自 1990—2012 年，沙湖已累计接待海内外游客 2 000 多万人次，实现旅游直接收入 10 多亿元，上缴国家利税数近亿元，带动相关产业发展收入近 50 亿元，解决了 5 000 多人的就业。

以休闲为目的的垂钓活动也可以视为一种兼顾休闲娱乐和体育运动的渔业活动，目前被称为"休闲渔业"，用现代人视角来看是一种利用湖泊湿地的休憩休闲类产业，实现了第一产业和第三产业的有机结合。休闲渔业近 20 年来在国际国内都受到高度关注，是国内外公认的湿地保护性资源开发方式之一，有着广阔的发展前景。银川平原是西北地区渔业生产的中心，其众多的湖沼鱼塘、密集的沟渠、平坦的土地、适宜的气候条件等，都为其发展休闲渔业奠定了良好的资源和产业基础；"十一五"以来，银川平原以湖泊湿地恢复为核心的生态建设，银川市的"两宜城市"建设等，为休闲渔业发展创造了优良的资源与社会条件和政策保障，休闲渔业因此得到了迅速发展。据宁夏旅游行业钓鱼协会统计，2012 年宁夏垂钓总人次达 513 万，大约 80% 集中在银川平原地区。从近年来垂钓人数的增加趋势分析，银川市有成长为西北"最具影响力的休闲垂钓之都"的市场潜力。

3.3.5 湖泊湿地与城镇建设

水体是城市的"灵魂"，在城镇建设中湖泊湿地往往具有画龙点睛的作用。银川市在西夏时期为西夏国首都兴庆府，即今银川市兴庆区地界，当时城市即很好地利用了已有的湖泊湿地，在城西北角有李元昊的木栅行宫，城墙周围有宽达 10 m 的护城河，城市西北部原有湖沼区建起以水景为主要特点的避暑宫苑（元昊宫），亭榭台池，不仅美化环境，而且可供休闲娱乐，也就形成了现在中山公园的雏形。明代今兴庆区成为宁夏镇城，是九边重镇之一，得到大规模的修葺扩建，护城河成为真正的城池湿地，深达 2 丈宽达 10 丈；城东有金波湖，城南有南塘湖，城西有唐渠，北有三塔湖，城中还有逸乐园、永春园、赏芳园、寓乐园、真乐园、撷芳园、小春园、凝和园、静得园等，真所谓"湖在城中，城在湖中"，而且"引红花渠水，由城东垣开窦以入城中"，"循绕人家，长六里余"，使宁夏镇城成为"入门喜见青松色，绕户还闻流水声，鹿过瑶台秋草合，鹤归幽径晚烟生"的真正水城。清代兴庆区为宁夏府城所在，基本承继明代格局，但乾隆三年（1738 年）大地震后城池全部毁坏，湖景园林未修复至原先盛况。灵州是银川平原上又一重要城市，西临黄河湿地，因三次受河侵蚀损毁，元明时期三次东移至今天灵武市位置。明清时类似现在乡镇的单位为军事化的堡、寨、营，银川平原上很多这样的单元是近河湖湿地而成的，有的则是把河湖湿地疏干以后才得以建筑。

众所周知，滨水环境具巨大的景观价值，在干旱区还有改善环境、调节气候、防洪滞污等生态作用，发挥着重要的生态服务功能。在城镇建设中，湖泊湿地具有广泛的规划和利用空间，利用得好可以大大提升城镇品位与价值；反之轻则影响城镇风貌，重则带来生态和社会发展隐患。银川平原虽然湿地面积广大，长期以来就有河湖抱城的景观，但由于自然干涸消亡和人为蚕食，城镇周边湿地损失严重，特别是20世纪后半期。如贺兰县城至张亮堡之间的月湖是银川平原名湖之一，是"宁夏八景"之"月湖夕照"的载体，亦称张亮广湖，为宁夏原种场和排水沟道蚕食消亡；兴庆区北侧的北塔湖50年中经历了从湖泊—耕地鱼池—城镇建筑的变化过程，直到21世纪初才有小范围恢复，建成目前的北塔湖。银川市的阅海、吴忠市的罗家湖，永宁县的鹤泉湖（南北湖），平罗县的瀚泉海，石嘴山市的星海湖以及贯穿平原的艾伊河，都是21世纪以来将原有的濒临消亡的湖泊草滩或沟道人为恢复或挖扩建后形成的。但是，由于银川平原水资源供需矛盾不断加大，城镇扩湖建湖带来了越来越大的水资源压力，也使水盐调控和盐渍化防治难度加大。

银川市在其 370 km² 的城市建设控制区内，目前有重点湖泊湿地20多处，其中重点湿地有阅海、七子连湖（关湖）、宝湖、西湖、北塔湖、陈家湖、化雁湖、丽景湖、金波湖、燕鸽湖等，而且有唐徕渠、银西总干沟（艾伊河）贯通南北。在城市建设控制区外，也有重点湿地170多块，目前已经建成鸣翠湖国家湿地公园、鹤泉湖国家湿地公园以及银子、月亮湖等。湿地环境的修复和湿地公园的建设极大改善了当地环境，成为人类宜居的最佳选择。

湖泊湿地对房地产业有直接的拉动作用，"亲水"成为房地产开发商的最大卖点，水景是房产品的附加值之一，使得房地产楼盘快速明显升值，也成为撬动城镇经济发展的杠杆。据研究，银川市金凤区的宝湖、化雁湖、大雁湖、大小西湖水系连通工程与艾伊河水系建设，银川森林公园建设等，都是金凤区成为银川市三区房地产峰区的驱动因素。但是正因为如此，一些湖泊湿地逐渐陷入各种楼盘的包围之中，从天然或近天然湖泊湿地，变成城中人工湖，面临功能丧失、服务价值降低、污染与萎缩加剧等越来越多的新问题。

从银川平原湖泊湿地上述开发利用方式的历史经验和教训的分析中可以发现：任何一种利用方式都是利弊兼备的，往往在适度利用是利大于弊，而在过度利用时弊大于利。因此，银川平原湖泊湿地的开发利用一定要建立在对其生态系统综合评价评估的基础上，以综合生态系统管理理念指导各项开发和建设活动。

参考文献

宁夏回族自治区地质矿产局.1990.宁夏回族自治区区域地质.北京：地质出版社.
杨国顺.1989. 宁夏银川平原、内蒙古河套地区黄河演变与地理环境变迁.人民黄河，(3)：61-64.
吴加敏，王润生，姚建华.2006.黄河银川平原段河道演变的遥感监测与研究.国土资源遥感，(4)：36-39.

国家文物局. 2010. 中国文物地图集——宁夏回族自治区分册. 北京：文物出版社：56, 88-116, 247-305.

鲁人勇, 吴忠礼, 徐庄. 1993. 宁夏历史地理考. 银川：宁夏人民出版社：20-23.

叶祖灏. 1947. 宁夏纪要. 南京：正论出版社.

吴尚贤, 卢德明. 1992. 宁夏水利志. 银川：宁夏人民出版社.

李文开, 汪小钦, 陈芸芝. 2014. 银川平原湿地资源遥感监测. 宁夏大学学报（自然科学版），35 (2)：2-7.

李令福. 2007. 论北魏艾山渠的引水技术与经济效益. 中国农史, (3)：11-19.

席伟彦. 2007. 宁夏银南灌区湿地分布及其对水量平衡的影响研究. 西安理工大学, 43-50.

张建云. 2012. 宁夏农垦耕地土壤类型与分布规律. 宁夏农林科技, 53 (10)：105-109.

卢焕章. 2006. 新中国成立后的宁夏水利. 黄河与宁夏水利. 银川：宁夏人民出版社, 91-99.

卢德明. 1990. 宁夏平原引黄灌溉的历史. 人民黄河, (4)：69-72.

汪一鸣. 1981. 试论宁夏秦渠的成渠年代：兼论宁夏平原农业生产. 宁夏大学学报（人文社会科学版），3 (4)：89-94.

汪一鸣. 2009. 《水经注》黄河银川平原段若干历史地理问题讨论. 宁夏社会科学, (2)：113-117.

卢德明. 2006. 宁夏引黄灌溉事业经久不衰. 黄河与宁夏水利. 银川：宁夏人民出版社, 20-33.

王永浩, 王治良, 罗金明, 李广文. 2010. 湿地水环境可持续性概念辩析. 生态环境学报, 19 (20)：449-504.

姜志德. 2004. 中国土地利用的优化配置及布局策略. 中国农业资源与区划, 25 (1)：7-10.

宁夏回族自治区统计局, 国家统计局宁夏调查总队. 2013. 宁夏统计年鉴. 北京：中国统计出版社, 245-246.

张文华, 杨春兰. 1965. 莲藕、茭白、荸荠引种试种简介. 宁夏农林科技, (6).

张福永, 朱学娟. 2011. 银川阅海湿地浅水区茭白种植技术. 宁夏农林科技, 52 (12)：149-150.

郑岚萍, 刘小林. 2013. 宁夏稻田养蟹发展现状与建议. 宁夏农林科技, 54 (05)：84-85.

席承藩. 1964. 宁夏银川平原土壤改良的成就与今后的意见. 宁夏农业来科学通讯, (2).

郭亮华, 何彤慧, 程志, 张玉峰. 2011. 沟渠湿地生态环境效应研究进展综述. 水资源研究, 32 (1)：24-27.

崔秀凌, 葛秀珍, 李庚阳. 2012. 采取合理井灌比例对银川平原盐渍化防治与改良对策. 中国地质灾害与防治学报, (4).

张钦, 张黎. 2010. 银川平原主要水环境问题及其对策. 地球科学与环境学报, (4).

张维慎. 2007. 浅谈历史时期宁夏渔业的发展. 宁夏师范学院学报, (2).

宁夏农垦志编辑委员会. 1995. 宁夏农垦志. 银川：宁夏人民出版社.

邓鑫, 何彤慧, 王茜茜, 赵永全, 张娟红. 2013. 银川平原休闲渔业消费人群初步调查. 宁夏农林科技, 54 (03)：59-61, 81.

常文斌, 展五三. 2013. 宁夏吴忠地区稻田养蟹技术试验. 科学养鱼, (09)：33-34.

陈丽霞, 崔亚玲, 朱先求. 2009. 宁夏莲藕高产栽培技术要点. 宁夏农林科技, 50 (02)：90-92.

张媛. 2007. 银川市商品住宅价格与环境的响应研究. 宁夏大学硕士学位论文, 31-37.

于骥, 邓鑫, 何彤慧, 夏贵菊, 吴春燕. 2015. 银川平原休闲渔业消费者行为特征研究. 农业科学研究, 36 (3)：42-46.

第4章 银川平原湖泊湿地生态服务功能价值评价

任何生态系统类型不仅有其存在价值，站在人类的角度来观察，生态系统还为人类提供生命支持和供给服务等多种服务功能价值。生态系统在调节气候、涵养水源、水文调节、环境净化、生物多样性保护、珍稀物种资源、科教文化、休闲娱乐等方面都发挥着重大的作用。

4.1 湿地生态服务功能价值评价研究概况

4.1.1 湿地生态服务功能价值的概念

生态系统服务功能是指生态系统与生态过程所形成及所维持的人类赖以生存的自然条件与效用。湿地生态系统服务是指人类从湿地生态系统中获得的各种惠益。这里需要特别提到两个容易混淆的概念，一个是生态系统价值，另一个是生态系统服务功能价值。生态系统是自然资本的范畴，具有一切资本的特征，有产权、资本量、有市场价值和比较成熟的评估方法；而生态系统服务功能是特定时间段生态资产为人类福利带来的服务和产品，换言之，它是生态系统的收益。目前，由于大部分服务还没有融入市场，不具备完善交易体系，这部分重要的生态系统服务功能没有被大多数人认可，其价值也被低估。比如，某一特定区域的湿地生态系统，属于自然资源，它可以以承包、流转等方式进入市场，体现市场价值；而该区域湿地生态系统提供的供给功能、调节功能、支持功能、文化功能属于生态系统服务功能，是湿地生态系统作为资本的收益价值，这部分价值很重要，却也很容易被忽视。

湿地生态系统是由生物群落及其水陆环境相互作用的综合体，并且在系统内部因能量流动而形成一定的营养结构、生物多样性和物质循环。湿地生态服务功能就是在湿地生态系统中所发生的各种物理、化学和生物过程及其表现出的外部特征。湿地的结构和过程决定了湿地生态系统的功能，从而决定了各项生态服务，并影响着能够为人类提供的各项福祉。区分湿地生态系统作为资本的价值和湿地生态服务功能价值作为湿地生态系统的资本收益的价值是湿地生态系统价值评价的基础。湿地生态服务价值评价就是对湿地各项生态服务功能进行定量的过程，以市场价值即货币化的形式表达出来的过程。

4.1.2 湿地生态服务功能的分类

湿地生态系统具有水陆双重性，这种多水或周期性浸水的特征促成了湿地缓冲性特征，使其具备了独特的水生态、土壤结构、理化因子，进而形成了湿地生态系统的物质循环、能量流动、信息交换过程，表现在与人类相互影响下的不同生态功能的体现。

国内外学者对于湿地生态功能的分类有着不同见解。Constaza 等将生态系统服务分为气体调节、气候调节、扰动调节、水调节、水供给、控制侵蚀和保持沉积物、土壤形成、养分循环、废物处理、传粉、生物控制、避难所、食物生产、原材料、基因资源、休闲文化 17 类。国内谢高地等将其划分为食物生产、原材料生产、景观愉悦、气体调节、气候调节、水源涵养、土壤形成与保持、废物处理、生物多样性维持 9 项，其与 Constaza 划分的对照见表 4-1。湿地是一类生态系统，上述两位学者对生态服务的分类也适用于湿地生态系统。

表 4-1 对生态服务类型的划分

一级类型	谢高地的二级分类	Constaza 的二级分类	生态服务的定义
供给服务	食物生产 原材料生产	食物生产 原材料生产	将太阳能转化为能食用的植物和动物产品 将太阳能转化为生物能，给人类做建筑物或其他用途
调节服务	气体调节	气体调节	生态系统维持大气化学组分平衡、吸收 SO_2，吸收氟化物、吸收氮氧化物
	气候调节	气候调节、干扰调节	对区域气候的调节，如增加降水、降低温度
	水文调节	水调节、供水	生态系统的淡水过滤、持留和储存功能以及供给淡水
	废物处理	废物处理	植物和生物的多余养分、化合物去除和分解中的作用，滞留灰尘
支持服务	保持土壤	侵蚀控制和保持沉积物、土壤形成、养分循环授粉、生物控制、避难所、基因资源	有机质积累和植被根物质和生物在土壤保持中的作用，养分循环和积累
	维持生物多样性		野生动植物的基因来源和进化、栖息地
文化服务	提供美学景观	休闲娱乐、文化	具有（潜在）娱乐用途、文化和艺术价值的景观

2005 年发布的《联合国千年生态评估报告》将 Daily 和 Constaza 的生态服务概念进行综合，认为生态系统服务是人类从生态系统获得的各种惠益。报告将生态系统服务划分为 4 种类型，如图 4-1 所示。

国内有研究对湿地生态服务功能的分类主要划分为资源价值、生态价值和文化休闲价值3大类，每一类又进行了细分，如渔业生产、芦苇生产、水源供给、涵养水源、调节气候、净化水质、维护生物多样性、保护栖息地、教育科研、休闲娱乐等，形成了3大类10个亚类。如图4-2所示。

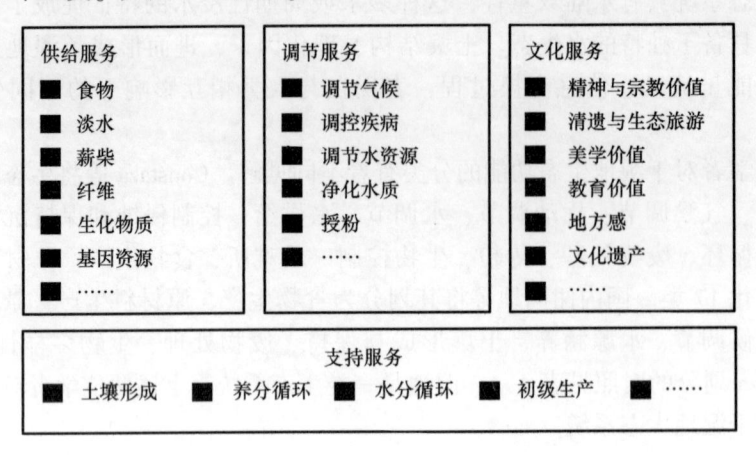

```
供给服务                调节服务              文化服务
■ 食物                  ■ 调节气候            ■ 精神与宗教价值
■ 淡水                  ■ 调控疾病            ■ 清遣与生态旅游
■ 薪柴                  ■ 调节水资源          ■ 美学价值
■ 纤维                  ■ 净化水质            ■ 教育价值
■ 生化物质              ■ 授粉                ■ 地方感
■ 基因资源              ■ ……                  ■ 文化遗产
■ ……                                          ■ ……

                     支持服务
   ■ 土壤形成  ■ 养分循环  ■ 水分循环  ■ 初级生产  ■ ……
```

图 4-1 《联合国千年生态评估报告》对生态系统服务的划分

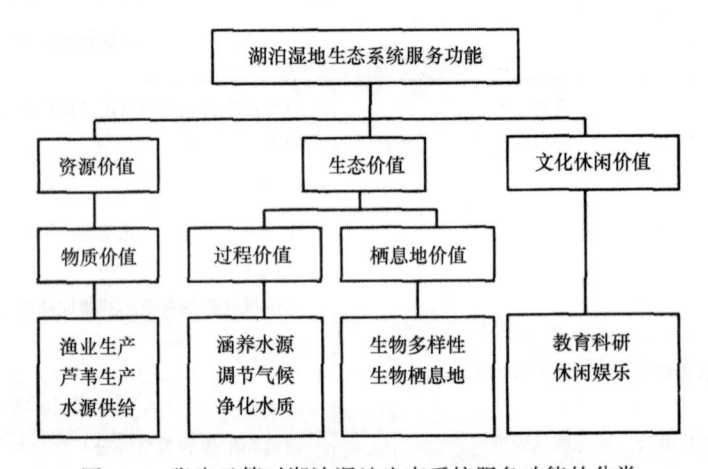

```
              湖泊湿地生态系统服务功能
           ┌──────────┼──────────┐
        资源价值    生态价值   文化休闲价值
          │         ┌──┴──┐         │
        物质价值  过程价值 栖息地价值   │
          │         │       │         │
        渔业生产  涵养水源 生物多样性 教育科研
        芦苇生产  调节气候 生物栖息地 休闲娱乐
        水源供给  净化水质
```

图 4-2 张晓云等对湖泊湿地生态系统服务功能的分类

根据分类方法的系统性、权威性和数据资料的易获取性，结合银川平原湖泊湿地生态服务实际情况，本研究选择谢高地等人对生态系统服务的分类体系，开展区域湿地生态系统服务的分类和价值评估。

4.1.3 湿地生态功能价值评价的研究现状

湿地生态系统的服务功能虽然较早地为人类所关注，但相关研究起步较晚。国外对于湿地生态系统服务功能的评价始于20世纪80年代初期，美国麻省马萨诸塞大学的Larson第一个提出了帮助政府颁发湿地开发补偿许可证的湿地快速评价模型。20世纪80年代以后，美国对湿地服务功能评价方法的研究投入了更多精力，对湿地生态系统服务功能的评价越发关注，最值得一提的是美国马里兰大学的Constaza对全球生态系统的功能和自然资本价值的估算，这一研究成果为全球湿地评价提供了完整的可供对比的框架。生态系统服务是联合国千年生态评估（MA）的主要内容，在评价生态系统管理与可持续发展生态学研究中处于非常重要的地位。Constaza 等 1997 年所做的工作，促进了生态系统价值评价研究的进展，研究者提出了多种评价方法。另外，Turner 等提出的湿地生态经济分析的框架及空间分析手段，也为湿地生态系统服务经济价值的评估及其在可持续发展战略中的应用提供依据。20 世纪 90 年代以来，国内也逐渐加强了湿地生态系统服务价值的探索研究，谢高地等依据对 200 位相关领域研究学者进行问卷调查并分析结果，建立了我国陆地生态系统单位面积价格量表。以此为基础，通过生物量等因子校正得到各类生态系统服务功能价值量，包括湿地生态系统转换方法的可行性以及中国生态系统的独特环境特征，具有较高的现实意义和实际应用价值。2000 年以后湿地生态功能评价工作开展得比较活跃，分别在盘锦、鄱阳湖、乌梁素海、莫莫格、洞庭湖、南沙红树林、浙江秀山岛等地进行了相关湿地生态功能价值评价的研究。但是，已有的研究主要集中在我国东部地区，而西北干旱半旱区开展得较少。从宁夏来看，湿地生态系统研究主要集中在从历史地理等角度分析湿地变化及原因，缺乏系统完整的湿地服务价值评估。针对银川平原湖泊湿地的生态服务价值的研究更少，仅有邵宁平等采用市场价格法、影子价格法、替代费用法、费用支出法、碳税法、成果参照法、影子工程法等对银川平原湖泊湿地生态服务价值进行了评估，生态服务价值总价值为 130 288 万元/a，其中物质生产价值最大，为 54 765 万元/a。

4.2 开展银川平原湿地生态服务功能价值评价的意义

4.2.1 为湿地健康评估提供支持

银川平原湖泊湿地保护与可持续利用研究不仅要说明湿地的成因和现状，还需要搞清楚该区域内的湖泊湿地为当地群众提供了哪些生态服务，这些生态服务具体的价值是多大，在当地的国民生产总值中所占的比重，用量化的指标来告诉管理者湿地的重要性。也为湿地健康评估和政策机制研究奠定基础。

4.2.2 为区域湿地保护管理提供科学依据

宁夏的人口有 53.8%集中在银川平原，银川平原在区域发展中举足轻重。由于银川平原的湖泊湿地与荒漠、山地、农耕、城市交错分布，在其绿洲生态系统的维系中作用重大，与区域社会经济发展的关系也最为密切，能够提供供给、调节、支持和文化 4 个方面 9 项生态服务功能。厘清湖泊湿地的生态服务价值是管理者必须掌握的基本信息，了解了湖泊湿地发挥的生态功能类型和其价值量，能够使管理明确保护和利用湿地的重要性，如将相关成果应用于政府和企事业管理单位的决策领域，可以为政策的制定和实施以及资源的合理配置提供科学依据，对保护和合理利用湿地具有深远意义。

4.2.3 推动政府核算绿色 GDP 和建设生态文明

2013 年以来，中国经济社会发展进入新常态，政府不以单纯追求 GDP 增长为主要目标，经济社会发展与生态文明建设紧密相连，一种不以牺牲环境资源和过度利用资源的绿色发展将取代一味追求经济增长的发展模式正在中国兴起。绿色 GDP 成为人们对新常态下经济社会发展的新期望。湖泊湿地的生态服务价值是核算绿色 GDP 体系的一项重要指标。准确掌握湖泊湿地的生态服务价值，并将其纳入 GDP 核算指标体系，一方面可以展现政府的效能，另一方面也能反映比较客观的环境服务价值，提高公众对湿地的认知。因此，开展银川平原湿地生态服务功能价值的评价研究，不仅是绿色 GDP 核算的需要，也是区域生态保护、生态恢复、生态屏障建设和生态文明建设的需要。

4.2.4 对黄河流域创建湿地经济区提供支撑

宁夏三面环沙、干旱少雨，处于蒙古高原、黄土高原、华北平原的交会区，生态环境相对脆弱；这里由于黄河的冲积，两千多年的耕作，形成了沃野千里、人民富庶的银川平原。中国正在打造长江流域经济带，为适应新形势的发展，有些学者提出了创建黄河流域经济区的设想。纵观国际上和历史上某一区域的经济崛起或者爆发性增长，大多是配合以新技术和新产业的发展，在湖群、运河、河口等湿地生态系统区域发展起来的，比如美国的五大湖区、尼罗河流域、苏伊士运河、长江口。可是在生态脆弱地区发展经济的难度会更大。需要大量的基础资料为管理者制定规划和决策提供支持。湿地的生态服务价值研究首先就是要让管理者明确银川平原湿地的服务类型和服务价值量，明确其在国民经济中的权重，提高湿地生态系统在生态文明建设中的地位，分析湿地各种服务类型对国民经济的影响，对人类福祉的影响，为这一类生态系统支持国民经济发展和创建湿地生态经济区模式提供依据。

4.3 银川平原湖泊湿地资源及其功能状况

4.3.1 湿地分布的区位特点

银川平原湿地的区位十分重要，处于蒙新干旱湿地区，是我国内流区与外流区、季风区与非季风区、干旱区与半干旱区、草原区与荒漠区的交界线；在动物地理区划上是蒙新区、黄土高原区和青藏区的交会处，全球 8 条重要鸟类迁徙通道中有 2 条覆盖该区。宁夏贺兰山区是全国八大生物多样性中心的阿拉善~鄂尔多斯生物多样性中心的核心区域。银川平原及其周边区域景观差异显著，有干旱山地森林，荒漠沙漠、湿润半湿润山地森林、灵盐丘陵台地以及平原农耕、湿地和人工生态系统。这些生态系统相互分隔又有机统一，交织构筑了独特的区域综合生态系统。

4.3.2 动植物资源

据统计，宁夏野生脊椎动物共计有428种，其中银川平原湖泊湿地分布的野生脊椎动物139种。湿地脊椎动物目、科、种分别占全区脊椎动物目、科、种总数的63.3%、40.7%和33.8%。其中，鱼类，两栖类的全部种类，爬行类种数的10.5%，鸟类种数的34.0%，哺乳类种数的4.1%分布在宁夏湿地生态系统中。由此可见，湿地是宁夏野生脊椎动物分布最为集中的地方之一，尤其是鱼类、两栖类、鸟类是其他生态系统生境内物种数量所不能相比的。以鸟类为例，96种湿地鸟类中，国家Ⅰ级保护鸟类2种，国家Ⅱ级保护鸟类10种，列入国际贸易保护公约（CITES）名录的有14种，列入Bird to watch名录保护的物种共有9种，列入中国濒危物种红皮书（RDB）名录保护的物种共有8种，属于中日候鸟保护协定的物种有61种，属于中澳候鸟保护协定的物种有22种，属于宁夏区保护规定的物种有23种。银川平原湖泊湿地分布有湿地维管束植物222种，占宁夏维管束植物总数的19.8%，其中国家重点保护野生湿地植物4种。中国的种子植物属共有15个分布区类型，而在银川平原湖泊湿地自然分布有11个类型，占73.3%。总体看来，保护银川平原湖泊湿地对于区域的生物多样性具有重要意义。

4.3.3 湖泊湿地资源

本项目主要研究银川平原天然湖泊湿地，该类型是根据全国湿地资源调查-宁夏区调查的湿地类型划分标准（表4-2），即永久性淡水湖、季节性淡水湖和季节性咸水湖3型，银川平原湖泊湿地中无永久性咸水湖分布。

表4-2 宁夏湿地类型划分

湿地类	湿地型
河流湿地	永久性河流
	季节性或间歇性河流
	洪泛平原湿地
湖泊湿地	永久性淡水湖
	永久性咸水湖
	季节性淡水湖
	季节性咸水湖
沼泽湿地	草本沼泽
	灌丛沼泽
	内陆盐沼
	季节性咸水沼泽
人工湿地	库塘
	运河、输水河
	水产养殖场

在表 4-2 的 4 个湿地类中，河流、湖泊和沼泽湿地属于自然湿地。依据调查结果，银川平原 8 hm² 以上的湖泊湿地共计有 181 个，总面积 20 043.9 hm²，依总面积大小排列，银川市 78 个，面积 9 961.28 hm²；石嘴山市 37 个，面积 7 770.51 hm²；吴忠市 42 个，面积 2 612.11 hm²。在县级行政区中，平罗县 29 个，面积 4 356.44 hm²；贺兰县 21 个，面积 3 548.14 hm²；大武口区 3 个，面积 2 492.5 hm²；金凤区 17 个，面积 2 239.91 hm²；青铜峡市 29 个，面积 1 978.39 hm²；灵武市 19 个，面积 1 917.98 hm²；永宁县 24 个，面积 1 011.85 hm²；惠农区 5 个，面积 921.57 hm²；兴庆区 14 个，面积 657.17 hm²；利通区 13 个，面积 633.72 hm²；西夏区 7 个，面积 286.93 hm²。

从湿地型来看，银川平原湖泊湿地中，永久性淡水湖共有 152 个，面积为 17 604.26 hm²；季节性淡水湖共有 19 个，面积为 992.79 hm²；季节性咸水湖 10 个，面积为 1 466.85 hm²。各湖泊的名称、分布、面积、类型信息见表 4-3。

表 4-3 银川平原湖泊湿地基本情况统计表

市级名称	县级名称	湖泊湿地名称	湿地面积（hm²）	湿地型类型
银川市	贺兰县	贺兰雷子湖	121.34	永久性淡水湖
银川市	贺兰县	北塔湖北侧湖	74.56	永久性淡水湖
银川市	贺兰县	阅海公园东侧水域	29.72	永久性淡水湖
银川市	贺兰县	崔家庄东湖	49.83	永久性淡水湖
银川市	贺兰县	洪南十一队湿地	51.59	永久性淡水湖
银川市	贺兰县	江南湖	150.88	永久性淡水湖
银川市	贺兰县	暖泉湖	242.47	永久性淡水湖
银川市	贺兰县	福家湖	20.7	永久性淡水湖
银川市	贺兰县	北湖	48.55	永久性淡水湖
银川市	贺兰县	于祥湿地南湖	195.31	永久性淡水湖
银川市	贺兰县	冯家庄西侧湖	344.67	永久性淡水湖
银川市	贺兰县	于祥湿地	442.88	永久性淡水湖
银川市	贺兰县	寇家湖	219.57	永久性淡水湖
银川市	贺兰县	王田八队湖	139.85	永久性淡水湖
银川市	贺兰县	七子连湖	612.01	永久性淡水湖
银川市	贺兰县	月亮湖	62.62	永久性淡水湖
银川市	贺兰县	塔湖	16.36	永久性淡水湖
银川市	贺兰县	北湖	8.11	永久性淡水湖
银川市	贺兰县	王家湖	14.26	永久性淡水湖
银川市	贺兰县	三丁湖	672.56	永久性淡水湖

第4章 银川平原湖泊湿地生态服务功能价值评价

续表

市级名称	县级名称	湖泊湿地名称	湿地面积（hm^2）	湿地型类型
银川市	贺兰县	陈家老庄湖	30.3	永久性淡水湖
银川市	金凤区	阅海西湖西侧湖	70.68	永久性淡水湖
银川市	金凤区	阅海东侧湖	107.55	永久性淡水湖
银川市	金凤区	化雁湖	8.86	永久性淡水湖
银川市	金凤区	阅海湖	267.59	永久性淡水湖
银川市	金凤区	阅海湖	726.25	永久性淡水湖
银川市	金凤区	阅海公园北侧湿地	433.24	永久性淡水湖
银川市	金凤区	阅海水生植物园	197.81	永久性淡水湖
银川市	金凤区	宝湖	63.78	永久性淡水湖
银川市	金凤区	南兴湖	42.26	永久性淡水湖
银川市	金凤区	龙眼湖	125.39	永久性淡水湖
银川市	金凤区	丰登乡王家湖	31.43	永久性淡水湖
银川市	金凤区	大碱湖	11.38	永久性淡水湖
银川市	金凤区	良田渠湖	8.39	永久性淡水湖
银川市	金凤区	新联八队王家湖	59.13	永久性淡水湖
银川市	金凤区	沙南村湿地	47.64	永久性淡水湖
银川市	金凤区	园艺场湿地	26.25	永久性淡水湖
银川市	金凤区	杨家湖	12.28	永久性淡水湖
银川市	灵武市	梧桐湖	118.94	永久性淡水湖
银川市	灵武市	石槽村东湖	44.28	永久性淡水湖
银川市	灵武市	圆疙瘩湖	249.02	永久性淡水湖
银川市	灵武市	漫水塘湖	66.76	永久性淡水湖
银川市	灵武市	红花坑东湿地	8.47	季节性淡水湖
银川市	灵武市	小水井南湿地	14.87	季节性淡水湖
银川市	灵武市	快火岭湿地	8.76	季节性淡水湖
银川市	灵武市	闸子头湿地	11.07	季节性淡水湖
银川市	灵武市	红花坑东湿地	9.48	季节性淡水湖
银川市	灵武市	红花坑东湿地	8.3	季节性淡水湖

续表

市级名称	县级名称	湖泊湿地名称	湿地面积（hm²）	湿地型类型
银川市	灵武市	南滩	894.97	季节性咸水湖
银川市	灵武市	洪嘴子小湖	199.48	季节性咸水湖
银川市	灵武市	白碱坑	20.69	季节性咸水湖
银川市	灵武市	苟求湖	39.17	季节性咸水湖
银川市	灵武市	马家滩镇湿地	14.48	季节性咸水湖
银川市	灵武市	双毛头湖	30.88	季节性咸水湖
银川市	灵武市	马家滩镇东南湖	30.75	季节性咸水湖
银川市	灵武市	东韩家沟湿地	9.38	季节性咸水湖
银川市	灵武市	鸳鸯湖	138.23	季节性咸水湖
银川市	西夏区	碧波湖	8.44	永久性淡水湖
银川市	西夏区	文昌湖	26.8	永久性淡水湖
银川市	西夏区	犀牛湖	116.53	永久性淡水湖
银川市	西夏区	西林带湖	66.5	永久性淡水湖
银川市	西夏区	金波湖	20.66	永久性淡水湖
银川市	西夏区	兴庆湖	8.28	永久性淡水湖
银川市	西夏区	黄花村库塘西侧湿地	39.02	季节性淡水湖
银川市	兴庆区	黄河湿地公园湖	137.36	永久性淡水湖
银川市	兴庆区	北塔湖	76.71	永久性淡水湖
银川市	兴庆区	阅海公园东水域	45.12	永久性淡水湖
银川市	兴庆区	鸣翠湖北湖	103.15	永久性淡水湖
银川市	兴庆区	小圆湖	27.38	永久性淡水湖
银川市	兴庆区	包家湖	12.73	永久性淡水湖
银川市	兴庆区	周家大湖	25.17	永久性淡水湖
银川市	兴庆区	阎家湖	73.18	永久性淡水湖
银川市	兴庆区	章子湖	42	永久性淡水湖
银川市	兴庆区	官湖	35.08	永久性淡水湖
银川市	兴庆区	老燕鸽湖	8.57	永久性淡水湖
银川市	兴庆区	锅底湖	14.74	永久性淡水湖

第4章 银川平原湖泊湿地生态服务功能价值评价

续表

市级名称	县级名称	湖泊湿地名称	湿地面积（hm^2）	湿地型类型
银川市	兴庆区	孔雀湖	28.6	永久性淡水湖
银川市	兴庆区	满春中学南侧湖	27.38	永久性淡水湖
银川市	永宁县	鹤泉湖南鱼塘	8.72	永久性淡水湖
银川市	永宁县	滨河大道西侧湖	11.18	永久性淡水湖
银川市	永宁县	鹤泉湖东侧湖	16.66	永久性淡水湖
银川市	永宁县	珍珠湖	183.73	永久性淡水湖
银川市	永宁县	鹤泉湖	41.76	永久性淡水湖
银川市	永宁县	东位湖	18.17	永久性淡水湖
银川市	永宁县	鸣翠湖南塘	70.36	永久性淡水湖
银川市	永宁县	鸣翠湖南湖	19.43	永久性淡水湖
银川市	永宁县	鸣翠湖南侧湖	47.45	永久性淡水湖
银川市	永宁县	海子湖	45.42	永久性淡水湖
银川市	永宁县	马大湖	66.19	永久性淡水湖
银川市	永宁县	杨家庄水塘	26.45	永久性淡水湖
银川市	永宁县	高渠七队湖	29.2	永久性淡水湖
银川市	永宁县	王家广湖	64.14	永久性淡水湖
银川市	永宁县	玉泉营湖	18.36	永久性淡水湖
银川市	永宁县	来家庄南湖	20.88	永久性淡水湖
银川市	永宁县	四棵树湖	9.81	永久性淡水湖
银川市	永宁县	望远乡杨家湖	14.48	永久性淡水湖
银川市	永宁县	庙清湖	28.92	永久性淡水湖
银川市	永宁县	西位村湖	100.46	永久性淡水湖
银川市	永宁县	小新庄湖	32.55	永久性淡水湖
银川市	永宁县	新华村养殖场北侧湖	20	永久性淡水湖
银川市	永宁县	小蒲湖	19.34	永久性淡水湖
银川市	永宁县	唐徕渠西侧湿地	98.19	季节性淡水湖
石嘴山市	大武口区	星海湖	2426.25	永久性淡水湖
石嘴山市	大武口区	石嘴山理工学院湖	54.77	永久性淡水湖

续表

市级名称	县级名称	湖泊湿地名称	湿地面积（hm^2）	湿地型类型
石嘴山市	大武口区	星海湖西侧湖	11.48	永久性淡水湖
石嘴山市	惠农区	简泉湖	400.65	永久性淡水湖
石嘴山市	惠农区	红柴梁湿地	44.62	永久性淡水湖
石嘴山市	惠农区	红柴梁湿地	32.22	季节性淡水湖
石嘴山市	惠农区	简泉农场湿地	375.26	季节性淡水湖
石嘴山市	惠农区	盐湖	68.82	季节性咸水湖
石嘴山市	平罗县	前进农场一站湿地	248.97	永久性淡水湖
石嘴山市	平罗县	镇朔湖	425.04	永久性淡水湖
石嘴山市	平罗县	沙湖	1417.1	永久性淡水湖
石嘴山市	平罗县	沙湖荷花池	1 171.13	永久性淡水湖
石嘴山市	平罗县	雷子湖	26.06	永久性淡水湖
石嘴山市	平罗县	威镇湖	76.86	永久性淡水湖
石嘴山市	平罗县	中水泉	26.32	永久性淡水湖
石嘴山市	平罗县	甘草坑	27.27	永久性淡水湖
石嘴山市	平罗县	寇家湖	19.67	永久性淡水湖
石嘴山市	平罗县	北营子村湖	90.77	永久性淡水湖
石嘴山市	平罗县	前进农场二站九队湖	115.02	永久性淡水湖
石嘴山市	平罗县	拉巴湖	8.11	永久性淡水湖
石嘴山市	平罗县	柴家庄水塘	11.66	永久性淡水湖
石嘴山市	平罗县	北营子村东侧湖	9.15	永久性淡水湖
石嘴山市	平罗县	永惠七队西侧湿地	13.51	永久性淡水湖
石嘴山市	平罗县	平罗县城西侧湖	11.87	永久性淡水湖
石嘴山市	平罗县	三丁湖	125.12	永久性淡水湖
石嘴山市	平罗县	明水湖	129.95	永久性淡水湖
石嘴山市	平罗县	陈家老庄湖	53.53	永久性淡水湖
石嘴山市	平罗县	中水泉东侧湖	32.3	永久性淡水湖
石嘴山市	平罗县	陶乐镇东侧湖泊	22.35	永久性淡水湖
石嘴山市	平罗县	渠口乡西侧湖泊	16.07	永久性淡水湖

第4章 银川平原湖泊湿地生态服务功能价值评价

续表

市级名称	县级名称	湖泊湿地名称	湿地面积（hm²）	湿地型类型
石嘴山市	平罗县	威镇湖北侧湿地	11.14	永久性淡水湖
石嘴山市	平罗县	新村六队湖	8.37	永久性淡水湖
石嘴山市	平罗县	渠口乡东湖泊	51.47	季节性淡水湖
石嘴山市	平罗县	新桥六队湿地	34.62	季节性淡水湖
石嘴山市	平罗县	中水泉季节性湖泊	97.85	季节性淡水湖
石嘴山市	平罗县	永惠七队南侧湿地	17.5	季节性淡水湖
石嘴山市	平罗县	渠口乡东湿地	57.66	季节性淡水湖
吴忠市	利通区	唐滩村湖泊	22.81	永久性淡水湖
吴忠市	利通区	叶滩湖西侧湖	28.43	永久性淡水湖
吴忠市	利通区	叶滩湖	12.5	永久性淡水湖
吴忠市	利通区	神农岛湿地	48.87	永久性淡水湖
吴忠市	利通区	罗家湖	116.33	永久性淡水湖
吴忠市	利通区	柳溪湖	61.18	永久性淡水湖
吴忠市	利通区	陈滩二队南湖泊	30.63	永久性淡水湖
吴忠市	利通区	滨河湿地怡养园	38.05	永久性淡水湖
吴忠市	利通区	滨河湿地树木园	52.55	永久性淡水湖
吴忠市	利通区	树木园南湿地	173.8	永久性淡水湖
吴忠市	利通区	乃光湖	17.94	永久性淡水湖
吴忠市	利通区	明珠公园湖	16.28	永久性淡水湖
吴忠市	利通区	团结庄湿地	14.35	永久性淡水湖
吴忠市	青铜峡市	旋风槽湖泊	44.05	永久性淡水湖
吴忠市	青铜峡市	青铜峡库区北部湖	29.43	永久性淡水湖
吴忠市	青铜峡市	青铜峡库区中部湖	100.55	永久性淡水湖
吴忠市	青铜峡市	青铜峡库区中心湖	766.5	永久性淡水湖
吴忠市	青铜峡市	青铜峡库区南侧湖	204.23	永久性淡水湖
吴忠市	青铜峡市	青铜峡库区河东湖泊	52.3	永久性淡水湖
吴忠市	青铜峡市	黄河西岸新挖湿地	193.52	永久性淡水湖
吴忠市	青铜峡市	上滩村南新挖湖	46.39	永久性淡水湖

续表

市级名称	县级名称	湖泊湿地名称	湿地面积（hm²）	湿地型类型
吴忠市	青铜峡市	中庄村湖泊	59.92	永久性淡水湖
吴忠市	青铜峡市	滨河大道旁湖泊	31.33	永久性淡水湖
吴忠市	青铜峡市	秦秦湖	14.78	永久性淡水湖
吴忠市	青铜峡市	林皋桥湖	8.05	永久性淡水湖
吴忠市	青铜峡市	刘庙三队湖泊	27.89	永久性淡水湖
吴忠市	青铜峡市	黄家滩湖	55.92	永久性淡水湖
吴忠市	青铜峡市	青铜峡铝厂湖	8.59	永久性淡水湖
吴忠市	青铜峡市	西马圈湖	9.92	永久性淡水湖
吴忠市	青铜峡市	西马圈湖南湿地	8.42	永久性淡水湖
吴忠市	青铜峡市	中滩湖	25.14	永久性淡水湖
吴忠市	青铜峡市	暖家湖	39.1	永久性淡水湖
吴忠市	青铜峡市	方家寨湖	8	永久性淡水湖
吴忠市	青铜峡市	徐家寨湖	9.06	永久性淡水湖
吴忠市	青铜峡市	狐子洞湖	65.79	永久性淡水湖
吴忠市	青铜峡市	糖厂湿地	14.26	永久性淡水湖
吴忠市	青铜峡市	青龙湖	15.42	永久性淡水湖
吴忠市	青铜峡市	莲湖农场九队湖	11.78	永久性淡水湖
吴忠市	青铜峡市	粘木子梁湿地	24.51	季节性淡水湖
吴忠市	青铜峡市	西邵村湿地	59.17	季节性淡水湖
吴忠市	青铜峡市	西干渠西侧湿地	32.19	季节性淡水湖
吴忠市	青铜峡市	黄家地湿地	12.18	季节性淡水湖

4.4 银川平原湖泊湿地生态服务功能价值评价方法

4.4.1 评价方法

关于生态系统服务价值评价的方法，目前大体上可以分为三大类：直接市场法、模拟市场法和替代市场法。直接市场法主要有市场价值法、保护和恢复费用法、费用支出法、人力资本法及影子工程法；模拟市场法主要是条件价值法，也称调查问卷法；替代成本法包括享乐价格法和旅行费用法两种，具体方法内容见表4-4。

第4章 银川平原湖泊湿地生态服务功能价值评价

表 4-4 生态系统服务功能评价方法

分类	具体评估法	含义、内容	举例
直接市场法	市场价值法	评估生态系统的产品有市场价格的物品或者产品	先计算粮食作物的增产量,再根据市场定价,计算总价值
	保护和恢复费用法	评估保护生态系统不受破坏、恢复生态系统原有功能的费用	防护、恢复水资源不受污染所需的各种费用
	费用支出法	消费者支出生态系统的服务功能费用	进行自然保护区生态系统的游玩费用
	机会成本法	既要有使用者开发稀缺资源的成本,还要有他人、子孙不能使用其的损失代价	只针对比较独特并且稀缺濒危的生态资源
	人力资本法	评估计算环境影响人类(工资、市场价值)的身体健康的损益程度价值	环境污染导致人致死、残、伤等,医护费用,心理、精神压力等
	影子工程法	用建造或维修替代工程的代价来估算价值	调蓄洪水的价值就可以用建造同等容积的水库所需的人力、物力等费用
模拟市场法	条件价值法	通过假想市场使用询问调查、投标方式得出人们对环境变化的补偿或者支付意愿	用调查问卷(双边界两分式问卷设计)的形式得出人们愿意为环境保护所支付的金钱
替代市场法	旅行费用法	用游客游玩此区域所花费的所有费用估算	包括游玩的交通、住宿、门票、食物、商品等
	享乐价值法	通过环境变化或其他多种因素共同影响房产价格变动来估算	绿化、湖泊水体公园等环境较好地区普遍房地产价格会增加

国内外很多学者通过逐项计算得到众多湖泊湿地生态服务价值。Constaza 与谢高地等分别以上述方法为基础,计算出了全球湿地生态服务价值当量,并得到了依据单位面积的经济价值量。谢高地的研究成果更能代表中国当前经济状况下的生态服务价值。

鉴于本研究区域湿地数量多且分布广,即使是自然湿地也受到人为活动的深刻影响,因此主要采用当量法来进行湿地生态功能价值评价。当量的确定一方面参照谢高地等人 2007 年计算的生态系统单位面积生态服务价值当量表,查找湿地生态系统中湖泊湿地的生态系统单位面积生态服务价值当量;另一方面采用成果参照法、系统对比法和市场价值法等进行评估和调整。在计算 2013 年银川平原湿地生态系统单位面积生态服务价值当量因子的经济价值量后,依据 2011 年全国湿地资源调查–宁夏区湿地资源数据库中的数据,利用 GIS 软件和数据库系统提取 8 hm² 以上的湖泊,标注银川平原湖泊湿地的分布、统计面积。则有:

$$V_i = \sum P \times E \times S_i$$
$$V = \sum V_i$$

式中,V_i 为湖泊湿地生态服务价值;P 为湖泊湿地生态价值当量;E 为湖泊湿地生态价值当量的经济价值量;S_i 为单元湖泊湿地面积;V 为区域湿地生态服务价值总和。

利用市场价值法计算湿地生态系统服务中食物生产和原材料生产的价值,对比成果参照法中的结果,进行调整。通过分析表内对比、区域对比和与2013年当地GDP总量进行对比,提出评价意见。

4.4.2 评价数据获取

1) 银川平原湖泊湿地面积情况

湖泊湿地的分布面积数据的获取,主要采用第二次全国湿地资源调查数据,湖泊湿地调查的起调面积为8 hm^2。该调查由以清华大学3S研究中心和宁夏林业调查规划院为技术支撑单位,由宁夏湿地保护管理中心负责组织,调查自2010年3月起至2014年1月结束,参与人员160多人,湿地调查斑块1 692块,重点调查动植物样方(线)926个,其中植物样方686个,动物样方(线)240个(条)。调查以2008年和2009年丰水期的CBERS卫星CCD相机数据为主要数据源。宁夏共涉及数据影像13景,覆盖宁夏回族自治区全境。其中2008年的数据8景,2009年的数据5景。另外,对于重点调查湿地另行获取了SPOT 5和Landsat TM数据多景。同时为了保证调查质量,内外业人员的正判率必须达到90%以上,内业检查内容合格率达95%以上。

此次调查得到的银川平原湖泊湿地类型、面积、空间分布等情况见表4-5,图4-3。

表4-5 银川平原湖泊各行政区湖泊湿地类型及面积统计表　　　　单位:hm^2

行政区	湿地类型	合计	永久性淡水湖	永久性咸水湖	季节性淡水湖	季节性咸水湖
全区合计		20 043.9	17 604.26	0	992.79	1 446.85
银川市	合计	9 661.28	8 085.09		198.16	1 378.03
	兴庆区	657.17	657.17			
	金凤区	2 239.91	2 239.91			
	西夏区	286.23	247.21		39.02	
	永宁县	1 011.85	913.66		98.19	
	贺兰县	3 548.14	3 548.14			
	灵武市	1 917.98	479		60.95	1 378.03
石嘴山市	合计	7 770.51	7 035.11		666.58	68.82
	大武口区	2 492.5	2 492.5			
	惠农区	921.57	445.27		407.48	68.82
	平罗县	4 356.44	4 097.34		259.1	
吴忠市	合计	2 612.11	2 484.06	0	128.05	0
	利通区	633.72	633.72			
	青铜峡市	1 978.39	1850.34		128.05	

图 4-3 银川平原湖泊湿地空间分布图

2) 湖泊湿地生态系统单位面积生态服务价值当量

谢高地 2007 年计算的湖泊湿地生态系统单位面积生态服务价值当量列于表 4-6，该当量为固定值，在国内的相关研究中已被广泛使用，从普适性和可比较性出发，本研究采用表 4-6 数据生态服务价值的标准当量。

表 4-6　中国湖泊生态系统单位面积生态服务价值当量（2007 年）

供给服务		调节服务				支持服务		文化服务	合计
食物生产	原材料生产	气体调节	气候调节	水文处理	废物处理	保持土壤	维持生物多样性	提供美学景观	
0.53	0.35	0.51	2.06	18.77	14.85	0.41	3.43	4.44	45.35

3) 银川平原湖泊生态系统单位面积生态服务价值当量中经济价值量的确定

对银川平原湖泊湿地生态系统服务价值相对于农田食物生产价值的相对重要性（当量因子），进行湖泊湿地生态系统单位面积生态服务价值当量调查，即设定农田食物生产的生态服务价值当量为 1，那么相对于农田生产粮食每年获得的福利，湖泊湿地生态系统提供的其他生态服务价值（效用）的大小。1 个湖泊湿地生态服务价值当量因子的经济价值量根据 Constaza 的研究，2007 年为 54 美元/hm^2，根据谢高地的研究，2007 年为 58.5 美元/hm^2。

将该经济价值量调整为 2013 年银川平原湖泊湿地生态服务价值当量因子的经济价值量。经查《宁夏统计年鉴》，确定 2013 年银川平原粮食耕种面积、产量，调查 2013 年各粮食品种国家收购价格，计算 2013 年银川平原稻谷、小麦、玉米和谷物平均粮食生产的单位面积收益分别为 21 940.89 元/hm^2、15 069.17 元/hm^2、17 055.35 元/hm^2、2 347.90 元/hm^2（表 4-7）。

2013 年银川平原耕地面积为 26.77×10^4 hm^2，其中稻谷、小麦、玉米、谷类耕种面积权重分别为 27.12%、16.88%、43.12%、2.92%，得到 2013 年银川平原平均粮食生产的单位面积总收益为 15 916.92 元/hm^2。

用于粮食生产的单位土地面积的总投入按照 GDP 平减指数进行计算，根据胡瑞法和冷艳的研究，2005 年全国单位面积总投入（包括劳动、化肥、机械和替他 4 项）为 930.33 元/hm^2，宁夏 2005 年 GDP 为 612.61 亿元，宁夏 2013 年 GDP 为 2 565.06 亿元，平减指数为 4.19，推算 2013 宁夏单位面积总投入为 3 895.39 元/hm^2。

土地用于粮食生产的影子地租按照 GDP 平减指数进行计算。根据胡瑞法和冷艳的研究，2005 年获得土地用于粮食生产的影子地租为 2 250 元/hm^2，宁夏 2005 年 GDP 为 612.61 亿元，2013 年 GDP 为 2 565.06 亿元，平减指数为 4.19，估算 2013 年获得土地用于粮食生产的影子地租为 9 427.50 元/hm^2。

当量因子的经济价值=耕地的平均收益-耕种的投入-影子地租

第4章 银川平原湖泊湿地生态服务功能价值评价

表 4-7 银川平原农作物播种、产量、价值情况统计表

地区	稻谷 面积(hm²)	稻谷 产量(t)	稻谷 价值(万元/hm²)	小麦 面积(hm²)	小麦 产量(t)	小麦 价值(万元/hm²)	玉米 面积(hm²)	玉米 产量(t)	玉米 价值(万元/hm²)	豆类 面积(hm²)	豆类 产量(t)	豆类 价值(万元/hm²)
银川平原合计	72 602	603 391	21 940.89	45 197	230 095	15 069.17	115 422	928 567	17 055.35	7 821	3 907	2 347.90
银川市	43 712	371 125	22 414.21	20 740	102 634	14 647.86	44 086	377 734	18 164.41	2 511	1 409	2 637.32
银川市区	10 191	79 888	20 695.15	2 219	10 299	13 738.19	12 212	118 808	20 625.04	0	0	0.00
永宁县	7 800	73 011	24 711.42	10 068	50 044	14 712.98	16 976	138 481	17 293.81	267	182	3 203.75
贺兰县	14 606	121 210	21 908.42	6 571	33 608	15 139.20	6 955	57 063	17 393.75	110	138	5 896.36
灵武市	11 115	97 043	23 049.35	1 882	8 683	13 656.58	7 943	63 382	16 916.76	2 134	1 089	2 398.45
石嘴山市	14 172	99 126	18 465.47	10 957	50 094	13 532.74	41 156	308 451	15 888.72	346	203	2 757.51
石嘴山市区	680	4 627	17 963.65	2 505	11 841	13 991.76	9 522	69 354	15 441.13	13	6	2 169.23
平罗县	13 492	94 499	18 490.76	8 452	38 253	13 396.70	31 634	239 097	16 023.44	333	197	2 780.48
吴忠市	14 718	133 140	23 881.61	13 500	77 367	16 963.43	30 180	242 382	17 026.17	4 964	2 295	2 172.95
利通区	5 509	45 721	21 910.23	6 346	41 453	19 335.15	12 371	98 259	16 838.50	127	46	1 702.36
青铜峡市	9 209	87 419	25 060.94	7 154	35 914	14 859.58	17 809	144 123	17 156.54	4 837	2 249	2 185.30

依此计算出银川平原1个湖泊湿地生态服务价值当量因子的经济价值量为2 594.03元/hm^2。

4.5 银川平原湖泊湿地生态服务价值计算

4.5.1 基于生态服务类型的价值量

根据生态服务价值当量因子乘以其经济价值量，得到单位面积生态服务价值，再乘以湖泊湿地的面积，得到按生态服务类型划分的银川平原湖泊湿地生态服务价值总量为235 794.96万元/a，详见表4-8。

表4-8 银川平原湖泊湿地生态服务功能价值统计表

一级类型	二级类型	当量值	单位面积生态服务价值 [万元/(hm^2·a)]	湖泊湿地生态服务价值（万元/a）
合计		45.35	11.76	235794.96
供给服务	食物生产	0.53	0.14	2755.71
	原材料生产	0.35	0.09	1819.81
调节服务	气体调节	0.51	0.13	2651.72
	气候调节	2.06	0.53	10710.86
	水文调节	18.77	4.87	97593.64
	废物处理	14.85	3.85	77211.80
支持服务	保持土壤	0.41	0.11	2131.77
	维持生物多样性	3.43	0.89	17834.11
文化服务	提供美学景观	4.44	1.15	23085.55

4.5.2 基于行政区域的价值量

按同样的方法统计各行政区的湖泊湿地面积，计算得到各行政区的湖泊湿地生态服务价值量。其中银川市辖区湖泊湿地生态服务价值为113 654.58万元，占银川平原湖泊湿地生态服务价值的48.20%，石嘴山市辖区湖泊湿地生态服务价值为91 411.71万元，占银川平原湖泊湿地生态服务价值的38.77%，吴忠市辖区湖泊湿地生态服务价值为30 728.67万元，占银川平原湖泊湿地生态服务价值的13.03%（表4-9，图4-4）。

表 4-9 银川平原各行政区湖泊湿地生态服务价值统计表

项目区域		面积合计（hm²）	生态服务价值（万元/a）
合计		20 043.9	235 794.96
银川市	小计	9 661.28	113 654.58
	兴庆区	657.17	7 730.90
	金凤区	2 239.91	26 350.14
	西夏区	286.23	3 367.19
	永宁县	1 011.85	11 903.33
	贺兰县	3 548.14	41 740.06
	灵武市	1 917.98	22 562.97
石嘴山市	小计	7 770.51	91 411.71
	大武口区	2 492.5	29 321.59
	惠农区	921.57	10 841.28
	平罗县	4 356.44	51 248.84
吴忠市	小计	2 612.11	30 728.67
	利通区	633.72	7 455.04
	青铜峡市	1 978.39	23 273.63

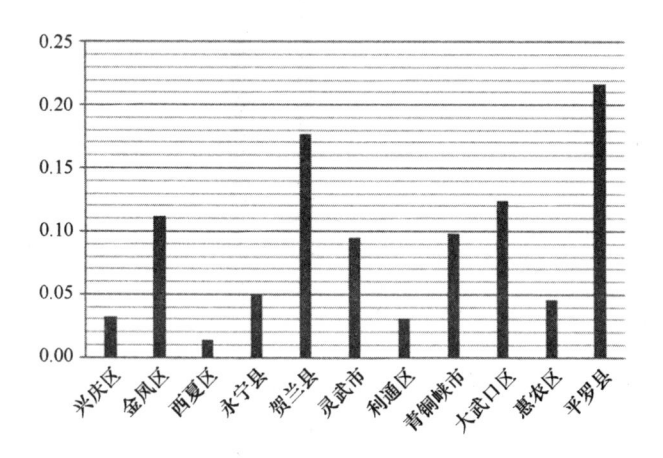

图 4-4 银川平原各市县区湖泊湿地生态服务价值分配

4.6 银川平原湖泊湿地生态服务价值特征

4.6.1 湿地各功能对总价值的贡献度

同一类型湿地不同服务功能的价值不同，不同类型湿地同一服务功能价值也不同。

通过对银川平原湖泊湿地生态系统不同功能服务价值的贡献率分析，可得出银川平原湖泊湿地的主导功能及各功能之间的强弱关系。

按照食物生产、原材料生产、气体调节、气候调节、水文调节、废物处理、保持土壤、维持生物多样性、提供美学景观 9 种湿地生态系统服务功能考查（图 4-5），可以发现：对银川平原湖泊湿地生态系统服务价值贡献率最高的为水文调节功能，其价值占总价值的 41.39%；废物处理价值占总价值的 32.75%，体现了湿地生态系统较强的物质循环能力；气候调节、维持生物多样性、提供美学景观功能也体现了较强的功能价值，其价值分别占总价值的 4.54%、7.56%、9.79%；食物生产、原材料生产、气体调节、保持土壤功能对总价值的贡献率较小，分别占总价值的 1.17%、0.77%、1.12%、0.90%。银川平原湖泊的食物生产功能在本研究中较低，一是本研究所指湖泊湿地为自然湖泊，不包括人工湿地和库塘，二是不能把渔业生产总收入作为粮食价值功能的体现，养殖湖泊的投入要运高于自然湖泊产业渔业资源的投入、养殖废水废物对湿地污染的负面效应和改善环境的投入也没有计算在内，因此不能简单得渔业收入作为粮食生产的价值。因此可以认为：在银川平原湖泊湿地各项功能中，较强的为水文调节功能、废物处理功能，它们对银川平原湖泊湿地的总生态系统服务价值有较高的贡献率，而其他功能对总价值的贡献率较低。

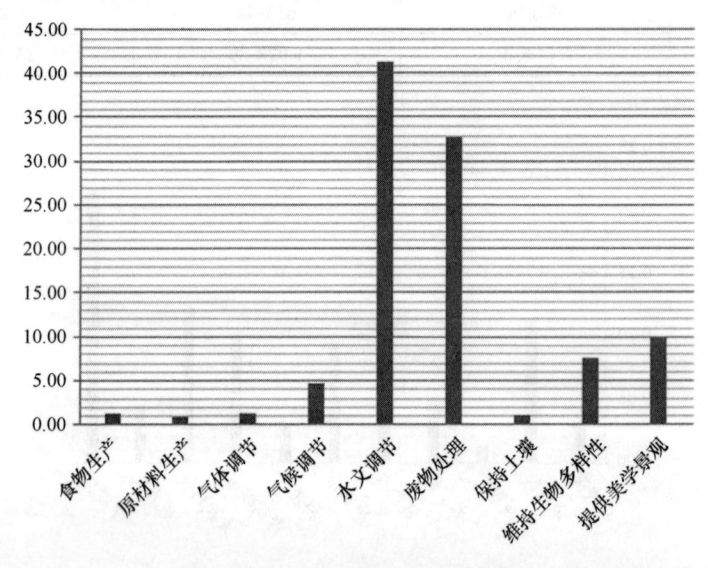

图 4-5　银川平原湖泊湿地生态服务各功能对总价值的贡献度

4.6.2　湿地生态系统服务价值空间分布

本文以银川平原湖泊湿地各辖市县为单位，对银川平原湖泊湿地生态系统服务价值的空间分布进行了探讨，由图 4-6 可知，银川市（包括兴庆区、金凤区、西夏区、永宁县、贺兰县、灵武市）湿地生态系统服务价值为 113 654.58 万元/a，是 3 个地级市中生态系统服务价值最大的；石嘴山市（包括大武口区、惠农区和平罗县）湿地生态系统服务价值为 91 411.71 万元/a，其生态系统服务价值居中；吴忠市（包括利通区、青铜峡市）湿地生态系统服务价值为 30 728.67 万元/a，其生态系统服务价值最小。银川平原湖泊湿地生态系统服务价值的分布特点为金凤区、贺兰县和平罗县最高，西北部地区较高，东南部地区偏低。

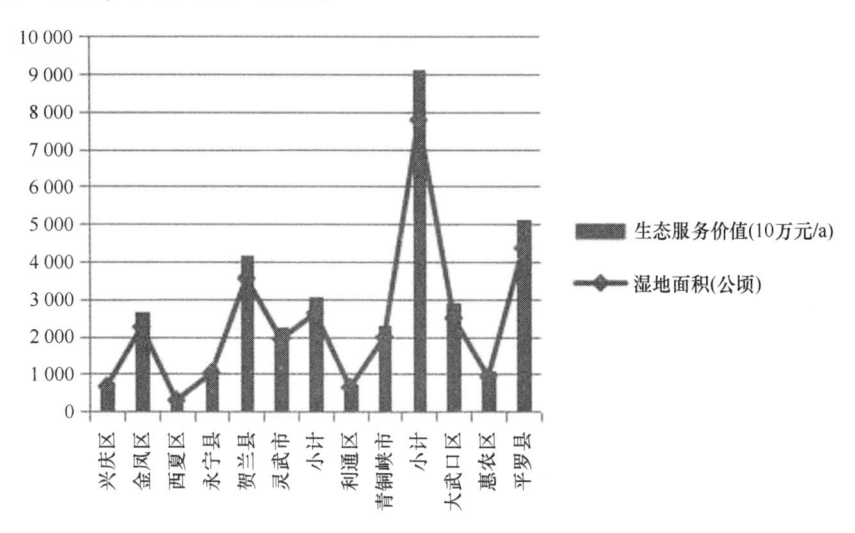

图 4-6　银川平原湖泊湿地服务价值与面积对比图　单位：10 万元/年

4.6.3　湖泊湿地生态系统服务价值与地区生产总值

根据 2014 年的《宁夏统计年鉴》，宁夏 2013 年地区生产总值为 2 565 亿元，其中银川平原各市县区地区生产总值为 1 982 亿元，银川平原湖泊湿地的生态服务价值占银川平原各市县区地区生产总值的 1.19%，其中银川市为 1.63%，石嘴山市为 2.69%，吴忠市为 1.20%，见表 4-10。同对比口径下，湖泊湿地面积分别占该地区国土面积的 1.12%，其中银川市为 1.26%，石嘴山市为 1.49%，吴忠市为 0.63%（图 4-7），显示湖泊湿地单位面积的生态服务价值比率还是比较高的，尤其在石嘴山和吴忠两市更为显著。

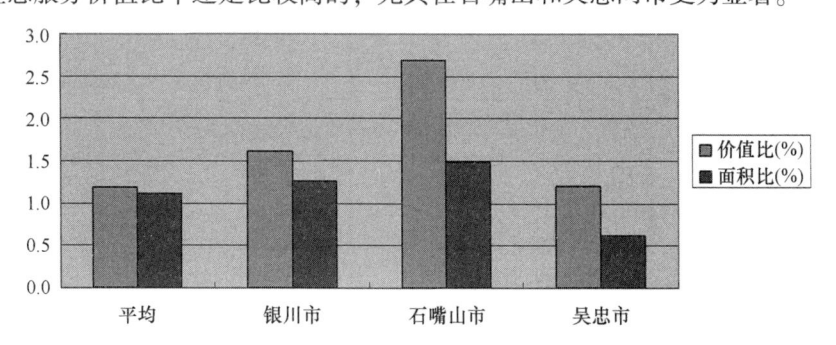

图 4-7　银川平原湿地生态系统服务价值与 GDP 的比值及湖泊湿地面积占区域国土面积的比例

表4-10 湖泊湿地生态系统服务价值与地区生产总值、人均地区生产总值对照表

市	县区	地区生产总值（万元）	国土面积（km）	湖泊湿地面积（km）	湖泊湿地生态服务价值（万元）	面积比（%）	价值比（%）	人均地区生产总值（元/人）	人均湖泊生态服务价值（元/人）	价值比（%）
	合计	19 821 706	17 935.13	200.44	235 794.96	1.12	1.19	55 860	892	1.60
银川	银川市区	7 939 008	2 303.55	31.83	37 448.22	1.38	0.47	59 454	279	0.47
	永宁县	1 055 693	1 193.91	10.11	11 903.33	0.85	1.13	46 532	515	1.11
	贺兰县	1 013 641	1 530.73	35.48	41 740.06	2.32	4.12	43 686	1772	4.06
	灵武市	2 881 857	3 846.16	19.17	22 562.97	0.50	0.78	106 617	829	0.78
石嘴山	石嘴山市区	3 223 446	2 575.16	34.14	40 162.87	1.33	1.25	66 287	821	1.24
	平罗县	1 240 008	2 632.82	43.56	51 248.84	1.65	4.13	46 941	1 899	4.04
吴忠	利通区	1 137 852	1 414.54	6.33	7455.04	0.45	0.66	28 993	188	0.65
	青铜峡市	1 330 201	2 438.26	19.78	23 273.63	0.81	1.75	48 371	833	1.72

据表4-9和图4-7，不难看出，银川平原湖泊湿地面积仅占银川平原国土面积的1.12%，提供的生态服务价值为地区生产总值的1.19%，高于国土面积比例，提示我们在相同的国土面积上，湖泊湿地生态系统提供的生态服务价值相对较高。在平罗县占国土面积1.65%的湖泊湿地提供了县域地区生产总值4.13%的生态服务价值量，让该地区享受到了人均1899元的生态服务，说明在湖泊面积分布大的地区，湖泊提供的生态服务价值更大。此外，2013年银川平原地区人均享受的湖泊湿地带来的生态服务价值量为892元，与当年全宁夏人均可支配收入相比，占到6.12%，对于当地居民来说，这是一笔隐形的健康收入。

2013年银川平原湖泊湿地生态服务价值为23.58亿元，这一数值也具有资金的时间价值和核算体系的时代背景。在经济发展新常态下，地区的GDP增速放缓，同时绿色GDP核算指标会普遍被管理者接受，湿地生态系统在绿色GDP中所占的比例会有所提高。

参考文献

欧阳志云，王如松，赵景柱. 1999a. 生态系统服务功能及其生态经济价值评价. 应用生态学报, 10 (5): 635-640.

欧阳志云，王效科，苗鸿. 1999b. 中国陆地生态系统服务功能及其生态经济价值的初步研究. 生态学报, 19 (5): 607-613.

于洪贤，姚允龙. 2011. 湿地概论. 中国农业出版社.

张明祥，严承高. 1999. 中国湿地效益研究. 林业资源管理, 3: 43-47.

傅娇艳，丁振华. 2007. 湿地生态系统服务、功能和价值评价研究进展. 应用生学报, 18 (3): 681-686.

Constaza R, d'Arge R, Groot R D et al. 1997. The value of the world's ecosystem services and natural capital. Nature, 387: 253-260.

Constaza R. 2000. Social goals and the valuation of ecosystem services. Ecosystems, 3 (1): 4-10.

Daily G C. 1997. Nature's services: societal dependence on natural ecosystem. Washington D. C: Island Press.

吕宪国. 2004. 湿地生态系统保护与管理. 北京: 化学工业出版社.

吕宪国. 2008. 中国湿地与湿地环境. 河北: 河北科学技术出版社.

Larson J S, Adamus P R, Clairain E J. 1989. Functional assessment of freshwater wetlands: a manual and training outline. University of Massachusetts, Amherst.

李文华，欧阳志云，赵景柱. 2002. 生态系统服务功能研究. 北京: 气象出版社.

Majumdar S K, Miller E W, Brenner F J. 1998. Ecology of Wet-land and Associated System. Easton: APublication of the Pennsy lvania Academy of Science.

Keddy P A. 2000. Wetland Ecology Principles and Conservation. Cambridge: Cambridge University Press.

Turner P K, Jeroen C J M, Brouwer R. 2003. Managing wetlands: an ecological economic approach. Northampton MA: Edwad Elgar Publication.

vanden Bergh JCJM, Barendregt A, Gilbert A J. 2004. Spatial Ecol ogical-Economic Analysisf or Wetland Management: Modelingand Scenario Evaluation of Land Use. Cambridge: Cambridge University Press.

辛琨，肖笃宁．2002．盘锦地区湿地生态系统服务功能价值估算．生态学报，22（8）：1346-1349．

王晓鸿，樊哲文，崔丽娟，等．2004．鄱阳湖湿地生态系统评估．北京：科学出版社．

段晓男，王效科，欧阳志云．2005．乌梁素海湿地生态系统服务功能及价值评估．资源科学，27（2）：110-115．

姜明，吕宪国，许林书，等．2005．莫莫格自然保护区湿地潜在土壤养分效益估算．自然资源学报，20（2）：279-285．

王伟，陆健健．2005．三垟湿地生态系统服务功能及其价值研究．生态学报，25（3）：404-407．

赵欣胜，崔保山，杨志峰．2005．红树林湿地生态效益能值分析——以南沙地区十九涌红树林湿地为案例．生态学杂志，24（7）：841-844．

赵淑江，梁冰，张树义．2006．浙江秀山岛湿地生态系统初探．生态学杂志，25（3）：343-346．

何文清，陈源泉，高旺盛，等．2004．农牧交错带风蚀沙化区农业生态系统服务功能的经济价值评估．生态学杂志，23（3）：49-53．

马建林，何彤慧．2002．银川平原湿地研究。宁夏大学学报（自然科学版），23（4）：377-380．

马忠玉．2004．恢复银川湿地，重建塞上湖城．市场经济研究，（4）：16-19．

汪一鸣．2004．宁夏平原湿地保护、利用的经验教训．干旱区资源与环境，18（6）：6-8．

邵宁平，刘小鹏，渠晓毅．2008．银川湖泊湿地生态系统服务价值评估．生态学杂志，27（9）：1625-1630．

谢高地，甄霖，鲁春霞，等．2008．一个基于专家知识的生态系统服务价值化方法．自然资源学报，23（5）：911-919．

谢高地，甄霖，鲁春霞，等．2008a．生态系统服务的供给、消费和价值化．资源科学，30（1）：93-99．

胡瑞法，冷燕．2006．中国主要粮食作物的投入与产出研究．农业技术经济，（3）：2-8．

第5章　银川平原典型湿地生态系统健康评价

5.1　湿地生态系统健康评价研究概况

5.1.1　生态健康的概念

生态系统健康的提法最早可以追溯到20世纪40年代，美国著名的生态学家、土地学家Aldo Leopold提出的"土地健康"（land health），该学者认为土地健康是被人类占领而没有使其功能受到破坏的状况。生态系统健康的正式研究则起源于70年代，此后在河流、湖泊和森林生态系统健康等各个领域都取得了一定的进展。

根据Constaza等关于生态系统健康的定义，湿地生态系统健康可理解为湿地内的关键生态组分和有机组织完整且没有疾病，受突发的自然或人为扰动后能保持原有的功能和结构，物质循环、能量流动和信息交换受到损害，整体功能表现出多样性、复杂性和活力比。也就是说，湿地生态系统健康包含两个方面的内涵：①满足人类社会合理要求的能力；②湿地生态系统自我维持与更新的能力。

5.1.2　湿地生态系统健康评价概述

湿地是介于陆地和水域之间的生态交错区，既是二者交互作用形成的一种拥有独特功能的生态系统，更是人类赖以生存的极为重要的生态系统。随着人类对自然界的干扰活动越来越强，湿地生态系统面临水文水环境变化、水污染加剧、水土流失严重、面积逐年萎缩，物种多样性持续下降等诸多问题，湿地资源受到巨大威胁，湿地生态系统能够健康持续地存在下去是湿地保护和管理的核心问题。

银川平原素有"塞上江南"之称，湖泊湿地生态系统在这一区域的服务功能十分突出，湖泊湿地的健康状况直接影响该区域的生态安全。近年来，银川平原湖泊湿地水草泛滥，水质恶化事件多次发生，如2012年，艾伊河水草暴发，水变臭，鱼类死亡，同时引起下游很多湖泊水质恶化；2013年，鸣翠湖为了抑制水草疯长，专门成立打捞队，雇佣大型割草船清除水草。2011—2013年，宁夏湿地保护管理中心组织开展的宁夏芦苇退化研究也表明，阅海、沙湖湿地的芦苇群落呈现退化状态，沙湖近年来还出现小三毛藻在局部地段暴发引发鱼类死亡的事件。这些水草、鱼类、芦苇、藻类表现出来的状况能从一个侧面反映银川平原湖泊湿地生态系统面对的不良状况，可是要具体用量化的手段来评估银川平原湖泊的健康状况还需要更深入的研究。

目前，评价湖泊湿地生态系统健康状况的主要有生物物理指标体系、生态学指标体系和社会经济指标体系。生物物理指标体系包括大气、水和土壤的组成成分、理化性质等；社会经济指标体系包括人口动态、人群健康、经济状况和人类活动的影响。生态学指标体系在不同组织水平上，可以分为以下几种。

（1）生态系统水平综合指标：包括①活力——通过直接测量初级总生产力、初级净生产力、国民生产总值、新陈代谢等获得；②组织结构——由多样性指数和网络分析获得的相互作用信息等参数表示；③恢复力——通常由模拟模型计算而得，包括生长范围、种群恢复时间和化解干扰的能力等；④综合指标——包括优势度、生物整合性指数等。

（2）群落水平指标：在生态系统受到干扰和外来压力发生改变乃至退化时使用，包括：①丰富度——总分类单元丰富度、特殊类群分类单元丰富度等；②个体组成——多样性指数、优势类群百分比等；③营养类群（trophic measures）——植食者、捕食者、滤食者等；④栖境指数（habit metric）和黏附者百分比（clingers%）等。

（3）种群和个体（细胞、亚细胞）水平指标：主要是指示种法，即据生态系统关键物种、特有物种、指示物种、濒危物种、长寿命物种和环境敏感物种等的数量、生物量、生产力、结构指标、功能指标以及其他一些生理生态指标来描述生态系统的健康状况。

生态系统的健康指标按照其功能又可分为以下三大类。

（1）早期预警指标：能及时确定即将发生的生态系统退化的指标，如敏感种个体的生长率、形态结构畸变和对化学物质的耐受力等。

（2）适宜度指标：与可接受的或参照系的标准进行比较后，能确定生态系统健康状况的指标，如生态系统完整性指标、活化能、有重要价值的物种丰富度等。

（3）诊断指标：确定评价对象退化或者偏离健康的原因的指标，如：生物体型分布、营养结构的完整性等。

要使生态系统的健康评价有意义，只有通过对生态环境进行有效可靠的、可推广的并能为决策者提供指导信息的评价方法和评价指标来实现。对于湿地生态系统，水生生物多样性是湿地的本底，其建立的生物指标体系相对于其他评价指标体系来说，是比较适用的方法。用于生态系统的健康评价生物包括浮游植物、浮游动物、底栖动物和鱼类等。根据水生生物群落水平指标、丰富度和个体组成，选择多样性指数、优势类群百分比、指示物种等来评价。

银川平原湿地生态系统健康评价工作目前虽然有所开展，但不是采用单纯的生物物理指标体系，而是采用生物物理指标与社会经济指标的结合，研究对象有沙湖、阅海、鸣翠湖等人文活动较多的湖泊湿地，还没有学者采用水生生物调查方法评估银川平原湖泊湿地生态健康，也少有学者对本地区水生生物，包括底栖动物、浮游动物、浮游植物等生物群落结构的变化、物种丰富度、多样性指数、优势物种等做系统研究。

本项目采用调查湖泊湿地水生生物的方法，对银川平原人文干扰程度不同的典型湖泊湿地——清宁河、柳溪湖、鸣翠湖、沙湖等——开展了为期一年的湖泊湿地水生生物群落研究。通过调查水生生物的种类、群落状况等，建立评价标准，评估湖泊湿地的健康状况，为银川平原湖泊湿地健康评估工作提出新的方法做出了有益实践。其研究结果为宁夏湖泊湿地的水生生物多样性保护、水生态系统健康评价等提供了理论基础，为湿地的生态治理、生物多样性保护及湿地生态恢复提供了科学依据。

5.1.3 基于水生生物调查的湿地生态系统健康研究进展

1）国外相关研究进展

水生生物的种类繁多，有不同的耐受范围，能够指示不同污染程度的水质。水质生物评价是由德国科学家 Kolkwitz 和 Marsson 提出的污水生物系统（Saprobien System）开始的，它是根据特定的、单一生物指示种的出现与否评价水体受有机污染的程度。浮游生物、水生微型动物、大型底栖无脊椎动物、颤蚓、摇蚊幼虫、硅藻、小球藻、栅藻、水生维管束植物等均可用来作为水污染的指示生物。

20 世纪 70 年代以来，以水体污染和水生生物之间的相互关系为重点，广泛深入地开展调查研究，使水体污染的生物监测成为一个活跃的研究领域，逐渐形成很多的监测方法，如植物细胞微核技术、Ames 试验等。丹麦学者 Fjerdingstad 根据污水中的优势群落把水体分成 9 个污水带，用以评价水体的污染状况。70 年代英国人根据大型底栖无脊椎动物和鱼类群落结构的变化提出了评价河流水质的四级标准。近年来，北美和欧洲大多利用底栖无脊椎动物的群落结构变化，作为生物监测手段。目前，国外在生物监测方面发展很快，研究出了很多快速、准确地监测环境的方法和新技术，如连续式流动比例稀释系统、人工河流、光合作用室、利用激光自动鉴定硅藻种类的计算机系统，这是目前在国际上处于领先地位的新方法。在随后的发展过程中，逐渐由定性评价转向定量评价，产生了 Shannon 种类多样性指数、Margalef 种类丰富度指数、Simpson 多样性指数、Saprobic 指数、Trent 生物指数 TBI、IB 指数、Chandler 评分系统、Chutter 生物指数、Hilsenhoff 科级水平生物指数等，以上是单一生物指数到生物多样性指数阶段。

然而，在实践中，生物多样性指数采用定量采样和定量分析的方法，耗时耗力，并且生物多样性指数忽略了不同生物类群耐污力的差异及生态学特征，不能反映个体对环境污染的适应性，即使在未污染的河流中也存在变化，这些都限制了生物多样性指数在河流健康评价中的发展。Lenat 提出了快速评价法，其目的是为了判定水体受点源或非点源污染后，水质级别及记录某一地区水质的长期变化状况。快速评价法主要通过已建立的指数值来判断水质的好坏。快速评价法已在美国各州得到广泛应用。

地理信息系统（GIS）技术的应用有助于改进河流健康评价所需要的大型底栖无脊椎动物及环境因子信息获取的速度和水平。Wang 等应用 GIS 技术对比了威斯康星州东南部湿地利用方式与鱼类群落的关系，通过 47 个溪流，30 年（1970—2000 年）的监测分析得出，鱼类群落和 IBI 值与湿地占农业用地面积百分比成正相关，与湿地城市用地利用负相关。在不渗水地表低于 10% 的情况下，每个站点鱼类的数量和 IBI 值变化是很高的。城市化对溪流生态系统有很强的负面影响，在不渗水地表低于 10% 时是环境损害的开始。研究结果表明，农业用地常常使鱼类群落退化，然而农业用地同城市用地相比，对鱼类群落一般很少有严重的影响。Genito 和 Karr 也分别应用 GIS 技术，研究了大型底栖无脊椎动物群落结构、B-IBI 指数与土地利用状况之间的关系，确定了土地利用状况对大型底栖无脊椎动物群落结构产生影响。

水质生物评价经过 100 余年的发展，评价方法不断改进和出新。多变量法（预测模型法）和多指标法（如生物完整性指数法）是目前应用最广泛的从群落水平评价水生生物完整性和水生态系统健康的两种方法。在西方国家（欧盟和美国等），水质生物评价信息是水资源管理实践中的关键组成成分。如在欧盟实施的 2000—2010 年的水框架计划中，底栖动物数据是确定水体是否处于"good status"的关键指标之一，如果水生生物多样性不满足要求，则监测水体不可能被认定为处于"good status"。水生生物监测被美国（B-IBI）、英国（RIVPACS）、加拿大、澳大利亚（AUSRIVAS）和南非（RHP）等国家的环保部门广泛应用。而在亚洲的日本、韩国、马来西亚、泰国等政府部门也非常重视水质生物监测工作，并积极地应用于实践。

2）国内研究现状

中国大陆自 20 世纪 70 年代末开始应用水生生物进行水质生物监测，至今已有 30 多年的历史。起初都是利用各种单一的生物指数进行评价，颜京松发表了利用 Trent 指数、Chandler 指数、Shannon 多样性指数和 Goodnight 指数评价甘肃境内黄河干支流枯水期水质；刘保元等则利用 Trent 指数、Chandler 指数和 Shannon 多样性指数对吉林省东图们江水体的污染状况进行评价，并分析了 3 种生物指数评价水质的优点及局限性，提出在水质生物评价时，多种生物指数同时应用为好的结点。

黄玉瑶等对蓟运河进行大型底栖无脊椎动物生物评价以后，提出了国内大型底栖无脊椎动物 Shannon 多样性指数划分水质的 5 级标准；谢翠娴在评价严家湖农药污染时，将水质划分为六级；郭智明用上述 4 个指数对河北承德境内的滦河水质进行了全面评价；杞桑等用了 8 个指数对珠江广东河段的水污染状况进行了评价。科技水平生物指数 FBI 和 EPT 水生昆虫监测水质的方法也相继利用于其他水体，如洞庭湖、武汉东湖、湘江、长江、安徽九华河、丰溪河水质、京津地区河流、庐山水体、镜泊湖、扎龙湿地自然保护区等也相继被研究。

王备新等用河流生物指数对秦淮河上游水质的研究，建立了河流生物指数评价秦淮河水质的标准，并对 21 个样点的水质进行重新评价，效果较单项生物指数如香农多样性指数评价结果更接近实际情况，同时应用底栖动物完整性指数 B-IBI 评价溪流健康，极大地推动了底栖动物在我国的监测进程；李强等对浙江安吉西苕溪 43 个样点 102 种 EPT 昆虫与 9 个环境因子典范对应分析（CCA）；李金国等调查了凉水、帽儿山低级溪流中水生昆虫，应用指示生物法、Shannon-Weiner 多样性指数、群落相似性系数和 BI 指数，对水质进行生物评价；谢志才等基于 GIS 软件平台，运用 Kringing 插值法，构建动物丰度、主要功能摄食类群及生物多样性等的空间分布格局，较为直观地反映了保安湖底栖动物的分布情况；吴璟等也采用 GIS 技术，研究了浙江西苕溪土地利用变化对溪流大型底栖无脊椎动物完整性的影响，经过长期的监测，建立长期大型底栖无脊椎动物群落与土地利用状况等环境信息的数据库，可能有利于获取河流（或生态区）的健康状况；薛建等进行利用水生双翅目昆虫监测水体重金属污染的研究；戴纪翠等系统地阐述了底栖动物在水生态系统健康评价中的作用；周晓蔚等建立底栖动物完整性（B-IBI）评价指标体系和评价标准评价长江口及毗邻海域健康；王建华等利用底栖动物 B-IBI 对挠力河流域河流进行了评价；刘曼红利用底栖动物和鱼类对黑龙江省呼兰河口湿地自然保护区的生态系统的健康状况进行评价。

总之，国内从水质生物评价至水生态系统健康评价的研究正在快速发展，我国的水环境状态也正在发生巨大的变化，建立生态系统的健康评价体系非常必要。

5.2 利用水生生物调查法评价银川平原湖泊湿地生态系统健康的意义

5.2.1 综合掌控湖泊湿地生态系统健康状态

由于人口增加和工农业生产的发展，湿地生态系统承受的外部压力逐年增加，湿地退化趋势加速，并产生严重的环境问题，特别是我国湿地目前普遍存在的湿地富营养化问题，都严重威胁到社会经济的可持续发展和人们的自身健康。

大量研究结果表明：湿地环境问题，多数是环境对生态系统的压力过大，生态系统的结构、功能发生剧烈变化后的恶果。湿地管理和环境整治的实践也表明，没有弄清湿地生态系统功能、结构和演变规律，难以科学制定湖泊环境管理依据和整治措施，难以综合、准确评估管理和整治措施的效果。迄今为止，我国湿地恢复治理工作还存在一定的盲目性，往往仅从主观角度开展工程性治理工作，把美化靓化作为治理效果，忽视生态规律和生物保护等生态建设与动态监测科学管理措施。加强湿地生态系统结构、功能及演化机理研究，建立切实可行、可客观地表征湿地生态系统健康的评价指标体系与方法，对湿地保护和管理者来说，显得十分迫切。目前在湿地生态系统健康评价中较多用到的往往是水质指标、流域社会经济活动压力指标，而对湿地生态系统的核心——生物群落状态的评价不足。在银川平原开展湖泊湿地的水生生物调查，并在此基础上进行生态系统健康的评估，才是湿地生态系统的综合评估，只有这样，才能更加全面地掌握湿地生态系统的健康状态，从而摆脱以水质标准认识湿地生态的困境。

5.2.2 发展与普及湿地监测技术

开展水生生物调查，是利用水生态指标进行湿地生态系统健康评价的基础工作。水生态指标主要包括 4 大类型：①水生维管束植物，如水草等；②浮游植物，包括各种藻类；③浮游动物，如原生动物、轮虫、枝角类等；④底栖动物，如蜻蜓幼虫、摇蚊幼虫等。

根据《地表水环境质量标准》（GB 3838—2002）、《地下水环境质量标准》（GB/T 14848—93）及《地表水和污水监测技术规范》（HJ/T 91—2002），我国的水环境监测主要侧重于化学指标及参数,如 COD、BOD_5、TN、TP、NH_3-N、重金属等。这些参数指标在水环境评价中是比较重要的角色,是当前人们了解水质状况的主要途径。然而化学参数也有其不足的一面:①所测化学参数有时并不能代表河流、水库的实际水质状况,因为化学参数的取样是瞬时的,例如刚下过雨,河流水质可能要差于实际状况,也可能取样时上游碰巧有一股污水,因此,偶然因素作用对化学参数影响太大。②化学参数的监测,往往需要较长的周期、较复杂的仪器来分析,对人员要求也比较高,设备投资较贵。③若纯粹依靠化学参数来评价水质状况,由于其瞬时性,需要加密监测频次,这无疑也加大了投资和工作量。与理化监测相比,水生态指标监测能对各种污染因子的相互作用(协同、拮抗)作出综合性反映,并具有连续监测的功能,是对环境质量状况长期的、历史的反映,而且能够较好地反映水生物群落的内在关系,能够准确表达水体的水生态环境状况。瞬时的污染或天气变化不会对水生生物产生很大的影响,而且水生生物监测相比理化监测而言,监测频次较少,每年只需监测 2-3 次。

目前我国国内还没有成熟的水生态监测相关的技术规范或标准,水生态指标的应用尚未普及,仍处于调查研究阶段。而在国外,如德国和部分其他欧盟国家,近几年多采用水生态指标作为水生态环境评价参数,已逐步建立起常规的水生生物监测体系,并采用该指标作为水质评价的主要依据,化学参数只能作为评价结果的验证。选择银川平原具有代表性的水体指示生物,建立标准的生态系统健康评价标准,对区域湿地水环境进行合理、科学的生物学评价具有重要意义。

5.2.3 综合管理和合理保护利用生态系统

湿地是一个独特的生态系统,它可以提供多种资源,如果不同利用者仅根据自己利益的需要而决定湿地资源的开发利用方式,则往往会忽视甚至破坏湿地的其他功能和效益。银川平原湖泊湿地发挥着多样的生态环境功能、资源价值和社会效益,尤以其中的生物多样性养成功能和渔业资源效益最为显著,由此发展起来的渔业、休闲渔业、观鸟业、休憩旅游业等已经或正在成为湿地资源利用的重要产业。但是,在对湖泊湿地进行资源开发利用的同时,对其生态系统动态和资源状况的把握却远远滞后,目前最多只能基于水质对湖泊湿地水环境状况有所评价,并不能及时了解湿地生物群落的变化情况,也不能因地、因时制宜地调整管理方式,进行更合理的开发利用。在银川平原开展基于水生生物调查的湖泊湿地生态系统健康评价,可以建立起湿地生态系统的非生物环境与生物群落之间的关联关系,能反映湿地系统组成、功能和内在关系的评价体系,更好地服务于湖泊湿地生态系统综合管理和湿地资源的保护与可持续利用。

5.3 银川平原湖泊湿地生态健康调查与评价体系

5.3.1 水生生物调查方法

1) 浮游植物调查

浮游生物每个季节在每个采样点采 1 个定性样品，采用 25 号浮游生物网在水面下 50~100 cm 处进行"∞"字形捞取；浮游植物定量样品采用 1 L 采水器采集上、中、下水层混合水样 1 L，样品用 1.5%的碘液固定，带回室内，经沉淀、浓缩，在光学显微镜下进行鉴定。

2) 浮游动物调查方法

浮游动物定性样品采用 13 号浮游生物网在水面下 50~100 cm 处进行"∞"字形捞取；浮游动物定量样品用 5L 有机玻璃采水器取上、中、下层混合水样 20 L，然后用 13 号浮游生物网过滤浓缩，样品用 5%的甲醛固定，带回室内，在光学显微镜下进行鉴定。

3) 底栖动物调查方法

根据研究地环境特点，样品来自于不同小生境，利用定量、定性采样，重复定量采样相结合的方法；定量采集的工具主要有索伯网和彼得生采泥器（1/16 m²）；定性采集主要有 D-型抄网、手网。获得的生物标本保存于 75%乙醇中。彼得生采泥器每个采样点采集 2 个样。收集到的样品，初步用分样筛过滤，除去大型颗粒，放入 10%甲醛溶液当场固定，回到实验室，再放入筛子中用水冲洗，然后放入白磁盘中，用镊子或者吸管进行标本挑拣后收集，75%乙醇保存。

5.3.2 水生生物物种鉴定方法

1) 浮游植物物种鉴定方法

浮游植物按《中国淡水藻类——系统、分类与生态》进行鉴定。

2) 浮游动物物种鉴定方法

浮游动物轮虫按《中国淡水轮虫志》鉴定，枝角类按《中国动物志》（淡水枝角类）鉴定，桡足类按《中国动物志》（淡水桡足类）鉴定。轮虫生物量按体积法统计，枝角类和桡足类生物量分别按黄祥飞、陈雪梅的体长-体重回归方程式计算。桡足幼体和成体数量按该种桡足类成体在定性样品中出现的几率统计。

3) 底栖动物物种鉴定方法

底栖动物中的寡毛类鉴定需多途径解决，活体观察、制作甘油封片、整体封片和解剖封片，奥林帕斯显微镜下观察。摇蚊幼虫利用室内制作显微玻片标本，利用临时封片和永久封片技术两种方法，为镜下鉴定种类。其他水生昆虫在解剖镜下，根据分类的需要，用解剖、观察形态等方法进行分类。软体动物根据外部形态和解剖相结合来鉴定物种。

5.3.3 水生生物数据分析方法

Shanno-Wiever 多样性指数：

$$H' = -\sum_{i=1}^{s} P_i log_2 P_i$$

Pielou 均匀度指数：

$$J = \frac{H}{log_2 N}$$

以上两个公式中，S 为总种数；N 为所有种个体总数；p_i 为第 i 种个体数量在总个体数量中的比例。优势种是根据物种的出现频率及个体数量来确定，用优势度来表示，即：

$$y = f_i \times P_i$$

式中，y 为优势度；f_i 为第 i 种的出现频率；p_i 为第 i 种个体数量在总个体数量的比例。上式中 f_i 为该种在各取样时间出现的频率，当 $y>0.02$ 时，定为优势种。

5.3.4 湿地健康评价指标的选取原则

建立湖泊健康评价指标体系即通过选择合理的度量指标，用以反映和衡量湖泊湿地健康所处的状态，判别和评价影响湖泊健康的各类因素，分析影响湖泊湿地健康因素发生、发展的基本过程，为保护湖泊湿地提供科学的理论依据。由于湖泊健康状况评价指标涉及水文学、水资源学、生态学、经济学等多个学科和领域，跨度大，项目多，因此评价指标需要满足相应的条件和原则才能选用。评价指标体系的选取应确保实现以下三个目标。

(1) 评价指标体系应能完整地反映湖泊结构和功能，能够准确描述湖泊湿地健康情况。

(2) 评价指标体系应能反映湖泊系统的结构和功能现状及人类活动对其产生的影响情况，并可以反映湖泊健康变化的原因。

(3) 评价指标体系应能长期监测，可定期地为湖泊管理决策、科学研究及公众要求等提供湖泊健康现状、变化趋势的状态报告，为决策提供依据。

为了满足以上目标，湖泊健康评价指标的选取应遵循以下几个指导原则。

1) 科学性和整体性原则

湖泊健康评价指标必须物理意义明确，计算和统计方法准确，具有一定的科学内涵，反映健康湖泊的基本特征，能较好地度量湖泊健康状况的水平。湖泊健康状况评价指标体系的建立，应紧密围绕评价目标，从众多影响湖泊健康状况的指标中，提取能全面概括湖泊结构和功能的特征和现状并可衡量系统整体效应的指标。

2) 代表性和规范性原则

综合考虑湖泊系统结构和功能与评价目标的基础，选取有代表的主要指标，对评价具有指导意义，并且力求指标间具有独立性或弱相关性。同时，所选取的指标必须规范，能在统一的基础上对不同时期、不同发展阶段的湖泊健康状况进行比较，以便对湖泊系统的整体健康现状和未来演化趋势进行分析和研究。

3) 层次性原则

湖泊健康状况包括了湖泊自然条件、生态环境以及人类活动等多个方面，采用分层方法可以极大地降低对湖泊系统的结构和功能进行分析的复杂程度，同时可以从各层次多角度详细全面地判定湖泊健康的现状，从而可以进行更全面、更客观的评价。

4) 因地制宜原则

各个湖泊的自然条件不同，经济发展水平各异，所以，选择评价指标必须经过实地调查论证。因地制宜选择评价指标，重点是分析影响湖泊健康状况的主要因子。

5) 简明性和可操作性原则

所选指标应概念明确，不仅理论可行，还要测定尽量简便，可操作性强。考虑到数据可获得性的难易程度，评价指标的数据应尽量便于统计和计算。同时，评价指标应易于表征，便于公众掌握和理解。

6) 定性与定量相结合原则

湖泊生态系统具有复杂多变的特性，有些评价指标难以定量描述，需要将定性和定量指标同时进行系统分析，并结合起来进行综合评价。

5.3.5 银川湖泊湿地健康评价（指标）体系

湖泊生态系统的空间狭小，相互之间的隔离较强，湖泊内的生物主要是通过水体之间的连通进行扩散和交流，使得淡水生态系统具有封闭性，所以水生生物的各项数据能够反映湿地健康状态。

生物多样性指数提供了更多有关群落方面的信息，多用来指示环境变化。本研究中采用 Shannon-Wiener 多样性指数、Pielou 均匀度指数（J）进行分析。本研究中根据沈蕴芬制定的多样性指数的评价标准，并参考了浮游植物多样性指数评价在实际研究中的应用，确定按照以下标准评价水质和水生态（表5-1）。

表5-1 基于浮游植物多样性指数的水质和湿地健康评价标准

指数	污染指标和评价标准				
Shannon-Weaver 多样性指数（H'）	0~1	1~2	2~3	3~3.5	>3.5
	重污染	中污染	轻污染	清洁	最清洁
Pielou 均匀度指数（J）	0~0.3	0.3~0.4	0.4~0.5	0.5~0.8	>0.8
	重污染	中污染	轻污染	清洁	最清洁
湿地健康评价	极差	差	一般	亚健康	健康

根据底栖动物群落结构和种群特点，利用在水质评价方面较常用的生物指数 Shannon-Wiener 多样性指数（H'）和 Pielou 均匀度指数（J），对湖泊水质进行分级和湿地健康状况进行评价（表5-2）。

表5-2 底栖动物水质分级标准和湿地健康评价标准

指数	水质分级标准和评价标准				
Shannon-Wiever 多样性指数（H'）	0~1	1.0~2.0	2.0~2.5	2.5~3.5	>3.5
	重污染	中污染	轻污染	清洁	最清洁
Pielou 均匀度指数（J）	0~0.3	0.3~0.4	0.4~0.5	0.5~0.8	>0.8
	重污染	中污染	轻污染	清洁	最清洁
健康评价	极差	差	一般	亚健康	健康

5.4 银川平原典型湖泊湿地生态健康评价

本项目在综合分析银川平原湖泊类型及利用方式的基础上，选择4个具有一定代表性的湖泊——沙湖、鸣翠湖、清宁河、柳溪湖——为研究对象，对其浮游生物和底栖动物进行系统调查，并利用水生生物多样性及分布状况，对以上湖泊水质分级标准和湿地健康状况进行评价。

5.4.1 沙湖湿地的生态健康状况

1）浮游植物

A. 种类组成

沙湖春季共鉴定出浮游植物7门39种及其变种，其中绿藻门为16种，占总种数的41.03%；硅藻门为10种，占总种数的25.64%；蓝藻门为6种，占总种数的15.38%；

金藻门 4 种，占总种数的 10.26%；裸藻门、隐藻门和甲藻门各 1 种，各占 2.56%。

夏季共鉴定出浮游植物 7 门 38 种及其变种，其中绿藻门为 14 种，占总种数的 36.84%；硅藻门为 9 种，占总种数的 23.68%；蓝藻门为 7 种，占总种数的 18.42%；金藻门 5 种，占总种数的 13.16%；裸藻门、隐藻门和甲藻门各 1 种，各占 2.63%。

秋季共鉴定出浮游植物 7 门 30 种及其变种，其中绿藻门为 10 种，占总种数的 33.33%；硅藻门和蓝藻门各为 7 种，各占总种数的 23.33%；金藻门 3 种，占总种数的 9.09%；，裸藻门、隐藻门和甲藻门各 1 种，各占 3.64%。

B. 丰度与生物量水平分布

沙湖浮游植物的丰度、生物量的季节变化以水平分布如表 5-3。由于不同季节温度的明显差异，直接影响浮游生物的代谢强度，进而影响了浮游生物的生长和繁殖，因此，随着年温度变化造成了生物有明显的季节变化。此外，不同季节的光照强度和营养盐类数量也影响水生植物的数量变动。本次调查结果表明沙湖浮游植物呈现一定的季节变化，丰度表现在夏季最高，为 2994.90×10^4 ind./L；秋季其次，为 1189.95×10^4 ind./L；春季最低，为 448.50×10^4 ind./L（表 5-3）。

表 5-3 沙湖浮游植物丰度与生物量的季节变化

季节	指标	采样点								均值
		1 号	2 号	3 号	4 号	5 号	6 号	7 号	8 号	
春季	丰度（$\times 10^4$ ind./L）	1 029.6	1 056	81.6	109.2	99.6	90	992.4	129.6	448.50
	生物量（mg/L）	4.307	1.611	0.213	0.324	0.738	0.448	1.782	0.393	1.23
夏季	丰度（$\times 10^4$ ind./L）	1 436.4	4 809.6	3 832.8	2 245.2	2 893.2	1 650	2 895.6	4 196.4	2 994.90
	生物量（mg/L）	11.454	10.046	16.035	7.485	11.25	9.294	9.605	10.709	10.73
秋季	丰度（$\times 10^4$ ind./L）	1 416	1 557.6	1 812	2 022	1 167.6	756	373.2	415.2	1 189.95
	生物量（mg/L）	6.128	4.458	3.62	4.41	3.198	4.793	1.874	1.607	3.76

C. 优势种

根据浮游植物出现的频率和丰度，以优势度 $Y > 0.02$ 为界来确定优势种，浮游植物春季、夏季和秋季优势种呈现明显的季节变化（表 5-4）。春季有 19 种，夏季最多，为 24 种；秋季优势种种类最少，为 10 种。

表 5-4 沙湖浮游植物优势种季节变化

季节					
春季	细小平裂藻	马氏平裂藻	阿氏席藻	居氏腔球藻	短线脆杆藻
	尖针杆藻	梅尼小环藻	短小舟形藻	英吉利舟形藻	华美色金藻
	棕鞭藻属	小三毛金藻	卵形隐藻	卵形衣藻	球衣藻
	狭形纤维藻	针形纤维藻	四尾栅藻	蹄形藻	
夏季	细小平裂藻	马氏平裂藻	极小集胞藻	阿氏席藻	短线脆杆藻
	变绿脆杆藻	钝脆杆藻	尖针杆藻	梅尼小环藻	华美色金藻
	鱼鳞藻属	棕鞭藻属	卵形隐藻	薄甲藻	卵形衣藻
	球衣藻	狭形纤维藻	线形拟韦斯藻	四尾栅藻	多棘栅藻
	小空星藻	空球藻	美丽网球藻	四角十字藻	
秋季	细小平裂藻	阿氏席藻	固氮鱼腥藻	梅尼小环藻	华美色金藻
	棕鞭藻属	卵形隐藻	卷曲鱼腥藻	卵形衣藻	球衣藻

D. 浮游植物多样性分布

根据沙湖浮游生物的种类组成和数量，对沙湖的浮游植物的多样性进行季节动态分析（表 5-5）。Shannon-Wiener 多样性指数（H'）和 Pielou 均匀度指数（J）都呈现季节变化，两种指数春季最大，分别为 3.386 和 0.562。秋季最小，分别为 2.958 和 0.475。

表 5-5 沙湖浮游植物多样性季节变化

季节	指数	采样点								均值
		S1	S2	S3	S4	S5	S6	S7	S8	
春季	H'	3.239	3.235	2.992	3.592	3.937	3.651	3.056	3.385	3.386
	J	0.383	0.423	0.574	0.712	0.74	0.665	0.402	0.597	0.562
夏季	H'	3.119	2.953	3.327	3.614	3.572	3.471	3.403	3.421	3.360
	J	0.35	0.317	0.341	0.402	0.384	0.383	0.369	0.369	0.364
秋季	H'	3.038	3.071	3.094	3.293	3.076	2.856	2.663	2.575	2.958
	J	0.361	0.373	0.37	0.396	0.384	0.341	1.216	0.361	0.475

E. 浮游植物指示的沙湖水质及健康

对照表 5-5 可知，三个季节的 Shannon—Wiener 多样性指数（H'）对沙湖水质的评价结果均为无污染的清洁状态。沙湖 Pielou 均匀度指数（J）评价结果为春秋季节为轻污染，夏季为清洁状态。通过湿地浮游植物多样性指数的水质分级标准，对沙湖湿地的健康状况进行评价，沙湖湿地的水质为健康状态。

2）浮游动物

A. 种类组成

沙湖春季共鉴定出浮游动物 10 种，其中原生动物 1 种，占浮游动物总种数的 10.00%；轮虫 4 种，占浮游动物总种数的 40.00%；桡足类 5 种，占浮游动物总种数的 50.00%。

沙湖夏季共鉴定出浮游动物 15 种,其中原生动物 2 种,占浮游动物总种数的 13.00%;轮虫 9 种,占浮游动物总种数的 60.00%;枝角类 1 种,占浮游动物总种数的 7.00%;桡足类 3 种,占浮游动物总种数的 20.00%。

沙湖秋季共鉴定出浮游动物 14 种,其中原生动物 4 种,占浮游动物总种数的 29%;轮虫 5 种,占浮游动物总种数的 36.00%;枝角类 2 种,占浮游动物总种数的 14.00%;桡足类 3 种,占浮游动物总种数的 21.00%。

B. 丰度与生物量水平分布

沙湖春、夏、秋三季浮游动物的丰度和生物量水平分布见表 5-6。

表 5-6 沙湖浮游动物丰度与生物量的季节变化

单位:丰度 ind./L,生物量 mg/L

季节	指标	采样点							
		1 号	2 号	3 号	4 号	5 号	6 号	7 号	8 号
春季	丰度(ind./L)	14.4	25.2	12	8.4	4.8	4.8	15.6	8.4
	生物量(mg/L)	0.00576	0.01008	0.0048	0.00336	0.00192	0.00192	0.00624	0.00336
夏季	丰度(ind./L)	58.8	6	19.2	15.6	15.6	6	20.4	14.4
	生物量(mg/L)	0.02352	0.0024	0.00768	0.00624	0.00624	0.0024	0.00816	0.00576
秋季	丰度(ind./L)	80.4	61.2	28.8	39.6	4.8	34.8	10.8	296.4
	生物量(mg/L)	0.03216	0.02448	0.01152	0.01584	0.00192	0.01392	0.00432	0.11856

C. 浮游动物的优势种

根据浮游动物出现的频率和丰度,以优势度 $y>0.02$ 为界来确定优势种,浮游动物春季,夏季,秋季优势种及其优势度见表 5-7。

表 5-7 沙湖各季节浮游动物优势种

季节	类别	种类	拉丁名
春季	轮虫	萼花臂尾轮虫	*Brachionus quadridentatus*
		轮虫卵	
	原生动物	陀螺侠盗虫	*Strombidium velox*
	枝角类	长肢秀体溞	*Diaphanosoma paucisoinosum*
夏季	轮虫	针簇多肢轮虫	*Polyarthra trigla*
	原生	陀螺侠盗虫	*Strobilidium velox*
	桡足类	爪哇小剑水蚤	*Microcyclops javanus*
秋季	轮虫	矩形臂尾轮虫	*Brachionus levdigi*
	原生	陀螺侠盗虫	*Strobilidium velox*
	枝角类	兴凯秀体溞	*Diaphanosoma hankensis*

D. 浮游动物多样性分布

沙湖浮游动物多样性的分布见表 5-8,由表 5-8 看出 Shannon—Wiener 多样性指数

(H') 夏季最大，为 2.20；其次是春季，为 1.89；秋季最小，为 1.42。沙湖的浮游动物 Pielou 均匀度指数（J）比较大，最小值为秋季（0.69），说明沙湖浮游动物呈现均匀性分布。

表 5-8 沙湖浮游动物多样性分布

季节	指数	采样点								均值
		S1	S2	S3	S4	S5	S6	S7	S8	
春季	H'	1.83	2.15	2.32	1.95	1.50	1.50	2.29	1.56	1.89
	J	0.91	1.36	1.47	0.75	0.95	0.00	0.82	0.49	0.84
夏季	H'	2.89	2.00	2.14	2.13	2.50	1.52	2.37	2.05	2.20
	J	0.83	0.77	0.83	0.92	0.89	0.96	0.92	0.88	0.87
秋季	H'	1.57	1.84	1.20	1.32	2.00	1.41	1.84	0.21	1.42
	J	0.61	0.92	0.75	0.51	1.00	0.61	0.92	0.21	0.69

3）底栖动物

A. 种类组成

沙湖全年 3 个季度采集大型底栖动物 17 种，隶属 6 科。直突摇蚊亚科 7 种、摇蚊亚科 6 种、长足摇蚊亚科 1 种、椎实螺科 1 种、颤蚓科 1 种、长臂虾亚科 1 种（表 5-9）；大型底栖动物主要由直突摇蚊亚科、摇蚊亚科组成。根据优势度公式：

$$Y = p_i * f_i$$

公式中 p_i 为样品中属于第 i 种的个体的比例；f_i 表示该物种再各个采样点出现的频率，当 $Y>0.02$ 时，该物种为群落中的优势种。

表 5-9 沙湖大型底栖动物名录

科名	种名	拉丁名
直突摇蚊亚科	红裸须摇蚊	*Propsilocerus akamusi*
	直突摇蚊属种 1	*Orthocladius sp.* 1
	太湖裸须摇蚊	*Propsilocerus taihuensis*
	裸须摇蚊属种 2	*Propsilocerus sp.* 2
	裸须摇蚊属种 3	*Propsilocerus sp.* 3
	斑摇蚊属种 1	*Stictochironomus sp.* 1
	蜉蝣骑浮摇蚊	*Epoicocladius ephemerae*
摇蚊亚科	范德枝长跗摇蚊	*Dicrotendipes pelochloris*
	淡绿二叉摇蚊	*Chironomus okinawanus*
	墨黑摇蚊	*Chironomus anthracinus*
	中华摇蚊	*Chironomus sinicus*
	裸瓣间摇蚊	*Paratendipes nudisquama*
	冲绳摇蚊	*Chironomus okinawanus*

第5章 银川平原典型湿地生态系统健康评价

续表

科名	种名	拉丁名
长足摇蚊亚科	前突摇蚊属种 1	*Procladius sp.* 1
椎实螺科	小土蜗	*Galba pervia*
颤蚓科	瑞士水丝蚓	*Limnodrilus helveticus*
长臂虾亚科	秀丽白虾	*Exopalaemon modestus*

结果表明：综合全年 3 个季度计算，沙湖大型底栖动物优势种为红裸须摇蚊（$Y=0.465\,712\,582$）、冲绳摇蚊（$Y=0.216\,259\,193$），瑞士水丝蚓（$Y=0.090\,638\,044$）（表5-10）。

表 5-10 沙湖全年大型底栖动物丰度及优势度

种名	个体数	丰度（ind./m²）	优势度 Y
红裸须摇蚊	781	6 248	0.465 7
直突摇蚊属种 1	46	368	0.009 14
太湖裸须摇蚊	6	48	0.001 19
裸须摇蚊属种 2	8	64	0.003 2
裸须摇蚊属种 3	2	16	0.000 4
斑摇蚊属种 1	7	56	0.001 4
蜉蝣骑浮摇蚊	2	16	0.000 4
范德枝长跗摇蚊	16	128	0.003 2
淡绿二叉摇蚊	22	176	0.004 4
墨黑摇蚊	36	288	0.014 3
中华摇蚊	17	136	0.003 4
裸瓣间摇蚊	2	16	0.000 4
冲绳摇蚊	544	4352	0.216 3
前突摇蚊属种 1	3	24	0.000 6
瑞士水丝蚓	152	1216	0.090 64
小土蜗	1	8	0.000 2
秀丽白虾	32	256	0.006 4

沙湖大型底栖动物每季度优势种均不同。沙湖春季优势种为红裸须摇蚊（$Y=0.677\,88$）、瑞士水丝蚓（$Y=0.064\,985$）；夏季优势种为冲绳摇蚊（$Y=0.878\,333$）；瑞士水丝蚓（$Y=0.067\,708$）（表 3-18）；秋季优势种为红裸须摇蚊（$Y=0.067\,105$）、裸须摇蚊属种 1（$Y=0.078\,947$）、冲绳摇蚊（$Y=0.134\,211$）、秀丽白虾（$Y=0.042\,105$）（表 5-11）。

表 5-11 沙湖大型底栖动物各季节优势度

季节	种名	个体数	丰度（ind.㎡）	优势度 Y
春季	红裸须摇蚊	760	6 080	0.677 88
	直突摇蚊属种 1	26	208	0.009 939
	太湖裸须摇蚊	6	48	0.000 765
	裸须摇蚊属种 2	1	8	0.000 127
	裸须摇蚊属种 3	2	16	0.000 51
	斑摇蚊属种 1	7	56	0.000 892
	蜉蝣骑浮摇蚊	2	16	0.000 255
	范德枝长跗摇蚊	16	128	0.002 839
	淡绿二叉摇蚊	22	176	0.002 803
	墨黑摇蚊	32	256	0.008 155
	中华摇蚊	17	136	0.002 166
	裸瓣间摇蚊	2	16	0.000 255
	小土蜗	3	24	0.000 127
	前突摇蚊属种 1	85	680	0.000 382
	瑞士水丝蚓	1	8	0.064 985
夏季	冲绳摇蚊	527	4 216	0.878 333
	墨黑摇蚊	4	32	0.002 5
	红裸须摇蚊	4	32	0.002 5
	瑞士水丝蚓	65	520	0.067 70
秋季	裸须摇蚊属种 1	20	320	0.078 947
	裸须摇蚊属种 2	7	56	0.009 211
	红裸须摇蚊	17	136	0.067 105
	冲绳摇蚊	17	136	0.134 211
	瑞士水丝蚓	2	16	0.002 632
	秀丽白虾	32	256	0.042 105

B. 底栖动物丰度

对沙湖大型底栖动物丰度的季节动态进行统计分析，结果表明，沙湖双翅目居多，为优势种。各季度大型底栖动丰度表现为夏季最大，为 1 202 ind./m²；春季次之（1 032 ind./m²）；秋季最小（150 ind./m²）（表5-12）。

表 5-12 沙湖大型底栖动物丰度的季节变化　　　　　单位：ind./m²

样点	1号	2号	3号	4号	5号	6号	7号	8号	均值
春季	4 272	36	696	224	420	848	250	1 512	1 032
夏季	4 560	480	336	864	192	784	272	2 128	1 202
秋季	64	24	104	264	128	128	144	346	150

不同季节间底栖动物优势类群组成存在较大差异,表明底栖动物群落结构特征存在较大的季节性差异。丰度表现春季高于其他季节,表明相对于其他季节,春季生境特征更适合底栖动物生存。

C. 底栖动物指示的沙湖水质与健康

沙湖底栖动物的 Shannon-Wiener 多样性指数(H')和 Pielou 均匀度指数(J)皆春季最大,分别为3.00和0.59;夏季次之(H',2.91),秋季最小(H',2.28)(表5-13)。两种指数的生物学评价结果表明,沙湖湿地处于轻污染向清洁的过渡状态;沙湖湿地处于一般到亚健康的状态。

表5-13 沙湖底栖动物多样性指数分布

季节	指数	采样点								均值
		1号	2号	3号	4号	5号	6号	7号	8号	
春季	H'	3.22	2.92	3.22	2.00	3.58	3.49	3.18	2.39	3.00
	J	0.47	0.92	0.44	0.50	0.79	0.58	0.59	0.42	0.59
夏季	H'	2.10	3.53	2.86	3.06	3.40	2.52	2.09	3.72	2.91
	J	0.00	0.35	0.86	0.67	0.00	0.63	0.69	0.36	0.45
秋季	H'	3.60	2.20	2.78	2.20	2.27	3.54	3.37	2.30	2.78
	J	0.64	0.45	0.51	0.04	0.32	0.54	0.61	0.65	0.47

5.4.2 鸣翠湖湿地的生态健康状况

1)浮游植物

A. 浮游植物的种类组成

鸣翠湖春季共鉴定出浮游植物5门31种及其变种,其中绿藻门12种,占总种数的38.71%;硅藻门9种,占总种数的29.03%;蓝藻门为3种,占总种数的9.68%;金藻门6种,占总种数的19.35%;隐藻门1种,占3.23%。

夏季共鉴定出浮游植物7门32种及其变种,其中绿藻门14种,占总种数的43.75%;硅藻门6种,占总种数的18.75%;蓝藻门为5种,占总种数的15.63%;金藻门4种,占总种数的12.5%;裸藻门、隐藻门和甲藻门各1种,各占3.12%。

秋季共鉴定出浮游植物7门44种及其变种,其中绿藻门17种,占总种数的38.64%;硅藻门和蓝藻门各为9种,各占总种数的20.45%;金藻门6种,占总种数的13.64%;裸藻门、隐藻门和甲藻门各1种,各占2.27%。

B. 浮游植物的丰度与生物量水平分布

鸣翠湖各季浮游植物的丰度和生物量水平分布见表5-14。从表5-14中可以看出,各采样点的丰度和生物量都存在差异。

表 5-14 鸣翠湖浮游植物丰度与生物量的季节变化

单位：丰度×10⁴ ind./L，生物量 mg/L

季节	指标	采样点			
		1号	2号	3号	4号
春季	丰度（×10⁴ ind./L）	162	171.6	102	97.2
	生物量（mg/L）	1.869	1.184	0.805	0.531
夏季	丰度（×10⁴ ind./L）	862.8	1 250.4	1 731.6	1 612.8
	生物量（mg/L）	5.225	4.775	5.993	6.386
秋季	丰度（×10⁴ ind./L）	806.4	2 950.8	2 452.8	1 030.8
	生物量（mg/L）	3.588	3.119	3.7	3.94

C. 浮游植物的优势种

根据浮游植物出现的频率和丰度，以优势度 $Y>0.02$ 为界来确定优势种，浮游植物春季优势种见表 5-15。春季有优势种 10 种；夏季和秋季物种丰富，优势种都是 22 种。

表 5-15 鸣翠湖浮游植物优势种的季节变化

春季	细小平裂藻	短线脆杆藻	变绿脆杆藻	尖针杆藻	华美色金藻	卵形衣藻
	分歧锥囊藻	棕鞭藻属	小三毛金藻	狭形纤维藻		
夏季	马氏平裂藻	极小集胞藻	阿氏席藻	固氮鱼腥藻	短线脆杆藻	钝脆杆藻
	尖针杆藻	梅尼小环藻	华美色金藻	棕鞭藻属	卵形隐藻	尖尾裸藻
	卵形衣藻	球衣藻	狭形纤维藻	二形栅藻	四尾栅藻	多棘栅藻
	纤细角星鼓藻	实球藻	四角十字藻	四足十字藻		
秋季	细小平裂藻	马氏平裂藻	极小集胞藻	阿氏席藻	固氮鱼腥藻	短线脆杆藻
	变绿脆杆藻	钝脆杆藻	尖针杆藻	梅尼小环藻	华美色金藻	分歧锥囊藻
	鱼鳞藻属	棕鞭藻属	小三毛金藻	卵形隐藻	薄甲藻	卵形衣藻
	球衣藻	狭形纤维藻	多棘栅藻	空球藻		

D. 浮游植物指示的鸣翠湖水质与健康状况

鸣翠湖浮游植物多样性的分布有明显的季节变化（表 5-16）。Shannon-Wiener 多样性指数（H'）在秋季最大，为 3.87；春季最小，为 3.13。Pielou 均匀度指数（J）在春季最大，为 0.50。多样性指数 H' 指示的水质状况为清洁，均匀度指数指示结果为轻污染，显示鸣翠湖正处于一般到亚健康的过渡状态。

表 5-16 鸣翠湖浮游植物多样性采样点

季节	指数	采样点				均值
		M1	M2	M3	M4	
春季	H'	2.69	3.32	3.17	3.36	3.13
	J	0.41	0.52	0.54	0.54	0.50
夏季	H'	3.12	3.35	3.31	3.46	3.31
	J	0.36	0.39	0.37	0.39	0.38

续表

季节	指数	采样点				均值
		M1	M2	M3	M4	
秋季	H'	4.27	3.84	3.87	3.51	3.87
	J	0.53	0.46	0.45	0.43	0.47

2) 浮游动物

A. 浮游动物的种类组成

鸣翠湖春季共鉴定出浮游动物 16 种，其中原生动物 5 种，占浮游动物总种数的 31.00%；轮虫 7 种，占 44.00%；桡足类 4 种，占 25.00%。

夏季共鉴定出浮游动物 16 种，其中原生动物 4 种，占浮游动物总种数的 25.00%；轮虫 10 种，占 62.50%；桡足类 2 种，占 12.50%。

秋季共鉴定出浮游动物 15 种，其中原生动物 4 种，占浮游动物总种数的 27.00%；轮虫 8 种，占 53.00%；桡足类 3 种，占 20.00%。

B. 浮游动物丰度与生物量水平分布

鸣翠湖春季、夏季、秋季浮游动物的丰度和生物量水平分布见表5-17。

表 5-17 鸣翠湖浮游动物丰度与生物量的季节变化

单位：丰度 ind./L，生物量 mg/L

季节	指标	采样点			
		1号	2号	3号	4号
春季	丰度（ind./L）	18	18	8.4	13.2
	生物量（mg/L）	0.007 2	0.007 2	0.003 36	0.005 28
夏季	丰度（ind./L）	58.8	12	7.2	16.8
	生物量（mg/L）	0.023 52	0.004 8	0.002 88	0.006 72
秋季	丰度（ind./L）	30	51.6	20.4	8.4
	生物量（mg/L）	0.012	0.020 64	0.008 16	0.003 36

C. 浮游动物的优势种

根据浮游动物出现的频率和丰度，以优势度 $Y > 0.02$ 为界来确定优势种，浮游动物春季、夏季、秋季优势种及其优势度见表5-18。

表 5-18 鸣翠湖各季度浮游动物优势种

季节	类别	种类	拉丁名
春季	轮虫	小三只轮虫	*Filinia minuta*
		针簇多肢轮虫	*Polyarthra trigla*
	原生	陀螺侠盗虫	*Strobilidium velox*
	桡足类	英勇剑水蚤	*Cyclops strenuuss*

续表

季节	类别	种类	拉丁名
夏季	轮虫	针簇多肢轮虫	*Polyarthra trigla*
	原生	陀螺侠盗虫	*Strobilidium velox*
	桡足类	英勇剑水蚤	*Cyclops strenuns*
秋季	轮虫	针簇多肢轮虫	Polyarthra trigla
	原生	陀螺侠盗虫	Strobilidium velox
	桡足类	无节幼体	Sinodia ptomus sarsi

鸣翠湖浮游动物多样性的分布见表5-19。夏季浮游动物Shannon-Wiener多样性指数（H'）最大，为2.56；夏季次之（2.39）；秋季最小（2.33）。鸣翠湖浮游动物在水体中分布比较均匀，均匀度指数（J）为0.86~0.91。

表5-19 鸣翠湖浮游动物多样性分布

季节	指数	采样点				均值
		1号	2号	3号	4号	
春季	H'	2.79	2.33	2.81	2.30	2.56
	J	0.93	0.83	1.00	0.89	0.91
夏季	H'	2.89	2.65	2.25	1.77	2.39
	J	0.83	0.94	0.97	0.68	0.86
秋季	H'	2.41	2.62	2.75	1.56	2.33
	J	0.80	0.79	0.92	0.98	0.87

3) 底栖动物

A. 物种组成

鸣翠湖全年3个季度共采集大型底栖动物16种，隶属10科．直突摇蚊亚科3种、摇蚊亚科2种、椎实螺科2种、扁卷螺科2种、豆螺科1种、鼓虫科1种、颤蚓科2种、丝蟌科1种、牝科1种、长臂虾亚科1种（表5-20）。大型底栖动物主要由直突摇蚊亚科、摇蚊亚科、扁卷螺科、椎实螺科和豆螺科组成。

表5-20 鸣翠湖大型底栖动物名录

科名	种名	拉丁名
直突摇蚊亚科	红裸须摇蚊 裸须摇蚊属种4 轮环足摇蚊	*Propsilocerus akamusi* *Propsilo Cricotopus annulatorcerus sp. 4*
摇蚊亚科	淡绿二叉摇蚊 冲绳摇蚊	*Dicrotendipes pelochloris* *Chironomus okinawanus*

续表

科名	种名	拉丁名
椎实螺科	小土蜗 卵萝卜螺	*Galba pervia* *Radix ovata*
扁卷螺科	凸旋螺 白旋螺	*Gyraulus convexiusculus* *Cyraulus albus*
豆螺科	赤豆螺	*Bithynia fuchsiana*
鼓虫科	鼓虫科种1	*Gyrinidae sp.* 1
颤蚓科	苏氏尾鳃蚓 正颤蚓	*Branchiura sowerbyi* *Tubifex tubifex*
丝螅科		*Lestes japonicasecys*
虻科	虻科种1	*Tabanidae sp*1
长臂虾亚科	秀丽白虾	*Exopalaemon modestus*

综合全年3个季度的优势度分析结果表明：鸣翠湖大型底栖动物优势种为红裸须摇蚊（$Y=0.1487$）、冲绳摇蚊（$Y=0.0932$）、小土蜗（$Y=0.0742$）、凸旋螺（$Y=0.3930$）、白旋螺（$Y=0.0393$）、赤豆螺（$Y=0.0422$）（表5-21）。

表5-21 鸣翠湖大型底栖动物全年优势度

种名	个体数	丰度	优势度 Y
红裸须摇蚊	34	272	0.1487
裸须摇蚊属种4	1	8	0.0015
轮环足摇蚊	2	16	0.0029
淡绿二叉摇蚊	3	24	0.0044
冲绳摇蚊	32	256	0.0932
卵萝卜螺	2	16	0.0029
小土蜗	17	136	0.0742
凸旋螺	90	720	0.3930
白旋螺	9	72	0.0393
赤豆螺	29	232	0.0422
鼓虫科种1	3	24	0.0044
苏氏尾鳃蚓	1	8	0.0015
正颤蚓	1	8	0.0015
丝螅科	1	8	0.0015
虻科种1	3	24	0.0044
秀丽白虾	1	8	0.0015

但是鸣翠湖大型底栖动物每季度优势种均不同。春季优势种为红裸须摇蚊（$Y=0.4194$）、小土蜗（$Y=0.0258$）、凸旋螺（$Y=0.2322$）；夏季优势种为凸旋螺（$Y=0.3656$）、小土蜗（$Y=0.0438$）、红裸须摇蚊（$Y=0.025$）、冲绳摇蚊（$Y=0.2531$）；秋季优势种为红裸须摇蚊（$Y=0.0340$）、凸旋螺（$Y=0.1656$）、小土蜗（$Y=0.0390$）、赤豆螺（$Y=0.1883$）（表5-22）。

表5-22 鸣翠湖大型底栖动物各季度优势度

季节	种名	个体数	丰度（ind./m²）	优势度 Y
春季	红裸须摇蚊	26	208	0.4194
	淡绿二叉摇蚊	3	24	0.0194
	小土蜗	4	32	0.0258
	凸旋螺	24	192	0.2323
	白旋螺	5	40	0.0161
夏季	凸旋螺	39	312	0.3656
	白旋螺	1	8	0.0031
	小土蜗	7	56	0.0438
	红裸须摇蚊	4	32	0.025
	轮环足摇蚊	2	16	0.0063
	冲绳摇蚊	27	216	0.2531
秋季	红裸须摇蚊	4	32	0.0340
	裸须摇蚊属种4	1	8	0.0032
	冲绳摇蚊	5	40	0.0162
	凸旋螺	27	216	0.1656
	白旋螺	3	24	0.0097
	小土蜗	6	48	0.0390
	卵萝卜螺	2	16	0.0065
	赤豆螺	29	232	0.1883
	鼓虫科种1	3	24	0.0097
	苏氏尾鳃蚓	1	8	0.0032
	正颤蚓	1	8	0.0032
	丝蟌科	1	8	0.0032
	牤科种1	3	24	0.0097
	秀丽白虾	1	8	0.0032

B. 底栖动物丰度

对鸣翠湖大型底栖动物丰度的季节动态进行统计，结果表明，鸣翠湖软体动物居多，为优势种。各季度大型底栖动丰度表现为夏季最大，秋季次之，春季最小。单因素方差分析表明，底栖动物丰度在秋季显著高于其他季节（表5-23）。

表 5-23 鸣翠湖底栖动物丰度季节变化　　　　　　　　　　单位：ind./m²

季节	采样点					均值
	1 号	2 号	3 号	4 号	5 号	
春季	24	64	224	56	62	86
夏季	192	144	464	528	192	304
秋季	56	296	232	32	56	134.4

不同季节间底栖动物优势类群组成存在较大差异，表明底栖动物群落结构特征存在较大的季节性差异。密度和丰度均表现秋季高于其他季节，表明相对于其他季节，秋季生境特征更适合底栖动物生存。

C. 底栖动物的多样性指数

鸣翠湖的 Shannon-Wiener 多样性指数和 Pielou 均匀度指数进行分析都比较低，详见表 5-24。

表 5-24 鸣翠湖底栖动物多样性指数的水平分布与季节变化

季节	指标	采样点					均值
		1 号	2 号	3 号	4 号	5 号	
春季	H'	-	1.96	1.47	0.99	0.54	1.24
	J	-	0.95	0.74	0.99	0.54	0.80
夏季	H'	1.35	0.50	1.63	1.32	-	1.20
	J	0.85	0.50	0.81	0.83	-	0.75
秋季	H'	2.13	2.30	2.06	0.81	-	1.83
	J	0.76	0.47	0.40	0.41	-	0.51

注：符号"-"，表示没有采集到生物。

D. 底栖动物指示的鸣翠湖水质与健康状况

Shannon—Wiener 多样性指数（H'）和 Pielou 均匀度指数（J）对鸣翠湖评价结果表明，水质为中污染水质分级等级，湿地健康状况处于差的状态。

5.4.3 清宁河湿地的生态健康状况

1) 浮游植物

A. 浮游植物的种类组成

清宁河春季共鉴定出浮游植物 6 门 62 种及其变种，其中绿藻门为 31 种，占总种数的 50.00%；硅藻门为 13 种，占总种数的 20.97%；蓝藻门为 7 种，占总种数的 11.29%；金藻门 6 种，占总种数的 9.68%；裸藻门为 4 种，占总种数的 6.45%；隐藻门为 1 种，占 1.61%。

夏季共鉴定出浮游植物 7 门 41 种及其变种，其中绿藻门为 18 种，占总种数的

43.90%；硅藻门为9种，占总种数的21.95%；蓝藻门为7种，占总种数的17.07%；金藻门4种，占总种数的9.76%；裸藻门、隐藻门和甲藻门各1种，各占2.44%。

秋季共鉴定出浮游植物7门51种及其变种，其中绿藻门为26种，占总种数的50.98%；蓝藻门为9种，占总种数的17.65%；硅藻门为7种，占总种数的13.73%；金藻门5种，占总种数的9.80%；裸藻门为2种，占总数的3.92%；隐藻门和甲藻门各1种，各占1.31%。

B. 浮游植物的丰度与生物量水平分布

清宁河各季度浮游植物的丰度和生物量水平分布见表5-25。

表5-25　清宁河各季度浮游植物丰度与生物量

单位：丰度 ind./L，生物量 mg/L

季节	指标	采样点		
		1号	4号	7号
春季	丰度（ind./L）	3 319.2	2 479.2	4 951.2
	生物量（mg/L）	18.438	17.41	32.656
夏季	丰度（ind./L）	1 759.2	2 712	3 500.4
	生物量（mg/L）	19.064	24.834	26.986
秋季	丰度（ind./L）	1 046.4	5 191.2	6 571.2
	生物量（mg/L）	7.578	29.607	20.333

C. 浮游植物的优势种

根据浮游植物出现的频率和丰度，以优势度 $Y>0.02$ 为界来确定优势种，浮游植物春季优势种及其优势度见表5-26。

表5-26　清宁河春季浮游植物优势种及其优势度

细小平裂藻	马氏平裂藻	阿氏席藻	固氮鱼腥藻	惠氏微囊藻
0.557	0.04	0.972	11.425	0.021
钝脆杆藻	尖针杆藻	梅尼小环藻	尖布纹藻	华美色金藻
0.024	1.517	16.486	0.052	7.55
小三毛金藻	卵形隐藻	尖尾裸藻	卵形衣藻	球衣藻
0.349	4.452	7.143	2.71	3.25
狭形纤维藻	针形纤维藻	四刺顶棘藻	华丽四星藻	丛球韦斯藻
89.08	0.199	13.095	0.62	0.876
二形栅藻	四尾栅藻	多棘栅藻	蹄形藻	河生集星藻
0.288	7.366	0.032	0.159	2.601

清宁河浮游植物夏季优势种及其优势度见表5-27。

表 5-27　清宁河夏季浮游植物优势种及优势度

细小平裂藻	马氏平裂藻	极小集胞藻	阿氏席藻	卷曲鱼腥藻
0.268	0.107	0.034	0.215	0.183
固氮鱼腥藻	短线脆杆藻	变绿脆杆藻	钝脆杆藻	尖针杆藻
0.973	0.029	0.034	0.288	1.098
梅尼小环藻	华美色金藻	棕鞭藻属	卵形隐藻	卵形衣藻
12.351	0.588	0.97	43.348	4.758
球衣藻	狭形纤维藻	四刺顶棘藻	华丽四星藻	二形栅藻
1.065	42.27	19.08	0.604	2.373
四尾栅藻	多棘栅藻	蹄形藻	四角十字藻	河生集星藻
0.234	0.053	0.824	0.142	0.223

清宁河浮游植物秋季优势种及其优势度见表 5-28。

表 5-28　清宁河秋季浮游植物优势种及优势度

细小平裂藻	马氏平裂藻	极小集胞藻	阿氏席藻	固氮鱼腥藻	尖针杆藻
1.37	0.325	0.054	0.139	0.022	0.08
梅尼小环藻	华美色金藻	鱼鳞藻属	棕鞭藻属	小三毛金藻	卵形隐藻
26.533	8.062	0.647	9.365	5.684	127.113
尖尾裸藻	卵形衣藻	球衣藻	狭形纤维藻	三角四角藻	丛球韦斯藻
0.02	149.447	431.656	0.279	0.021	5.65
线形拟韦斯藻	二形栅藻	四尾栅藻	多棘栅藻	小空星藻	空球藻
0.076	0.06	13.078	0.819	0.077	2.38
蹄形藻	杆裂丝藻	四角十字藻	四足十字藻	纤细角星鼓藻	
0.461	0.297	0.023	0.598	0.048	

D. 浮游植物指示的清宁河水质与健康状况

清宁河浮游植物多样性的分布见表 5-29。Shannon—Wiener 多样性指数（H'）为 3.329~4.232，结合理化指标分析得知，清宁河有机污染比较严重，致使浮游生物多样性比较高，均匀度指数（J）在 0.31~0.427 之间。清宁河水质处于中度污染状态，处于一般到差的状态。

表 5-29 清宁河浮游植物多样性分布

季节	指数	Q1	Q4	Q7
春季	H'	3.329	3.812	4.232
	J	0.31	0.378	0.42
夏季	H'	3.64	3.663	4.112
	J	0.362	0.356	0.392
秋季	H'	3.897	3.712	3.854
	J	0.437	0.365	0.399

2) 浮游动物

A. 浮游动物的种类组成

清宁河春季共鉴定出浮游动物 12 种，其中原生动物 6 种，占浮游动物总种数的 50.00%；轮虫 3 种，占浮游动物总种数的 25.00%；枝角类 0 种，占浮游动物总种数的 0%；桡足类 3 种，占浮游动物总种数的 25.00%。

清宁河夏季共鉴定出浮游动物 17 种，其中原生动物 6 种，占浮游动物总种数的 35.00%；轮虫 10 种，占浮游动物总种数的 59.00%；桡足类 1 种，占浮游动物总种数的 6.00%。

清宁河秋季共鉴定出浮游动物 16 种，其中原生动物 6 种，占浮游动物总种数的 37.50%；轮虫 10 种，占浮游动物总种数的 62.5%0。

B. 浮游动物的丰度与生物量水平分布

清宁河春季、夏季、秋季浮游动物的丰度和生物量水平分布见表 5-30。

表 5-30 清宁河各季浮游动物丰度与生物量

单位：丰度 ind./L，生物量 mg/L

季节	指标	采样点		
		1 号	4 号	7 号
春季	丰度（ind./L）	1.2	44.4	32.4
	生物量（mg/L）	0.00048	0.01776	0.01296
夏季	丰度（ind./L）	103.2	114	79.2
	生物量（mg/L）	0.04128	0.0456	0.03168
秋季	丰度（ind./L）	40.8	80.4	180
	生物量（mg/L）	0.01632	0.03216	0.072

B. 浮游动物的优势种

根据浮游动物出现的频率和丰度，以优势度 $Y > 0.02$ 为界来确定优势种，浮游动物春季、夏季、秋季优势种及其优势度见表 5-31。

表 5-31 清宁河各季浮游动物优势种

常见种	种类	拉丁名	春季	夏季	秋季
轮虫	螺形龟甲轮虫	Keratella cochlearis	√		
	针簇多肢轮虫	Polyarthra trigla		√	√
	梨形四膜虫	Tetrahymena priformis		√	
	轮虫卵		√		
原生	陀螺侠盗虫	Strobilidium velox	√	√	√

C. 浮游动物多样性分布

清宁河浮游动物多样性的分布见表 5-32。Shannon—Wiener 多样性指数（H'）比较低，为 1.74~3.121，Pielou 均匀度指数（J）为 0.557~0.767。

表 5-32 清宁河浮游动物多样性分布

季节	多样性指数	采样点		
		Q1	Q4	Q7
春季	H'	0	1.74	2.73
	J	0	0.749	1.056
夏季	H'	1.996	2.797	3.121
	J	0.557	0.842	0.870
秋季	H'	2.153	2.212	1.995
	J	0.767	0.617	0.556

3）底栖动物

A. 底栖动物的种类组成

清宁河全年 3 个季度采集大型底栖动物 8 种，隶属 5 科。长臂虾亚科 1 种、扁卷螺科 2 种、直突摇蚊亚科 2 种、摇蚊亚科 2 种、颤蚓科 1 种。各自的优势度见表 5-33。

表 5-33 清宁河大型底栖动物全年物种名录及其优势度

科名	种名	拉丁名	个体数	丰度	优势度 Y
长臂虾亚科	日本沼虾	Macrobrachium nipponensis	16	128	0.058 7
扁卷螺科	白旋螺	Gyraulus albus	2	16	0.007 3
	凸旋螺	Gyraulus convexiusculus	1	8	0.003 7
直突摇蚊亚科	裸须摇蚊属种 1	propsilocerus sp. 1	6	48	0.022 0
	红裸须摇蚊	Propsilocerus akamusi	13	104	0.047 6
摇蚊亚科	冲绳摇蚊	Chironomus okinawanus	44	352	1.150 1
	墨黑摇蚊	Chironomus anthracinus	1	8	0.003 7
颤蚓科	瑞士水丝蚓	Limnodrilus helveticus	8	64	0.058 6

结果表明：综合全年 3 个季度计算，清宁河的大型底栖动物优势种为红裸须摇蚊（$Y=0.0476$）、裸须摇蚊属种 1（$Y=0.021978022$）、日本沼虾（$Y=0.0587$）、冲绳摇蚊（$Y=1.1501$）、瑞士水丝蚓（$Y=0.0586$）。

但是清宁河大型底栖动物每季度优势种均不同。清宁河春季优势种为红裸须摇蚊（$Y=0.1711$）、裸须摇蚊属种 1（$Y=0.0395$）、日本沼虾（$Y=0.3158$）；夏季优势种为冲绳摇蚊（$Y=0.8621$）、瑞士水丝蚓（$Y=0.0690$）；秋季优势种为冲绳摇蚊（$Y=0.3958$）、瑞士水丝蚓（$Y=0.0833$）（表5-34）。

表5-34 清宁河大型底栖动物各季度优势度

	种名	个体数	丰度（ind. m²）	优势度 Y
春季	日本沼虾	16	128	0.3158
	白旋螺	2	16	0.0132
	凸旋螺	1	8	0.0066
	裸须摇蚊属种 1	6	48	0.0395
	红裸须摇蚊	13	104	0.1711
夏季	冲绳摇蚊	25	200	0.8621
	瑞士水丝蚓	4	32	0.0690
秋季	冲绳摇蚊	19	152	0.3958
	墨黑摇蚊	1	8	0.0104
	瑞士水丝蚓	4	32	0.0833

B. 底栖动物的丰度水平分布

对清宁河大型底栖动物丰度的季节动态进行统计，结果表明，各季度大型底栖动物丰度表现为春季最大，夏季次之，秋季最小。单因素方差分析表明，底栖动物丰度在春季显著高于其他季节（表5-35）。

表5-35 清宁河各季底栖动物丰度

样点	春季				夏季		秋季		
	3号	5号	6号	7号	1号	4号	1号	2号	3号
丰度	88	104	48	64	80	232	176	8	8

C. 底栖动物指示的清宁河水质与健康

多样性指数 Shannon-Wiener 多样性指数（H'）、Pielou 均匀度指数（J）分析结果（表3-36）显示，清宁河的多样性比较低，水质分级标准表明，水质呈现污染状态，湿地健康状况表明湿地处于差的状态。

表 5-36 清宁河底栖动物多样性季节分布

样点	春季				夏季		秋季		
	3号	5号	6号	7号	1号	4号	1号	2号	3号
H'	1.0958	1.4605	0	0	0	0.9431	0.8315	0	0
J	0.6914	0.9215	0	0	0	0.9341	0.1865	0	0

5.4.4 柳溪湖湿地的生态健康状况

1）浮游植物

A. 浮游植物的种类组成

柳溪湖夏季共鉴定出浮游植物 6 门 48 种及其变种，其中绿藻门 23 种，占总种数的 47.92%；硅藻门 9 种，占总种数的 18.75%；蓝藻门为 9 种，占总种数的 18.75%；金藻门 4 种，占总种数的 8.33%；裸藻门为 2 种，占总种数的 4.17%；甲藻门 1 种，占总种数的 2.08%。

秋季共鉴定出浮游植物 7 门 29 种及其变种，其中绿藻门 13 种，占总种数的 44.83%；硅藻门 6 种，占总种数的 20.69%；蓝藻门为 5 种，占总种数的 17.24%；金藻门 2 种，占总种数的 6.9%；裸藻门、甲藻门和隐藻门各 1 种，各占 3.45%。

B. 浮游植物的丰度与生物量水平分布

柳溪湖夏季和秋季浮游植物的丰度和生物量水平分布见表 5-37。

表 5-37 柳溪湖夏季和秋季浮游植物丰度与生物量

单位：丰度×10^4 ind./L，生物量 mg/L

季节	指标	采样点			
		1号	2号	3号	4号
夏季	丰度（×10^4 ind./L）	4 932	1 125.6	928.8	834
	生物量（mg/L）	5.366	2.329	3.903	3.187
秋季	丰度（×10^4 ind./L）	554.4	2 761.2	1 634.4	414
	生物量（mg/L）	4.108	7.034	3.594	4.373

C. 浮游植物的优势种

根据浮游植物出现的频率和丰度，以优势度 $Y > 0.02$ 为界来确定优势种，浮游植物夏季优势种和优势度见表 5-38。柳溪湖夏季浮游植物一共有优势种 21 种。

表 5-38 柳溪湖夏季浮游植物优势种及优势度

优势种	优势度	优势种	优势度	优势种	优势度
细小平裂藻	马氏平裂藻	惠氏微囊藻	短线脆杆藻	钝脆杆藻	尖针杆藻
1.9	0.531	0.157	9.869	0.78	3.201
华丽星杆藻	梅尼小环藻	华美色金藻	棕鞭藻属	薄甲藻	卵形衣藻
0.112	15.91	0.861	0.087	0.152	0.358
球衣藻	狭形纤维藻	微小四角藻	四尾栅藻	多棘栅藻	空球藻
0.622	1.483	0.032	0.093	0.05	0.065
蹄形藻	四足十字藻	纤细角星鼓藻			
0.125	0.047	0.217			

D. 浮游植物指示的柳溪湖水质与健康状况

柳溪湖浮游植物多样性指数夏季和秋季都非常高，夏季为 3.92，秋季为 3.79。Shannon—Wiener 多样性指数（H'）对柳溪湖的水质评价结果为清洁；均匀度指数的评价结果为清洁，与 Shannon—Wiener 多样性指数的评价结果一致。两种指数对柳溪湖湿地的健康状况评价结果都表明湿地处于健康状态（表 5-39）。

表 5-39 柳溪湖秋季浮游植物多样性分析

季节	指数	采样点				均值
		L1	L2	L3	L4	
夏季	H'	3.93	3.80	3.93	4.04	3.92
	J	0.48	0.50	0.47	0.50	0.51
秋季	H'	3.70	3.80	3.82	3.87	3.79
	J	0.47	0.48	0.49	0.50	0.50

2）浮游动物

A. 浮游动物的种类组成

柳溪湖夏季共鉴定出浮游动物 17 种，其中原生动物 5 种，占浮游动物总种数的 29.41%；轮虫 8 种，占浮游动物总种数的 47.06%；枝角类 1 种，占浮游动物总种数的 5.96%；桡足类 3 种，占浮游动物总种数的 17.65%。

柳溪湖秋季共鉴定出浮游动物 12 种，其中原生动物 4 种，占浮游动物总种数的 33.33%；轮虫 8 种，占浮游动物总种数的 67.67%。

B. 浮游动物的丰度与生物量水平分布

柳溪湖夏季、秋季浮游动物的丰度和生物量水平分布见表 5-40。

表 5-40　柳溪湖夏季浮游动物丰度与生物量

单位：丰度×10⁴ ind./L，生物量 mg/L

季节	指标	采样点			
		1号	2号	3号	4号
夏季	丰度（×10⁴ ind./L）	121.2	54	182.4	102
	生物量（mg/L）	0.048 48	0.021 6	0.072 96	0.040 8
秋季	丰度（×10⁴ ind./L）	56.4	32.4	22.8	28.8
	生物量（mg/L）	0.022 56	0.012 96	0.009 12	0.011 52

C. 浮游动物的优势种

根据浮游动物出现的频率和丰度，以优势度 $Y > 0.02$ 为界来确定优势种，浮游动物夏季、秋季优势种及其优势度见表 5-41。

表 5-41　柳溪湖夏季和秋季浮游动物优势种

季节	类别	种类	拉丁名
夏季	轮虫	针簇多肢轮虫	*Polyarthra trigla*
	原生	绿急游虫	*Strombidium viride*
	桡足类	爪哇小剑水蚤	*Microcyclops javanus*
秋季	轮虫	针簇多肢轮虫	*Polyarthra trigla*

D. 浮游动物多样性分布

柳溪湖夏季和秋季浮游动物多样性的分布见表 5-42。

表 5-42　柳溪湖夏季和秋季浮游动物多样性分布

季节	指数	L1	L2	L3	L4
夏季	H'	2.254	3.02	2.47	2.756
	J	0.592	0.873	0.714	0.769
秋季	H'	2.48	2.62	1.799	2.181
	J	0.748	0.826	0.696	0.727

3）底栖动物

A. 底栖动物的种类组成

柳溪湖 2 个季度采集大型底栖动物 10 种，属 6 科；长臂虾亚科 1 种，椎实螺科 2 种，直突摇蚊亚科 1 种，摇蚊亚科 3 种，颤蚓科 2 种，龙虱科 1 种（表 5-43）。大型底栖动物主要由颤蚓科、摇蚊亚科组成。

表 5-43 柳溪湖大型底栖动物名录

科名	种名	拉丁名
长臂虾亚科	日本沼虾	*Macrobrachium nipponensis*
椎实螺科	小土蜗 耳萝卜螺	*Galba pervia* *Radix auricularа*
直突摇蚊亚科	红裸须摇蚊	*Propsilocerus akamusi*
摇蚊亚科	冲绳摇蚊 墨黑摇蚊 淡绿二叉摇蚊	*Chironomus okinawanus* *Chironomus anthracinus* *dicrotendipes pelochloris*
颤蚓科	瑞士水丝蚓 钝毛水丝蚓	*Limnodrilus helveticus* *Limnldrilus amblysetus*
龙虱科	龙虱科种 1	*Dytiscidae* sp. 1

B. 底栖动物的丰度与生物量水平分布

对柳溪湖大型底栖动物丰度的季节动态进行统计，结果表明，大型底栖动物丰度表现为夏季高于秋季。单因素方差分析表明，底栖动物丰度在夏季显著高于秋季（表5-44）。不同季节间底栖动物优势类群组成存在较大差异，表明底栖动物群落结构特征存在较大的季节性差异。丰度表现为夏季高于秋季，表明相对于秋季，夏季生境特征更适合底栖动物生存。

表 5-44 柳溪湖夏季和秋季底栖动物丰度

样点		1 号	2 号	3 号	4 号
丰度	夏季	168	160	—	264
	秋季	—	—	32	104

C. 底栖动物的优势种

综合全年 2 个季度计算，柳溪湖的大型底栖动物优势种为墨黑摇蚊（$Y=0.1444$）；冲绳摇蚊（$Y=0.1$），红裸须摇蚊（$Y=0.0222$）、小土蜗（$Y=0.2222$）、耳萝卜螺（$Y=0.0222$）、瑞士水丝蚓（$Y=0.2444$）、龙虱科种 1（$Y=0.0333$）（表5-45）。

表 5-45 柳溪湖大型底栖动物优势度

种	个体数	丰度（ind. m^2）	优势度 Y
墨黑摇蚊	13	104	0.144 4
冲绳摇蚊	9	72	0.1
淡绿二叉摇蚊	1	8	0.011 1
红裸须摇蚊	2	16	0.022 2
小土蜗	2	16	0.022 2

续表

种	个体数	丰度（ind.m²）	优势度 Y
耳萝卜螺	2	16	0.022 2
瑞士水丝蚓	11	88	0.244 4
钝毛水丝蚓	1	8	0.011 1
龙虱科种 1	3	24	0.033 3
日本沼虾	1	8	0.011 1

但是柳溪湖大型底栖动物每季度优势种均不同。柳溪湖夏季优势种为冲绳摇蚊，（Y=0.080 4）、瑞士水丝蚓（Y=0.053 6）、墨黑摇蚊（Y=0.348 2）；秋季优势种为冲绳摇蚊（Y=0.395 8）与瑞士水丝蚓（Y=0.083 3）（表5-46）。

表5-46 柳溪湖夏季和秋季优势度

	种	个体数	丰度（ind./m²）	优势度 Y
夏季	墨黑摇蚊	13	104	0.348 2
	冲绳摇蚊	9	72	0.080 4
	淡绿二叉摇蚊	1	8	0.008 9
	小土蜗	2	16	0.017 9
	瑞士水丝蚓	3	24	0.053 6
秋季	钝毛水丝蚓	1	8	0.014 7
	瑞士水丝蚓	8	64	0.044 1
	龙虱科种 1	3	24	0.0147 1
	日本沼虾	1	8	0.029 4
	红裸须摇蚊	2	16	0.029 4
	耳萝卜螺	2	16	0.117 6

D. 底栖动物指示的柳溪湖水质与健康状况

柳溪湖底栖动物的多样性分布情况见表5-47。由于采集到的生物种类少，所以不适合做水质分级和湿地健康评价。

表5-47 柳溪湖底栖动物多样性分布

季节	指数	采样点		
		1 号	2 号	4 号
夏季	H'	0.591 673	1.760 964	0.684 038
	J	0.591 673	0.880 482	0.684 038
		3 号	4 号	
秋季	H'	0.811 3	1.478 6	
	J	0.405 7	0.361 7	

参考文献

蔡金宝.2004.用水生态指标评价水体生态环境状况.北京水利,(6).

蔡庆华,唐涛,邓红兵.2003.淡水生态系统服务及其评价指标体系的探讨明.应用生态学报,14(1):135-138.

陈作志,邱永松,贾晓平.2006.北部湾生态通道模型的构建.应用生态学报,17(6):1107-1111.

邓红兵,王庆礼,蔡庆华.1998.流域生态学——新学科,新概念,新方法.应用生态学报,9(4):443-449.

范荣亮,苏维词,张志娟.2006.生态系统健康影响因子及评价方法初探.水土保持研究,13(6):82-86.

龚志军,等.2001.水体富营养化对大型底栖动物群落结构及多样性的影响.水生生物学报,25(3):210-216.

国家海洋环境监测中心.2005.近岸海洋生态健康评价指南,海洋监测技术规程汇编HY/T087-2005.

何国富.2006.生态型城市建设评价指标体系及受损景观水体生物修复技术研究.上海:华东师范大学.

胡会峰,徐福留,赵臻彦,等.2003.青海湖生态系统健康评价.城市环境与城市生态,16(3):71-75.

胡志新,胡维平,陈永根,等.2005.太湖不同湖区生态系统健康评价方法研究.农村生态环境,21(4):28-32.

纪大伟.2006.黄河口海域生态环境状况与影响因素研究.青岛:中国海洋大学.

柯志新,黄良民,谭烨辉.2011.2007年夏季南海北部浮游植物的物种组成及丰度分布.热带海洋学报,30(1):131-143.

孔红梅,赵景柱,姬兰柱,等.2002.生态系统健康评价方法初探.应用生态学报,13(4):486-490.

林碧琴,谢淑琦.1988.水生藻类与水体污染监测.沈阳:辽宁大学出版社.

刘建军,王文杰,李春来.2002.生态系统健康研究进展.环境科学究,15(1):41-44.

刘建军.2002.基于遥感和GIS的巢湖流域生态系统健康评价.中国科学院地球化学研究所.

卢昌义,叶勇.2006.湿地生态与工程:以红树林湿地为例.厦门:厦门大学出版社.

马克明,孔红梅,关文彬,等.2001.生态系统健康评价:方法与方向田.生态学报,(12):2106-2116.

米文宝,樊新刚,刘明丽.2007.宁夏沙湖水生生态系统健康评估.生态学杂志,26(2):296-300.

潘文斌,唐涛,邓红兵,等.2002.湖泊生态系统服务功能评估初探——以湖北保安湖为例.应用生态学报,13(10):1315-1318.

濮培民,王国祥,李正魁,等.2001.健康水生态系统的退化及其修复理论、技术及应用.湖泊科学,13(3):193-203.

齐雨藻,黄伟建,骆育敏.1998.用硅藻群集指数和河流污染指数评价珠江广州河段的水质状况.热带亚热带植物学报,6(4):329-335.

邱小琮,赵红雪,孙晓雪.2012.宁夏沙湖浮游植物与水环境因子的研究.环境科学,33(7):133-135.

任海,邹建国,彭少麟.2000.生态系统健康的评估.热带地理,20(4):310-316.

商井远.2006.大伙房水库水生态系统健康评价.沈阳:辽宁大学.

沈文君，沈佐锐，王小艺．2004．生态系统健康理论与评价方法探析．中国生态农业学报，12（1）：159-162．

宋兵．2004．太湖渔业和环境的生态系统模型研究．上海：华东师范大学．

宋轩，杜丽平，李树人，等．2003．生态系统健康的概念、影响因素及其评价的研究进展．河南农业大学学报，37（4）：375-378．

覃雪波，马成学，黄璞祎，刘曼红，于洪贤．2007．安邦河湿地浮游植物数量与环境因子相关性研究．农业环境科学学报．26（增刊）：288-296．

王备新，杨莲芳，刘正文．2006．生物完整性指数与水生态系统健康评价．生态学杂志，25（6）：707-710．

王备新，杨莲芳．2001．大型底栖无脊椎动物水质快速生物评价的研究进展．南京农业大学学报，24（4）：107-111．

王伯荪，廖宝文，王勇军，等．2002．深圳湾红树林生态系统及其持续发展．北京：科学出版社．

王薇．2007．黄河三角洲湿地生态系统健康综合评价研究—以垦利县为例．济南：山东大学．

吴阿娜．2008．河流健康评价：理论、方法和实践．上海：华东师范大学．

吴媛娜．2008．辽河水环境质量调查与生物评价研究．大连：大连理工大学．

熊文，黄思平，杨轩．2010．河流生态系统健康评价关键指标研究．人民长江，41（12）：7-12．

许文杰．2009．城市湖泊综合需水分析及生态系统健康评价研究．大连：大连理工大学．

叶属峰，刘星，丁德文．2007．长江河口海域生态系统健康评价指标体系及其初步评价．海洋学报，29（4）：128-135．

俞小明，石纯，陈春来，等．2006．河口滨海湿地评价指标体系研究．国土与自然资源研究，（2）：42-44．

袁兴中，刘红．2001．生态系统评价——概念构架与指标选择．应用生态学报，2（4）：627-629．

张永明，赵士洞，译．2006．生态系统与人类福祉——湿地与水综合报告．北京：中国环境出版社．

张志诚，欧阳华，肖风劲，等．2004．生态系统健康研究现状及其定量化研究初探．中国生态农业学报，12（3）：184-187．

赵士洞，汪业勖．1997．生态系统管理的基本问题．生态学杂志，16（4）：35-38．

赵彦伟，杨志峰．2005．河流健康：概念、评价方法与方向．地理科学，25（1）：119-124．

Kolb T E, et al. 1994. Concept of Forest Health: Utilitarian and Ecosystem Perspectives. J For, 92: 10-15.

Xu F L, Zhao Z Y Zhan W et al. 2005. An ecosystem health index methodology (EHIM) for lake ecosystem health assessment. Ecological Modelling, 188: 327-339.

第6章 银川平原湖泊湿地环境承载力评价

6.1 环境承载力概念内涵

环境系统既为人类活动提供空间和载体，又为人类活动提供资源并容纳人类活动带来的废弃物。对人类而言，环境是一种资源。环境组成要素的供应量与产出速度是有限的，环境要素组合方式的形成速度极其缓慢，环境自净能力更是有限，因此，在一定的时空条件下，环境对人类社会经济活动的支持能力也有限。作为一种资源，环境是有价值的，体现在对人类在物质、精神、文化、情感等方面需求的满足。环境的"价值观"正是环境承载力产生的思想前提。

区域环境系统可看作区域人文环境系统与自然环境系统的综合体。其中，人类社会经济活动为承载对象，即受载体；承载体即为自然环境，是人类赖以生存、发展的基础。这两个系统之间通过互动反馈作用，紧密地交织在一起，这种互动反馈作用主要表现在两个方面：①作为物质基础的自然环境承载体对人类及其经济社会活动的支撑作用，同时也包括自然灾害的形成对人类及其经济社会活动的抑制作用；②人类通过对自然系统投入可控资源、治理自然灾害、开发不可控资源，从而实现自然系统对人类社会的产出。

环境承载力是联系人类活动与自然环境的纽带和桥梁，它反映人类活动与环境功能结构间的协调程度，可作为可持续发展的一种衡量标准。

湖泊湿地是一类特殊的资源，应以保护为主，开发为辅，在开发利用过程中进行环境承载力计算，提出湖泊湿地利用方式和利用强度的调控策略，对科学合理利用湿地资源十分必要。湖泊湿地的环境承载力是其在某一时期、某种状态或条件下，湖域环境所能承受的人类活动的阈值。需要强调的是，环境容量和环境承载力是两个不同的概念。环境容量是指在自然和人类生存不致受害前提下，某环境所能容纳的污染物的最大负荷量，反映的是该环境消化接纳污染物的能力；环境承载力是在环境容量基础上表现出来的环境系统对人类活动全面的支持能力。因此，环境承载力表现为一定的时期性、一定的空间性，即在一定生产力水平下的某一特定范围内，环境系统结构不发生质的变化，环境功能不向恶性方向发展的前提下，该区域环境系统所能承受的各种社会、经济活动的能力。

环境承载力随着科技的进步、人们对环境质量要求的变化等一系列因素而变化。环境承载力因使用功能变化而引起的在质和量两方面的变化，在"质"上的变化表现为环境承载力评价指标体系的变化；而"量"上的变化则表现为环境承载力评价指标值的变动。此外，环境承载力的变异性也体现在时空尺度上，区域或时间范围不同，其环境承载力亦不同。

6.2 银川平原湖泊湿地环境承载力研究方法

6.2.1 环境承载力指标体系

1）评价指标选择

建立一套合理的指标体系是量化研究环境承载力的基础和关键，也是使区域环境承载力分析落实到实处，客观反映区域环境与人类社会活动之间关系的必要基础。要科学地建立环境承载力指标体系，首先是要从区域环境与社会经济系统间的物质、能量和信息联系的角度入手，筛选环境承载力指标，对各指标因子进行分类。

目前，常用的研究环境承载力评价指标筛选方法有：频度统计法、理论分析法和专家咨询法。频度统计法主要是对有关环境承载力评价研究或相关研究的指标体系进行频度统计，选取那些使用频率较高的指标；理论分析法主要是对区域环境承载力的内涵、特征、基本要素、主要问题进行相关分析、比较、综合，选择重要并且针对性强的指标；专家咨询法则在初步提出评价指标的基础上，进一步征询有关专家的意见，对指标进行调整。

考虑银川平原湖泊湿地地处西北干旱区，生态环境极其脆弱，当前又面对形式多样的开发利用方式，指标的选取不仅要遵照有关环境承载力评价指标体系的建立原则和筛选方法，更要充分考虑银川平原社会经济发展阶段和区域特征，筛选出能够表征当前发展阶段制约或提升银川平原湖泊湿地环境承载力的主要影响因子。因此，特从社会经济系统与环境间物质、能量和信息联系的角度入手，探讨建立银川平原湿地环境承载力指标体系。区域环境承载力所涉及的学科极广，本书采用系统分析法将"区域环境承载力"这一综合目标逐级分解，构成三个层次的指标体系。

考虑到银川平原湖泊湿地生态系统的脆弱性，开发利用过程中人地矛盾、保护与利用的矛盾突出，在筛选指标时遵循以下原则：① 选用与湖泊湿地的生态特征相符的指标；② 选用能反映银川平原地区发展规划中经济开发活动影响的人文环境指标；③ 考虑指标相关数据的可获得性。综合以上原则，笔者编制了银川平原湖泊湿地环境承载力评价指标体系（表6-1）。

由表6-1可知，银川平原湖泊湿地环境承载力这一总目标下，分为"自然环境承载力"和"人文环境承载力"两个准则层；在二级层次下再次分解出"水环境承载力""生态环境承载力""经济环境承载力""社会环境承载力"四个领域层；在三级层次下选择17项可量化的具体指标构成区域环境承载力评价指标体系的第四级层次，即指标层。

表 6-1 银川平原环境承载力评价指标体系

目标层	准则层	领域层	指标层	单位
银川平原地区湖泊湿地环境承载力	自然环境承载力	水环境承载力	BOD$_5$（-）	mg/L
			TN（-）	mg/L
			TP（-）	mg/L
			NH$_3$-N（-）	mg/L
			DO（+）	mg/L
			COD（-）	mg/L
		生态环境承载力	浮游植物生物量（+）	mg/L
			浮游动物生物量（+）	mg/L
			底栖动物丰度（+）	ind/m^2
			水鸟多样性（+）	种/hm^2
	人文环境承载力	经济环境承载力	湖区从业人员薪资（+）	元/a
			以湖泊景观为产品的企业单位面积年均纳税额（+）	元/hm^2
			湖泊景观房溢价率（+）	%
		社会环境承载力	人口密度（-）	人/hm^2
			人均耕地面积（-）	hm^2/人
			人口质量（受教育程度）（+）	%
			年均固废产生量（-）	t/（a·hm^2）

2）确定评价指标的阈值和现实值

确定不同时期区域环境承载力的理想状态值，即指标体系中各具体指标的阈值，在区域环境承载力相对剩余率的计算中十分重要。确定不同的指标阈值将直接影响到区域环境承载力相对剩余率的计算结果，并最终影响对区域环境承载力的客观判断。理论上的指标阈值需要花大量的人力和时间去研究，有些指标其理论上的阈值甚至非常难以确定。

本书主要依据三种方式确定评价指标的阈值：①利用学者、政府决策者的意见，并转化为相关的定量化数据；②利用现有的一些国家及行业标准来确定不同时期的区域环境承载力的理想状态；③利用与研究区域条件相近，但更接近可持续发展状态的区域指标均值作为参考标准。

银川平原湖泊湿地的面积达到 $2.0×10^4$ hm^2 以上，目前有统计数据的湖泊 152 个，考虑到时间、数据的可获得及准确性，笔者选取了银川平原最具代表性的 7 组湖泊湿地作为调查点（表6-2），其面积占银川平原地区湖泊湿地总面积的 64.8%，湖区分布均匀且开发利用形式也各具特色，具有典型性和代表性。笔者通过向具体湖泊管理机构获取数据和实地走访调查两种方式汇总 17 项指标数据后，求取均值作为"银川平原环境承载力评价指标体系"中现实值。

表 6-2 银川平原典型性湖泊情况一览表

湖泊名称	所在行政辖区	面积（hm²）	开发利用形式
沙湖	石嘴山市平罗县	4 247.7	5A级景区、旅游、房产开发
鸣翠湖	银川市兴庆区掌政镇	667	4A级景区、旅游、房产开发
宝湖	银川市兴庆区	82.6	城市休闲公园、垂钓、房产开发
阅海	银川市金凤区	2 667	渔业养殖、休闲娱乐、房产开发
鹤泉湖	永宁县	223.06	休闲娱乐、垂钓
星海湖	石嘴山市大武口区	4 975	休闲公园、房产开发
利通湖区	吴忠市利通区	230.4	休闲公园、房产开发
合计		13 092.76	

3）建立各项指标的关联度模型和各项指标的发展预测模型

仅仅知道指标体系中各指标的理论阈值对于指导人们生产实践并无太大的意义，还应考虑计算表征区域综合环境承载力的指数。因为指标体系中各指标的理论阈值虽有可能反映出一个区域环境的最大承载力，但是却无法客观、科学地反映出区域社会经济活动与环境系统是否协调。为了更好地反映区域环境质量状况，更科学地度量区域人类活动与环境系统之间的关系，本文采用环境承载力相对剩余率及其计量模型来表征区域环境承载力的指数。

所谓区域环境承载力相对剩余率是指在某一区域范围，某一时期区域环境承载力指标体系中，各项指标所代表的现实值与各项指标理想状态下阈值的差值与其阈值之间的比值。当某一环境要素的相对剩余率大于 0 时，说明该要素的承载量尚未超过其可容纳量的承载力范围；反之，则该要素的实际承载量已超过其允许的承载力限度，可能引发相关的环境问题。

表 6-1 的指标体系中，指标因子分为两类：①发展类变量因子，用"+"标示，一般用可开发利用量来描述，即对社会经济起支持作用的资源条件，通常这个值越大越好；②限制类变量因子用"-"标示，通常用当前该区域社会经济发展规模描述，即对社会经济发展起限制作用的资源条件，一般这类值越小越好。这两类指标因子分别组成发展变量集和制约变量集，相互制约又相互对应。将发展变量集的单因子与对应的制约变量集中的因子相比较，得到领域层要素的环境承载力，再将各要素进行加权平均，得到区域资源环境综合承载力值。

6.2.2 环境承载力计算方法

1) 环境承载力相对剩余率计算公式

根据本书前面提出的环境承载力相对剩余率概念，其计算公式即：

对于发展类指标，有：$P_i = (X_i - X_{io})/X_{io}$

对于限制类指标，有：$P_j = (X_{jo} - X_j)/X_{jo}$

式中，P_i 为区域环境承载力评价指标体系中第 i 个发展变量指标的环境承载力相对剩余率；

P_j 为区域环境承载力评价指标体系中第 j 个限制变量指标的环境承载力相对剩余率；

X_i 为发展类变量指标 i 的实际值；

X_{io} 为发展类变量指标 i 理想值的限值；

X_j 为限制类变量指标 j 的实际值；

X_{jo} 为限制类变量指标 j 理想值的限值。

2) 各指标权重的计算公式

由于区域环境承载力是由多个分量指标组成的向量，每个分量指标对区域环境承载力大小的影响是不同的，所以计算区域环境承载力的过程中还必须对各个指标进行加权，通常用下式计算。

$$W_i = \frac{\dfrac{y_i}{x_i}}{\sum_{i=1}^{n} \dfrac{y_i}{x_i}}$$

式中，W_i 为第 i 个分量指标的权重；

y_i 为第 i 个分量指标的实测值；

x_i 为第 i 个分量指标的理想值；

n——分量个数。

3) 区域环境承载力综合评价模型

得到各指标的相对剩余率和权重值后，采用加权法确定环境承载力相对剩余率综合评价值，计算公式为：

$$P = \sum_{i}^{n} P_i \times W_i$$

式中，P 为区域综合环境承载力相对剩余率；

P_i 为区域环境承载力评价指标体系中第 i 个指标的环境承载力相对剩余率；

n 为指标个数；

W_i 为单项指标的权重。

6.3 银川湖泊湿地环境承载力分析

6.3.1 水环境承载力

水在湿地生态系统中是最关键的因素之一，它能保证湿地生态系统的功能和结构的稳定发展。水资源是基础性的自然资源和战略性的经济资源，是湖泊湿地生态与环境的控制性要素。

银川平原湖泊水环境面临的主要污染为生活污水和农业面源污染，因此，在对水环境承载力进行分析时，主要考虑湖泊富营养化问题，选取 BOD_5、TN、TP、NH_3-N、DO、COD_{Mn} 6个指标来进行分析。按宁夏环保厅对银川地区湖泊湿地的功能区划要求，湖泊水域应执行《地表水环境质量标准》（GB 3838—2002）的Ⅲ类水质标准。因此选用该标准作为银川平原湖泊湿地水环境承载力的理论阈值，即理想值。以宁夏环保厅对外公布的2013年银川湿地湖泊水质调查结果作为现实值，并对各指标的环境承载力相对剩余率进行计算。计算公式除 DO 采用 $P_i=(x_i-x_{io}/x_{io})$ 计算外，其余均采用 $P_j=(x_{jo}-x_j)/x_{jo}$ 计算，计算结果见表6-3。

表6-3 银川平原湖泊湿地水环境承载力分析　　　　　　　　单位：mg/L

银川平原湖泊名称	5日生物需氧量（BOD_5）	总氮（TN）	总磷（TP）	氨氮（NH_3-N）	溶解氧（DO）	化学需氧量（COD_{Mn}）
沙　湖	2.5	1.2	0.05	0.489	8.8	20
阅　海	5.1	1.4	0.07	0.536	6.9	26
鸣翠湖	5.1	1.3	0.03	0.512	7.7	25
星海湖	2.2	1.1	0.05	0.495	8.9	20
吴忠清宁河	4	1.5	0.108	0.221	6.1	21
现状平均值	3.78	1.3	0.0616	0.4506	7.68	22.4
理想值［《地表水环境质量标准》（GB 3838-2002）Ⅲ类］	4	1	0.05	1	5	20
单项指标环境承载力相对剩余率（P_i）	0.055	-0.3	-0.232	0.5494	0.536	-0.12
各指标的权重（W_i）	0.144	0.228	0.216	0.079	0.270	0.197
水环境承载力相对剩余率 P	0.054					

TN、TP、COD_{Mn} 三项指标的相对剩余率为负值，说明这三项指标当前承载量已超出三类水质允许的承载力限度。区域水环境综合承载力相对剩余率大于0，说明区域水环境承载力目前总体属于环境可容纳量范围内，但需要引起湖泊管理部门的警惕，加

强管理，保持水质不再进一步恶化的前提下采取措施扭转当前湖泊水环境水质反映出的严峻形势。

6.3.2 生态环境承载力

在水域生态系统中，生物群落与非生物环境之间相互作用，构成一个统一系统。水是一种很好的溶剂，具有很强的溶解能力，水的独特理化特性使得水生态系统与陆地生态系统区别明显，这就产生相对均一和相对稳定。天然水域中许多呈溶解状态的无机物、有机物可以被生物直接利用，这为水中大量存在的浮游生物提供了有利生存条件并通过食物链营养级支持了整个水生生物群落。国内外研究人员在开展水域生态系统健康评价研究中，很早就将底栖无脊椎动物、鱼类等生物指标引入水环境评价体系。笔者基于生态系统物质循环和能量流理论，选取浮游植物生物量、浮游动物生物量、底栖动物丰度及湿地水鸟多样性4项指标表征银川平原地区湖泊湿地的生态环境承载力。需要说明的是，生物量是某一时点单位水体（通常是1L）所含一个生物群落中所有生物种的总个数或总干重；丰度是一种相对密度指数，可以表示种群数量的多少；水鸟多样性则通过单位面积物种数（多样性指数）反映。

浮游植物生物量、浮游动物生物量、底栖动物丰度这三项指标的现实值采用的是2014年东北林业大学野生动物资源管理学院水生生物学专业研究生对沙湖、鸣翠湖、清宁河、柳溪湖等现地采样数据，鸟类多样性指标的现实值来自湖泊管理机构多年来对湖区鸟类监测的积累数据，包括总规及项目可研报告等。

以上4项指标的理想值，笔者通过查阅文献，搜集汇总至少10处中国内地及香港其他地区湖泊水域相关数据，形成一个平均值作为理想阈值。例如，水鸟多样性指标理想值，选择中国大陆国际重要湿地中以鸟类为主要保护对象的所有湿地的单位面积内鸟类种数的平均值 1.600 8 种/km^2，作为鸟类多样性理想值（表6-4）。

表6-4 中国内地及香港以鸟类及其生境为保护对象的国际重要湿地一览表

保护区名	单位面积内鸟类种数（种/km^2）
黑龙江扎龙自然保护区	0.123 8
吉林向海自然保护区	0.239 8
青海鸟岛自然保护区	0.023 3
湖南东洞庭湖自然保护区	0.083 2
江西鄱阳湖自然保护区	1.116 1
黑龙江三江自然保护区	0.084 3
黑龙江兴凯湖自然保护区	0.080 9
内蒙古达赉湖自然保护区	0.025 8
内蒙古鄂尔多斯遗鸥自然保护区	0.540 5

续表

保护区名	单位面积内鸟类种数（种/km²）
上海崇明东滩湿地自然保护区	0.957 1
湖南南洞庭湖自然保护区	0.097 6
辽宁双台河口湿地自然保护区	0.302 5
香港米埔和后海湾国际重要湿地	18.666 7
江苏盐城沿海滩涂珍禽国家级自然保护区	0.069 5
平均值	1.600 8

经过计算，单项指标中浮游动物生物量、底栖动物丰度、水鸟多样性的承载力相对剩余率表现负值，仅浮游植物生物量为正值，4项指标经过赋权重值后得到生态环境承载力相对剩余率为-0.026（表6-5），说明银川平原地区湖泊湿地的生态环境承载量已超过其允许的承载力限度，随时可能引发相关的环境问题。

表6-5 银川平原地区湖泊湿地生态环境承载力分析

指标层	单位	现实值	理想值	单项指标承载力相对剩余率	各指标的权重（W_i）	生态环境承载力相对剩余率（P）
浮游植物生物量（+）	mg/L	8.696	6.265	0.388	0.521 6	-0.026
浮游动物生物量（+）	mg/L	0.021	0.043	-0.512	0.183 5	
底栖动物丰度（+）	ind /m²	530.25	832.6	-0.363	0.239 3	
水鸟多样性（+）	种/hm²	0.237	1.600 8	-0.852	0.055 6	

6.3.3 经济环境承载力

笔者选取湖区从业人员薪资、以湖泊景观为产品的企业年均纳税额、湖泊景观房溢价率3项指标，从三个角度，综合反映银川平原地区湖泊湿地经济发展水平。其中：① 湖区从业人员薪资，即为"靠湖吃湖"的人的年均工资水平，在实地调查过程中，笔者将从业人群进一步细分为依靠湖泊景观的餐饮业、住宿业、游览娱乐业及湖泊保护管理者四类，分别统计每类人群年均薪资收入，汇总求均值作为该项指标的现实值，力争客观全面反映现实状况。② 以湖泊景观为产品的企业单位面积年均纳税额。银川平原各个湖泊特点各异，开发利用程度不一，即使同样是开发成旅游区，湖泊之间也会由于自然条件、历史原因等客观因素导致景区收入绝对值差异悬殊，所以，笔者把湖泊景观为产品的企业年均纳税额均摊到所管理的湖泊面积上，求得单位面积年均创税额，使不同湖泊之间数据具有可比性。③ 湖泊景观房溢价率。房地产开发是当前银川平原地区湖泊湿地最主要的开发利用形式之一，湖区景观房价与相似地段非湖区景观房之间存在显著差异，这一价差正是湖泊景观价值的货币化表现，能够直观反映湖泊湿地的经济属性。笔者通过实地走访调查，收集数据得出 7 处代表性湖泊景观房价溢价率作为现实值。

以上 3 项经济指标的理想阈值，笔者是通过查阅《2014 年宁夏统计年鉴》，将银川市、石嘴山市、吴忠市利通区和青铜峡市四地（市）2013 年人均工资总额的平均值作为经济指标一的理想值；2013 年四地（市）第三产业生产总值作为三产创税额计算基数，按 35% 的税率折算并均摊到四地（市）面积上作为经济指标二的理想值；通过搜索房屋中介网"吉屋网"2014 年数据，对银川城区一手房中临湖楼盘均价与非临湖楼盘均价统计计算后得出经济指标三的理想值。具体数值及经济环境承载力相对剩余率的计算结果见表 6-6。

表 6-6　银川平原地区湖泊湿地经济环境承载力分析表

指标层	单位	现实值	理想值	单项指标承载力相对剩余率	各项指标的权重（W_i）	经济环境承载力相对剩余率（P）
湖区从业人员薪资（+）	元/a	27 176	33 656.78	-0.193	0.361	
以湖泊景观为产品的企业单位面积年均纳税额（+）	元/hm²	0.083	2.425	-0.966	0.015	0.163
湖泊景观房溢价率（+）	%	29.87	21.39	0.396	0.624	

经济方面的这三项单项指标承载力相对剩余率数值显示，湖区从业人员的薪资水平、以湖泊景观为产品的企业单位面积年均纳税额低于社会平均水平，一定程度上体现了当前湖泊湿地的开发利用水平低下，多是处于提供餐饮、住宿、垂钓等低端服务阶段，单位土地投资回报率低。鉴于湖泊周边房地产业对银川平原地区湖泊湿地经济的拉动，在赋权重值后，经济环境承载力相对剩余率大于 0，说明经济环境承载量尚未超过其可容纳量的范围。随着城市发展，人民对物质文化生活水平要求提高，以往单纯追求"壮阔景观"的大面积挖掘式开发模式需要转变，未来决策者应更多考虑提高湖泊开发利用的科学性，升级服务产品，以增加单位土地价值率。

6.3.4　社会环境承载力

笔者选择 4 项指标反映银川平原地区湖泊湿地的社会环境，分别是人口密度、人均耕地面积、人口质量（即受教育程度）、年均固体废物产生量。人口密度越大，人类活动对湖泊湿地的干扰就越多，带给环境的压力相应增加，人均耕地面积同人类对环境压力呈负相关关系，两项指标都属于限制性指标，可综合反映湖区承受的人口压力；人口质量属于一项发展性指标，湖区及周边人群受教育程度越高，湖泊及其生态系统受到全面保护和科学利用的水平就会越好；年均固体废物产生量也是一项限制类指标，在一定程度上能够反映当前湖泊被开发利用的程度和管理机构的水准。以上 4 项社会指标的现实值来源：① 人口密度——从具体湖泊保护管理机构获取湖区日均游客数量（通过门票出售量确定）和湖区旅游业服务人员数量累加后均摊到湖泊的总面积，得到人口密度的现实值；② 人均耕地——实地调查走访紧邻湖区的村庄、农场耕地面积及农业人口数量，得出人均耕地的现实值；③ 人口质量——实地随机访问在湖区工作的从业者、游客，统计其受教育程度，本次调查以普通高中毕业及以上学历作为受教育程度高的标准，共调查100人；④ 年均固体废物产生量——以湖泊管理机构办公区、观光游览区年固体废物产生合计量为现实值，由湖泊管理机构提供。

通过查阅《2014年宁夏统计年鉴》，计算银川市、石嘴山市、吴忠市利通区和青铜峡市四地（市）人口密度、人均耕地面积、受教育程度和年均固体废物产生量作为4项指标的理想值。

具体数值及社会环境承载力相对剩余率的计算结果见表6-7。

表6-7 银川平原地区湖泊湿地社会环境承载力分析表

领域层	指标层	单位	现实值	理想值	单项指标承载力相对剩余率	各项指标的权重（W_i）	社会环境承载力相对剩余率（P）
社会环境承载力	人口密度（-）	人/hm²	0.69	0.31	-1.226	0.169	7.307
	人均耕地面积（-）	hm²/人	0.149	0.317	0.530	0.036	
	人口质量（受教育程度）（+）	%	47	4.5	9.444	0.793	
	年均固体废物产生量（-）	t/(a·hm²)	0.388	16.81	0.977	0.002	

社会环境承载力所选取的4项指标中，仅"人口密度"一项指标的相对剩余率为负值，说明湖区的人口密度高于银川平原地区平均水平。值得一提的是，"人口质量"这项指标的现实值远高于银川平原地区受高等教育平均值，来湖泊湿地旅游的游客及从事湖泊保护管理人员受教育程度普遍较高，这一数据反映湖泊湿地的生态健康和可持续发展正在受到社会中坚力量的关注。社会环境承载力相对剩余率大于0，说明社会环境的承载量尚未超过其可容纳量范围。

6.4 银川平原湿地环境承载力综合评价

以上是将银川平原地区湖泊湿地环境人为划分为水环境、生态环境、经济环境和社会环境4项领域分别测算环境承载力相对剩余率，通过分析能够为社会管理及规划发展部门制定战略决策时提供具有现实意义的理论支持。根据已经计算出的银川平原湖泊湿地各单项指标的环境承载力相对剩余率，从宏观的区域环境系统角度出发，再次利用环境承载力相对剩余率计算模型，得出银川平原地区湖泊湿地综合环境承载力。

其综合评价模型为：

$$C = \sum_{i=1}^{m} P_i \times W_i + \sum_{j=1}^{n} P_j \times W_j$$

式中，C为目标层评价值；W_i为各发展类单项指标权重；W_j为各限制类单项指标权重；P_i为发展类单项指标i的环境承载力相对剩余率；P_j为限制类单项指标j的环境承载力相对剩余率；m——发展类指标的个数；n——限制类指标的个数。

经计算，综合环境承载力的值大于0（表6-8），说明当前银川地区的湖泊湿地总体环境承载力仍在环境容纳量范围内。但表征湖泊湿地自然环境承载力的水环境及生态环境不容乐观，其中，生态环境承载力已超出环境容纳量范围。对此，相关管理机构、商业开发利用湖泊的企业要给予足够的重视，及时采取有效措施，改善湖泊水质和水生态系统。

表6-8 银川平原地区的湖泊湿地综合环境承载力

目标层	准则层	领域层	指标层	承载力相对剩余率	权重（W_i）	C
银川平原地区湖泊湿地环境承载力	自然环境承载力	水环境承载力	BOD_5（-）	0.055	0.038	3.927
			TN（-）	-0.300	0.053	
			TP（-）	-0.232	0.050	
			NH_3-N（-）	0.549	0.018	
			DO（+）	0.536	0.062	
			COD（-）	-0.120	0.045	
		生态环境承载力	浮游植物生物量（+）	0.388	0.056	
			浮游动物生物量（+）	-0.512	0.020	
			底栖动物丰度（+）	-0.363	0.026	
			水鸟多样性（+）	-0.852	0.006	
	人文环境承载力	经济环境承载力	湖区从业人员薪资（+）	-0.193	0.033	
			以湖泊景观为产品的企业单位面积年均纳税额（+）	-0.966	0.001	
			湖泊景观房溢价率（+）	0.396	0.057	
		社会环境承载力	人口密度（-）	-1.226	0.090	
			人均耕地面积（-）	0.530	0.019	
			人口质量（受教育程度）（+）	9.444	0.424	
			年均固体废物产生量（-）	0.977	0.001	

6.5 银川平原典型湖泊湿地环境承载力评价——以沙湖为例

6.5.1 沙湖自然资源概况

1）地理概况

沙湖自然保护区地处贺兰山东麓洪积冲击扇前缘的碟形洼地，海拔1 093～1 102 m，总面积4 247.7 hm²，其中水域面积2 420.7 hm²，流动沙丘2 252 hm²，是典型内陆干旱地区湖泊湿地。

2) 植物资源概况

沙湖种子植物区系成分复杂多样,形成了盐生植物、沙生植物、水生植物和落叶阔叶林等多种植物类型。据 2012 年《宁夏沙湖自然保护区综合科学考察报告》数据显示,保护区共有野生维管植物 48 科 124 属 162 种(含亚种及变种)。其中蕨类植物 1 科 1 属 1 种,裸子植物 2 科 5 属 6 种;被子植物 45 科 118 属 155 种。此外,沙湖自然保护区还分布着 10 科 11 属 13 种引进的栽培植物。

沙湖自然保护区内浮游植物共计 37 科 84 属 117 种,隶属于 8 个门。分别是蓝藻门(4 科 14 属 18 种)、隐藻门(1 科 2 属 2 种)、甲藻门(2 科 2 属 2 种)、金藻门(4 科 5 属 5 种)、黄藻门(1 科 1 属 1 种)、硅藻门(10 科 18 属 28 种)、裸藻门(1 科 5 属 7 种)、绿藻门(14 科 37 属 54 种)。

乔木的优势物种有槐树、刺槐、白蜡树、臭椿、新疆杨、毛白杨、樟子松、油松、圆柏、垂柳、龙爪槐、沙枣、青海云杉、侧柏、刺柏、旱柳、桃、杏、榆、桑、红叶李等 21 种,占总种数的 13%。灌木及半灌木的优势种群有紫翅猪毛菜、尖叶盐爪爪、白梭梭、盐爪爪、珍珠梅、月季、苦豆子、沙冬青、苦马豆、细枝岩黄芪、达乌里胡枝子、小果白刺、白刺、红砂、罗布麻、华北紫丁香、紫花醉鱼草、白麻、北京丁香、黑沙蒿、黑果枸杞、金银木、红端木、枸杞等 27 种,占总种数的 16.8%。草本的优势物种有虎尾草、狗尾草、金色狗尾草、画眉草、芨芨草、早熟禾、马唐、中亚滨、沙蓬、碱蓬、地肤、刺儿菜、山苦、天蓝苜蓿、野大豆、甘草、车前、打碗花、马齿苋、金鱼藻、沙芥、水蓼、薄荷、地锦、黄花补血草、枸杞、艾蒿、蒲公英、小香蒲、蒙古香蒲、水麦冬、芦苇、水莎草等 57 种,占总种数的 35.4%。

3) 动物资源概况

沙湖自然保护区共有高等脊椎动物 5 纲 30 目 62 科 155 属 241 种,其中哺乳类 5 目 11 科 23 属 28 种,占脊椎动物总种数的 11.62%;鸟类 17 目 44 科 98 属 178 种,占脊椎动物总种数的 73.86%;爬行类 2 目 5 科 7 属 10 种,占脊椎动物总种数 4.15%;两栖类 1 目 2 科 2 属 2 种,占脊椎动物总种数的 0.83%;鱼类 4 目 8 科 22 属 23 种,占脊椎动物总种数的 9.54%。

已知昆虫共有 14 目 118 科 450 种。其中鞘翅目昆虫种类最多,有 30 科 127 种,占沙湖昆虫总种数的 28.22%;其次为鳞翅目,有 21 科 86 种,占沙湖昆虫总种数的 19.11%。

沙湖自然保护区共有浮游动物 36 种,其中轮虫 8 科 17 属 24 种,占 67.7%;枝角类 6 科 7 属 8 种,占 23.5%;桡足类 1 科 3 属 3 种,占 8.8%。底栖动物 25 种,隶属于 3 门 5 纲 10 科 18 属。其中以节肢动物门种类最多,昆虫纲共 12 种,甲壳纲 3 种。环节动物门次之,为 7 种,均为寡毛纲种类;软体动物门 3 种。

按物种受威胁程度采用世界自然保护联盟(IUCN)物种存续委员会(SSC)确定的濒危物种级别,宁夏沙湖自然保护区高等脊椎动物中,濒危物种有 3 种,分别是鱼类中的兰州鲇，哺乳类中的兔狲、猞猁；易危物种有 12 种，分别是哺乳类的达乌尔猬、沙狐、猪獾、虎鼬，鸟类中的大鸨、中华秋沙鸭、青头潜鸭、花脸鸭、鸿雁，爬行类中的中华鳖，鱼类中的黄河鮈、青鳞。

优势物种有苍鹭、夜鹭、大白鹭、小白鹭、文须雀、东方大苇莺、白琵鹭、黑尾胜鵙、鸬鹚；常见物种有凤头䴙䴘、小䴙䴘、赤嘴潜鸭、斑嘴鸭、普通燕鸥、黑水鸡、白骨顶、普通鸬鹚等。

4) 水文水质

沙湖位于银川平原北部灌区尾部，是银川平原地势最低之处，湖泊水面海拔高程为 1 098~1 099 m。同时，沙湖地区年降水量为 172 mm，而水面蒸发量达到了 1 400~1 600 mm，在无人工补水的情况下，沙湖水量为负平衡。沙湖水资源主要是渠道引黄河水、农田排水、大气降水及部分贺兰山洪水等地表水和地下水。从东干渠引黄河水是沙湖最主要的地表水来源。

2009—2014 年，沙湖水质总体呈现下降的趋势，主要原因是沙湖补水量不足，再加上旅游人数激增，输入性污染物增加，湖泊中过剩的浮游生物造成湖泊的内源性有机物增加，水体中溶解氧不断减少，加速湖泊水体恶化。沙湖水质近年来基本维持轻度富营养化水平。

6.5.2 沙湖社会经济概况

沙湖生产性经营主要有旅游业、养殖业和餐饮娱乐业。主营旅游业的企业为沙湖旅游股份有限公司、沙湖东方娱乐公司，2011 年以来，每年年均接待游客超过百万人次；餐饮业主要是沙湖假日酒店和总资产达 640 万元的个体经营餐馆群体；作为养殖业龙头企业的宁夏农垦沙湖生态渔业有限公司水产养殖面积 3 600 hm^2，业务涉及水产、水禽养殖和休闲渔业，年产优质产品 3 700 t，已创出"沙湖大鱼头""沙湖大草鱼""沙湖河蟹""沙湖禽蛋"等家喻户晓的特色水产品牌。

6.5.3 沙湖湿地自然保护区环境承载力评价

1) 环境承载力指标体系

沙湖作为银川平原代表性湖泊湿地，同样具有生态脆弱、人地矛盾、保护与利用矛盾突出等问题，由于筛选指标时遵循原则与前面一致，笔者继续沿用银川平原地区湖泊湿地承载力分析的评价指标体系，通过向沙湖自然保护区管理处咨询、环保资料查询、现地调查等方式收集了 17 项指标的现实值，沿用银川平原湖泊湿地环境承载力评价时各指标的理想值，计算结果见表 6-9。

第6章 银川平原湖泊湿地环境承载力评价

表6-9 宁夏沙湖自然保护区环境承载力指标分析表

目标层	领域层	指标层	现实值	理想值	承载力相对剩余率	权重（W_i）	P_i
沙湖湿地环境承载力	水环境承载力	BOD_5（-）	2.5	4	0.375	0.103	0.260
		TN（-）	1.2	1	-0.200	0.198	
		TP（-）	0.05	0.05	0.000	0.165	
		NH_3-N（-）	0.489	1	0.511	0.081	
		DO（+）	8.8	5	0.760	0.290	
		COD（-）	20	20	0.000	0.165	
	生态环境承载力	浮游植物生物量（+）	5.241	6.265	-0.163	0.308	-0.048
		浮游动物生物量（+）	0.013	0.043	-0.698	0.111	
		底栖动物丰度（+）	1093	832.6	0.313	0.484	
		水鸟多样性（+）	0.419	1.600 8	-0.738	0.096	
	经济环境承载力	湖区从业人员薪资（+）	30 000	33 656.78	-0.109	0.753	-0.231
		以湖泊景观为产品的企业单位面积年均纳税额（+）	0.589	2.425	-0.757	0.205	
		湖泊景观房溢价率（+）	24.55	21.39	0.148	0.041	
	社会环境承载力	人口密度（-）	1.04	0.31	-2.363	0.284	4.281
		人均耕地面积（-）	0.097	0.317	0.694	0.026	
		人口质量（受教育程度）（+）	36.72	4.5	7.160	0.689	
		年均固体废物产生量（-）	0.283	16.81	0.983	0.001	

2）环境承载力指标分析

（1）水环境。水环境中6项指标的承载力相对剩余率TN一项指标为负值，说明沙湖水中TN超标；TP和COD为0，即这两项指标目前已达到国家地表水Ⅲ类水质临界值，需要管理者警惕，采取措施遏制这两项指标进一步恶化；BOD_5、NH_3-N、DO目前大于0，说明这3项指标承载力剩余率目前仍高于国家Ⅲ类水质要求。综合来看，沙湖自然保护区的水环境承载力目前仍在Ⅲ类水质容纳量范围内。

（2）生态环境。生态环境承载力的4项指标中有3项指标为负值，分别是浮游植物生物量、浮游动物生物量、水鸟多样性，说明这3项指标已超出环境容纳量范围，沙湖的生态环境承载力已超负荷，要加强对沙湖生态系统的修复，严格执行保护区管理条例，不能只顾眼前利益一味开发利用。

（3）经济环境。表征经济环境承载力的3项指标中，"湖区从业人员薪资""单位面积年均纳税额"两项指标都低于同期社会同行业平均水平，呈负值，说明沙湖目前的开发利用仍处于资源消耗型阶段，科学开发、合理利用湿地资源有很大提升空间，建议依托沙湖资源的各类企业联合行动，提高管理效率、提升服务水平，把可持续开发利用的理念真正运用在经营决策和日常管理实践中。

（4）社会环境。沙湖社会环境承载力指标中，"人口密度"指标的承载力相对剩余率呈负值，说明该指标目前已超出环境容纳量，沙湖旅游企业应借鉴国内外知名旅游景区为保护风景名胜区采取的游客控流管理办法和具体措施，合理控制进入沙湖游览的游客人数，提高游客游览体验值，同时保护性利用湖泊湿地，是落实沙湖可持续发展的一项切实措施。

参考文献

《福建省湄州湾开发区环境规划综合研究》总课题组.1991.福建省湄州湾开发区环境规划综合研究总报告.

崔凤军，刘家明.1998.旅游环境承载力理论及其实践意义.地理科学进展，17（1）：86-91.

吉屋网 http://yc.jiwu.com/ditu/.

宁夏沙湖自然保护区科考组.2012.宁夏沙湖自然保护区综合科学考察报告.彭再德，等.1996.区域环境承载力研究初探.中国环境科学，16（1）：6-10.

孙胜民、何彤慧、楼晓钦.2012.银川湖泊湿地水生态恢复及综合管理.北京：海洋出版社，126-130.

喻元秀.2005.草海高原湿地区域环境承载力研究.贵州师范大学，49.

第 7 章 银川平原湖泊湿地利用模式及评价

20 世纪 50 年代以来，银川平原湿地的利用步伐加快，同时对湿地开发利用的方式也越来越多。主要开发利用的方式有：①填湖造田，由于对湿地生态功能认识不足和为满足生产生活需求，人们大规模填湖造田，扩大耕地，结果导致大量湖沼消亡；②发展渔业，湖沼是最好的渔业发展基础，而通过改造湖沼，修建精养鱼塘，改变了自然湿地原有的功能，相应地增加了湿地产业的产出价值；③城市扩张，随着人口的不断增加，城市发展不得不将原城市周边、甚至城市内的湖泊填掉，满足了人们的居住需求，但也破坏了城市良好的自然生态和自然景观；④开发旅游，为满足人们日益需要的精神文化需求，同时也是培植新的经济增长点，大量湖泊开发了旅游活动，开发湿地旅游成为一种利用湿地的普遍方式；⑤随着对生态的重视程度提高，依托湿地发展经济的方式也越来越多，如建设"湖景""水景"住宅区，依托湿地生态建立产业园区和综合发展区等。银川平原通过大量对湿地开发利用实践的积累，逐步形成了一些湿地利用的模式。

7.1 银川平原湖泊湿地利用方式及评价

7.1.1 湿地生态旅游——普遍利用方式及评价

湿地旅游，主要是湖泊旅游，已成为湿地利用中最普遍的一项活动，从古至今，国内国外，无不如此。湖泊旅游是利用湖泊富于变化的水文形态、生动的自然景观、良好的生态环境、丰富的人文积淀和相关的游乐设备设施，向旅游者提供的全方位的服务产品。对旅游者而言，湖泊旅游是以体验湖泊特殊景观环境和进行以湖泊为依托的各种活动为目的的旅游经历。

20 世纪 80 年代初世界首次提出"生态旅游"的概念，其含义不仅是指所有游览自然景物的旅行，而且强调被观赏的景物不应受到破坏。1992 年"联合国世界环境和发展大会"提出并推广可持续发展的概念和原则之后，生态旅游作为实现可持续旅游发展的主要形式在世界范围内被广泛地研究和实践。中国引入了"生态旅游"概念，在《国家生态旅游示范区管理暂行办法》中将生态旅游定义为："以吸收自然和文化知识为取向，尽量减少对生态环境的不利影响，确保旅游资源的可持续利用，将生态环境保护与公众教育同促进地方经济社会发展有机结合的旅游活动。"可见，"生态旅游"定义包含的核心思想是明确的，即，生态旅游是在自然旅游资源的开发和利用方面达到可持续旅游目标的有效手段和途径。

开展湖泊湿地生态旅游有几个方面的益处：①为湿地保护开辟了新的融资途径，通过湿地生态旅游可以积累资金，用政策和制度规范这些资金要有一定比例反哺用以保护湿地；②为湿地保护提供公众参与支持，湿地保护和管理只靠经营者和管理者是远远不够的，通过湿地生态旅游，增强游客和当地居民保护湿地的责任感和参与度，有助于杜绝人为因素对湿地的污染、侵占和破坏现象；③生态旅游可以带动当地经济发展，这是因为旅游有很大的乘数效应，能够促进和带动服务业、文化、交通等行业的发展，为当地居民提供更多的就业机会，成为当地新的甚至是重要的经济增长点。

银川平原湖泊大都进行了不同程度旅游开发利用，特别是近年来随着生态保护意识的逐步提高，对湖泊进行生态旅游的开发利用得到各方面重视并进行了实践。本项目采用问卷调查法，选择目前开展旅游活动的银川平原湖泊湿地进行了调研，各湖泊湿地旅游开展情况见表7-1。

表7-1 银川平原湖泊湿地旅游活动情况表（2013年）

湖泊	游客环境容量（万人）	实际游客量（万人/a）	最大单日游客量（人）	旅游收入（万元）	主要旅游项目	与湿地相关项目
沙湖	258	103	36 000	12 000	沙滩活动、游泳水（冰）上运动	观鸟、泊舟、休闲参观博物馆
镇朔湖		0.5		5		垂钓
罗家湖	0.35	0.3	15	无		休闲
柳溪湖	0.8	2	2 000	无		休闲
怡养园	0.5	0.4	20	无		休闲
清宁河	2	1	500	无		休闲
鸣翠湖	1.92	12.3	3 500	555	水上运动拓展餐饮、滑雪	观鸟、泊舟、垂钓、休闲参观宣教馆
阅海	25	10	4 000	120	滑雪	观鸟、垂钓
海宝湖	56	20	30 000	20	游船	休闲、泊舟
宝湖	1~3	3~5	50			垂钓、休闲
七子连湖					环湖健身运动	健身、休闲
金波湖						休闲
犀牛湖						垂钓
清水湖			0.2	21	住宿、餐饮	观鸟、垂钓
寇家湖			0.2	21	垂钓	垂钓

续表

湖泊	游客环境容量（万人）	实际游客量（万人/a）	最大单日游客量（人）	旅游收入（万元）	主要旅游项目	与湿地相关项目
三丁湖			0.1	10.5	垂钓	垂钓
鹤泉湖		8	5 000	450	餐饮、游泳、拓展	垂钓、泊舟
灵武西湖				3	餐饮	休闲
星海湖	54.5	15.0	3 023	1500	滑冰	垂钓、泊舟

从银川平原湖泊开展旅游活动的调查统计分析得出以下特点。

（1）银川平原主要湖泊普遍开展了生态旅游活动，特别是湿地公园按照规划分区开展旅游活动取得了一定经济、社会效益，也有了初步经验。沙湖被评为国家5A级风景区、一些湖泊湿地也获得国家4A或3A级景区称号。

（2）湖泊旅游利用以观光旅游为主，仍处在发展初级阶段，同时发展不平衡。生态旅游的切入还不是十分清晰，存在着保护与开发、经营与管理、观光与休闲、旅游与其他产业的矛盾等问题。

（3）湖泊旅游普遍存在的共同性弱点是，旅游同质化，淡旺季节的游客量变化十分明显；旅游产品特色不突出，大都以水上划船、垂钓为主，产品单一粗放。

（4）缺乏完善的旅游服务配套设施，湖泊生态旅游市场整体竞争力弱，游客停留时间普遍较短。旅游收入较少，除沙湖旅游区外，其他湖泊开展旅游活动收入很少。在旅游收入中，门票收入所占比例逐步降低。

（5）湖泊旅游对周边的带动作用不强，如周边社区借用湖泊开发度假、餐饮及其他旅游休闲的活动较少。总体上，湿地利用对经济发展的贡献份额还不够显著。

（6）湿地公园是一种主要开发旅游活动的形式，但目前湿地公园重开发、轻管理，重经营、轻保护，重人工营造景点，轻利用自然资源开展活动等现象突出，使得宝贵的湿地资源既不能合理利用，又带来新的人为因素对湖泊湿地生态的不利影响。

7.1.2 湿地农业——互依共存模式及评价

湿地与农业自古便相互依存、相互发展。银川平原2000多年前就兴修水利、引黄灌溉农田，绿洲平原孕育了星罗棋布的湖沼，因此，湖泊湿地与农业的关系十分密切。银川平原自20世纪60年代后，由于追求粮食产量，追求渔业养殖的经济价值，粗放式发展农田和鱼塘，致使大量湖泊、沼泽被开垦成耕地、鱼塘，破坏了湿地与农业之间的平衡。对于银川平原还有特定的内涵，就是银川平原湖泊湿地水来源，主要依靠引黄灌溉农田排水，而农田排水中的农药和化肥残留物对湖泊带来的富营养化污染是一个现实存在并难以解决的问题。

银川平原农业灌溉条件便利。黄河流经宁夏13个县市397 km，年径流量$325×10^8$ m^3，国家调配可利用水资源$40×10^8$ m^3，有效灌溉面积约$40×10^4$ hm^2，是全国优质水稻的最佳种植适宜区。是全国四大灌区之一。银川平原水稻种植是宁夏"塞上江南"的标志性作物，主要分布在沿黄灌区及宁夏平原，水稻种植面积（2006 年）8.2×10^4 hm^2，产量 70.9×10^4 t。2008 年"宁夏大米"获得农业部农产品唯一地理标志认证。

据调查，银川平原湖泊大多与周边农田，主要是水稻田相邻或互相穿插，如石嘴山市的沙湖、镇朔胡、简泉湖、甘草塘湖，银川市的鸣翠湖、三丁湖、清水湖、鹤泉湖、犀牛湖等。农业排水一般均进入湖泊，作为一种补水方式。由于农业排水富含由化肥、农药残留物带来的 N、P 等营养物，给湖泊带来水体富营养化威胁，成为银川平原湖泊湿地富营养化污染的主要因素。据银川市第一次污染源普查结果，全市水田面积 63 847.48 hm^2，占耕地面积 56%。银川市肥料流失总量为 1 165.87 吨，其中：TN 1 077.13 t，NH_3-N 50.49 t，TP 38.25 t，其分别占肥料流失总量的 92.39%、4.33%、3.28%。肥料流失以地下淋溶为主，其流失量为 957.23 t，占肥料流失总量的 82.10%，随农田退水进入地表水的流失量为 208.64 t，占总流失量的 17.9%。

银川平原水产养殖是优势产业，2006 年，全区水产养殖面积超过 1.94×10^4 hm^2，总产量超过 6.7×10^4 t，渔业经济总产值 10.7 亿元。银川平原已成为西北地区重要的渔业生产基地和水产品集散中心，渔业成为银川平原大农业中最具发展活力的特色产业之一。银川平原的贺兰县、平罗县都是水产养殖大县，贺兰县全县水产养殖面积稳定在 6 667 hm^2，名特优新养殖面积达到 5 333 hm^2。水产品总产量达 3.4×10^4 t，总产值达 3.5 亿元，占农业总产值的 15% 以上，是西北最大的水产生产基地。贺兰县三丁湖、寇家湖，平罗县沙湖、石嘴山市星海湖等都是利用湖泊开发渔业生产的主要范例。本研究的调查显示，湖泊湿地不仅提供人工养殖与种植产品，更有野生动植物产品产出（表 7-2）。

银川平原湖泊属浅水草型湖泊，普遍生长挺水植物芦苇，芦苇是银川湖泊湿地标志性植物，不仅可以净化和改善湖泊水质，还是西北地区湖泊的一大自然景观，同时还是工业原料之一，其资源价值大。近年来，水面种植和水禽养殖在银川平原湖泊湿地兴起，主要有茭白、莲藕等水生植物和欧洲雁、大白鹅、瘦形鸭等水禽，但目前规模较小。

为使湿地与农业高度融合，一些湖泊湿地开发了湿地农业观光，开展了绿色渔业养殖，在增加湿地农业产出的同时，开始注重二者的和谐发展。

表 7-2 银川平原湖泊湿地种植、养殖业情况表

湖泊湿地		天然动植物产品				人工养殖与种植		
		鱼类	虾蟹类	芦苇	其他	鱼类	虾蟹类	芦苇
沙湖	产量（t）			500				
	产值（万元）			20				
简泉湖	产量（t）			200		90	9	
	产值（万元）			4		108	27	
镇朔湖	产量（t）	25	5	150	菖蒲 300	50		
	产值（万元）	10	5	3	3	60		

第7章　银川平原湖泊湿地利用模式及评价

续表

湖泊湿地		天然动植物产品				人工养殖与种植		
		鱼类	虾蟹类	芦苇	其他	鱼类	虾蟹类	芦苇
罗家湖	产量（t）	10						
	产值（万元）	10						
柳溪湖	产量（t）	5						
	产值（万元）	5						
怡养园	产量（t）	10						
	产值（万元）	10						
清宁河	产量（t）					226	虾 0.5 蟹 0.5	
	产值（万元）					400	8 10	
鸣翠湖	产量（t）			643			蟹 0.1285	
	产值（万元）			45			0.24	
阅海	产量（t）	400		100	茭白 30 莲 20	10		
	产值（万元）	320		3.2	4 3.2	10		
海宝湖	产量（t）					8		
	产值（万元）					8		
宝湖	产量（t）			90				
小雁湖	产量（t）	0.5	0.1					
	产值（万元）	1	1					
犀牛湖	产量（t）			15	蒲草 5			
清水湖	产量（t）	75				347.8		525
	产值（万元）	97.5				347.8		63
寇家湖	产量（t）					1 815.742		
	产值（万元）					1 634.167 8		
三丁湖	产量（t）					3 178.8		
	产值（万元）					3 178.8		
灵武西湖	产量（t）	10						
星海湖	产量（t）					3 285	75	
	产值（万元）					5 189	310	
甘草塘湖	产量（t）	0.5		10				
	产值（万元）	0.8		0.6				

从银川平原湖泊发展湿地农业的调查统计及分析得出以下特点。

（1）银川平原发展湿地农业，目前比较成熟的有稻作季节性湿地农业模式、鱼塘湿地养殖业模式、莲藕和茭白等湿地种植业模式、芦苇-鱼的湿地复合开发模式等。湿地农业利用和开发模式总体上比较简单，距国内先进的农业复合生态系统模式有很大差距，而且由于农药、化肥的大量施用，也带来了湖泊湿地富营养化问题。

（2）湿地农业集约化程度不高，贺兰县是银川平原集中发展渔业的示范县，但县域内也仅有寇家湖、三丁湖等几个较大面积湖泊或主要发展渔业养殖，或改造为集约化渔业养殖基地。

（3）名特优新水产养殖品种的引进和示范推广虽在近年来加大了力度，但无公害水产品养殖新技术和高效种养模式的推广不够。平罗县以瀚泉海、明月湖、西沙湖、镇朔湖、威镇湖、喇叭湖开发升级为主，发展立体养殖业，着力扩大河蟹、武昌鱼、黄河鲇、大口鲇、彭泽鲫、乌鳢、鳜鱼等名特优新水产品的养殖。

（4）利用湖泊养殖水产被誉为是"生态鱼"而受到欢迎并提升了价值，但鱼的养殖最佳规模、合理饲养殖密度、饲喂方式等缺乏科学实验和指标。划定区域围养也在初期实验中。

7.1.3 湿地文化——提升城市特色和形象模式及评价

银川平原湿地有着深厚的历史文化沉淀，据史记载，明朱元璋之十六子朱㫤封地宁夏称庆靖王，曾赋"月湖夕照"诗；《嘉靖宁夏新志》在"游观"中重点记载了金波湖和南塘湖。《乾隆宁夏府志》记载，仅银川平原就记载有名的湖泊48处，《朔方道志》记有51处，故传统上有"七十二连湖"之说。明清"宁夏八景"中许多景观与湿地有关，"连湖渔歌"是指唐徕渠以东自然生成的多个相互连在一起、水域相通的湖泊；还有如"东湖春涨""南塘雨霁"等景观，都说明了古代银川平原湖泊不仅自然景观十分优美，而且是文人骚客题诗赋词的文化传承。

银川平原各地纷纷依托湿地资源，打造城市形象和文化品牌，以提升城市的特色和影响力。银川市打造"塞上湖城"品牌已经极好地宣传了银川形象。在"生态立市"和打造"塞上湖城"的理念被全社会接受，"西夏古都、回族之乡、塞上湖城"的银川城市特色定位基础上，2004年4—10月，银川"湖城之夏·广场文化季"拉开帷幕，至2014年共举办11届，共举办广场文化活动7 181场次，参加各类文化活动的群众近千万人次。广场文化节活动以各种群众性文化活动为主，不断提升影响力，打造湖城银川的文化特色，成为银川湖城文化品牌。2012年，文化部命名石嘴山星海湖为国家级文化产业示范区，旨在为全国文化产业的发展起到引领和示范作用，有效增强文化产业的整体实力和竞争力。星海湖文化产业示范区规划建设国务院直属口五七干校博物馆、五七干校文化园、星海文化产业创业城、上下五千年雕塑馆、中国宁夏区域性影视基地、宁夏水城等项目。吴忠市依托黄河打造滨河水韵城市，建设富饶宜回乡。2014年，宁夏在全区范围内广泛征集"宁夏新十景"，旨在进一步通过文化宣传宁夏和扩大宁夏影响力。在推荐的上百个景点中评选出宁夏有代表性的十处景点，有自然景观，也有人文景观，其中与湿地相关的有"艾依春晓""黄河金岸"和"沙湖苇舟",更加彰显了银川平原湿地的特色和魅力。

(1) 艾依春晓:艾依河工程南起青铜峡水利枢纽坝下,北至平罗县沙湖,沿途连接银川平原数十个湖泊湿地逾 3 333 hm², 于 2003 年开工建设, 总长 158.5 km, 成为银川平原一道亮丽的风景线。

(2) 黄河金岸:黄河流经宁夏 397 km, 沿黄河两岸依次分布着银川、石嘴山、吴忠、中卫 4 个地级市以及平罗、青铜峡、灵武、贺兰、永宁、中宁等县。银川平原是黄河金岸的核心区,利用沿黄地带集聚城市的优势,打造一个沿黄城市群,黄河与金岸景观大道相得益彰,成为一处生态屏障和自然景观。

(3) 沙湖苇舟:沙湖是我国 5A 级景区,景区总面积为 80.10 km², 其中水域面积 45 km², 沙漠面积 22.52 km²。沙湖以自然景观为主体,沙、水、苇、鸟、山五大景源有机结合,构成了独具特色的秀丽景观,是一处融江南秀色与塞外壮景于一体的"塞上明珠"。

银川平源城市定位情况见表 7-3。

表 7-3 银川平原城市定位情况

城市	定位	核心内容	湿地依托
银川市	塞上湖城,西夏古都	宜于创业、宜于居住的、自然环境优美、人文环境和谐的现代化区域中心城市	黄河及 100 多个湖泊
石嘴山市	山水园林,特色城市	新型工业城市、陆港物流城市和生态城市	星海湖等湖泊
吴忠市	滨河回乡,水韵之城	挖掘民族经济和民族文化内涵,商贸发达,回乡风貌浓郁的滨河水韵城市	黄河滨河

总体上,银川平原各城市,包括乡镇,对利用湿地文化打造当地特色,营造城市鲜明形象,对外宣传和扩大城市的影响力都给予了足够的重视,并开展了相关活动。在这一过程中逐渐形成共识,即不能把发展湿地文化看成是与湿地保护对立的事情,或是与湿地保护无关的事情。文化的影响和潜移默化,将使全社会都能更多地了解湿地、认识湿地,从而参与到保护湿地的自觉行动中来。目前,银川平原主要把旅游和文化结合起来,开展旅游文化活动的形式较多,且依托湿地资源打造了一些旅游文化品牌产品,如宁夏黄河文化国际旅游节、银川市"湖城之夏"广场文化季、石嘴山星海湖旅游文化节、沙湖冰雪旅游节、沙湖国际观鸟节、银川黄河外滩徒步游等,并且影响力不断扩大。

7.1.4 湿地教育——科普环境教育模式及评价

湿地生态的一项主要服务功能是科研教学,湿地的生态服务价值不仅专业人员要熟悉,更应该让全社会广大群众,特别是青少年了解和认识。由于湿地生态系统功能巨大、生物多样性十分丰富,湿地又与人们的生产生活密切相关,因而湖泊湿地成为开展生态环境教育的极好场所。银川平原是宁夏湿地核心地区,有责任在湿地生态宣传教育方面做出表率。近年来,在石嘴山星海湖建成了星海湖历史文化展示广场,广场上建有风格独特的星海湖历史文化展示馆，展出的实物和图片记载着星海湖的建设历程，这是银川平原展示在沙湖和宣传湿地的雏形。2010年11月，宁夏第一个湿地类型博物馆——宁夏湿地博物馆在沙湖正式建成，这是一座以湿地保护和鸟类博览为主要功能，集科普科研、收藏展览和旅游服务为一体的综合性博物馆。宁夏湿地博物馆的建成对公众认识中国湿地、宁夏湿地、沙湖湿地，普及湿地知识，对展示宁夏湿地资源和保护状况、宣传湿地生态文化具有重要意义。宁夏沙湖湿地博物馆是区内建筑规模最大、展示内容最丰富、科技手段最先进、科普教育最生动的宁夏首家专业化湿地博物馆。2012年4月，在亚洲开发银行/GEF组织的支持下，鸣翠湖建成湿地科普宣教中心，中心功能区分为鸟类生态区、植物生态区、微生物生态区、鱼类生态区、湿地文化区等六大湿地微缩水景区及5D动感观鸟厅、环保意识区共八个功能区，游客和青少年在参观感受湿地资源与文化中了解湿地，激起关注湿地和保护鸟类的参与性。银川市宝湖国家城市湿地公园建设定位为文化科普公园，银川市规划等部门正在编制"宝湖文化科普湿地公园"总体规划，将呈现给银川市市民和青少年一个认识、了解湿地和参与湿地保护的有特色的宣传教育场所。银川平原主要湖泊湿地宣传教育情况是表7-4。

表7-4 银川平原主要湖泊湿地宣传教育情况

湿地	宣传教育场所	面积（m²）	内容	年接待人次	其他宣教活动及设施
沙湖	宁夏湿地博物馆 沙湖湿地宣教中心	4 520	湿地与鸟类知识介绍；鸟类生态行为观察 4D科普教育电影厅 人鸟同乐表演 鸟类标本陈列展示	100万	宁夏科普教育基地；观鸟亭（台）；宣传牌（栏）；
鸣翠湖	湿地科普宣教中心	1 700	典型湿地缩微景观；5D动感电影厅 湿地农耕文化展示	12万	青少年科普教育基地；观鸟塔；鸟类图片展示
星海湖	星海湖历史文化陈列馆		星海湖湿地介绍；星海湖建设介绍		
宝湖	银川湿地宣教中心		湿地生态科普教育	5万	银川湿地教育培训中心 湖泊湿地生态监测平台

通过银川平原湿地宣传教育场馆、宣传教育设施和宣传教育活动综合分析结果如下。

（1）银川平原湖泊湿地建立的沙湖-宁夏湿地博物馆填补了宁夏没有湿地类型博物馆的空白，随着前来沙湖旅游的国内外游客越来越多，游客参观博物馆是必然项目，其宣传力度、影响程度不可低估。沙湖湿地博物馆应成为银川平原开展湿地宣传科普教育的主阵地及典范。

（2）银川平原湖泊湿地宣传教育总体上还处于初级发展阶段，湿地宣传科普教育活动还没有成为湿地管理部门的一项重要工作，开展湿地宣传科普教育的形式单一、方式老化，缺乏吸引游客，特别是青少年的互动方式。开展湿地科普教育的设施普遍缺乏。

7.1.5 湿地环境改善——建立宜居环境模式及评价

"择水而居"素来是中国人的梦想，中国传统文化中就有"仁者乐山，智者乐水"的说法，水不仅仅是人畅游、栖居之地，而且还与人的道德判断联系起来，可见水在中国文化中的地位。具体到楼盘、社区来说，无论是借用城市河、湖的自然景色，还是将河、湖之水引入社区，结合人工造景，乃至纯粹的人造水景，其终极目标都是追求建筑、水与人的和谐。据调查，香港的水景住宅较之一般住宅价格高达7~10倍；在台湾，同一地块水岸住宅与普通住宅相比有10%~15%的价差；上海离水域500 m以内的住宅，比离水域较远的住宅均价高出5%~7%。银川平原一些核心城市，如银川市傍湖（傍水）住宅价格高出同期楼盘均价10%~20%，个别的甚至高出更多，如银川北塔湖周边楼盘。银川平原目前开发的水（湖）景房地产大致有以下几类：水景度假村类，水景公寓别墅类，水景休闲公用区类，傍水（湖）生态住宅区类等。银川平原众多的湖景（水景）住宅，为打造宜居城市打下基础，也成为吸引周边省、自治区人员来此居住的优势条件。银川平原城市湖泊湿地周边近几年楼盘情况调查情形见表7-5。

表7-5 银川平原城市湖泊湿地周边楼盘开发情况表

湖泊名称	所在地区	楼盘数量	主要楼盘	楼盘开发面积（m²）
海宝湖	银川市兴庆区	7	观湖一号、兴庆府大院、银川二中、中房玺云台	2 620 000
丽景湖	银川市兴庆区	6	丽景湖畔、在水一方、丽水家园、颐和家园	200 000
七子连湖	银川市兴庆区	4	中海国际社区、中海熙岸、绿地香树花城	4 000 000
鸣翠湖	银川市兴庆区	3	鸣翠湖畔、银川水利学校	6 000 000
宝湖	银川市金凤区	8	宝湖湾、宝湖天下、湖映康晨、南苑康城	32 400 000
阅海	银川市金凤区	4	鸿曦悦海湾、银川绿地城、、银川天地	8 000 000
化雁湖	银川市金凤区	3	香溪美地、御景湖城	2 000 000
金波湖	银川市金凤区	3	宁夏大学、银川体育馆	720 000
银子湖	永宁县望远镇	3	银子湖水郡、蔚湖城、中拓富力城	3 000 000
鹤泉湖	永宁县杨和镇	2	伊品水岸、湖印绿洲	300 000
月亮湖	贺兰县习岗镇	4	美茵湖城、月湖荣庭、月湖名邸	1 735 600
灵武西湖	灵武市东塔镇	4	西湖名邸、水上锦都、上元名城	700 000
星海湖	石嘴山大武口区	3	星海苑、隆湖家园、宁夏理工大学	925 000
沙湖	平罗县前进农场	3	沙湖水镇、假日酒店、沙湖水镇酒店	220 000
清宁河	吴忠市利通区	9	水岸帝景、凤凰水城、清水湾、金岸美地	1 318 000

对银川平原湖泊发展水景（湖景）住宅及公用设施的调查统计及分析的结果如下。

（1）银川平原众多的湖景（水景）住宅，为打造宜居城市打下良好基础，也成为吸引周边省、自治区人员来此居住的优势条件。同时，依托湖泊改善区域环境提升了土地价值，使当地政府的财力得到加强。

（2）银川平原建设湖景（水景）住宅，从总体上把握了与湖泊建立一定缓冲带的原则，大多保持与湖泊 100 m 以上的缓冲距离，并以道路、林带等隔离。

（3）银川平原一些湖泊周边建设的住宅存在的问题：一是楼层高，18 层以上的高层建筑物比比皆是，与湖泊生态环境和自然景观不协调；二是湖泊周边建筑密度大，如宝湖四周均被高层建筑包围，建筑还破坏了湖泊原有的补水源，致使湖泊严重缺水。

（4）无论是建设在楼群旁的湖（水），还是在住宅区内建设的人工湖，在各市区域或局部环境的基础上，还没有对湖泊水体水质污染以及水体富营养化的威胁给予足够重视。

7.1.6 湿地综合利用——复合型利用模式及评价

银川平原利用湿地一般不是单一模式，而是根据各自湿地资源优势、特点，结合集中利用方式，往往以某种利用方式为主，形成复合型利用模式。

从调查分析看，银川平原采用复合型利用方式的有以下模式。

（1）旅游-农业型。以发展生态旅游产业为主，兼顾利用湿地资源发展生态农业，如水产养殖、水生植物（蔬菜）种植、水禽养殖等。典型的如沙湖等。

（2）环境-休闲型。以改善湖泊及周边环境为主，营造宜居环境，建设宜居住宅区，同时兼顾为住宅区及周边的社区及群众提供休闲场所，成为市民休闲公园。典型的如海宝湖、宝湖、清宁河等。

（3）农业-旅游型。以发展湿地农业为主，如发展湖泊水产养殖，同时拓展农业观光旅游。这种类型一般都位于距城市较远的远郊地区，旅游项目也比较单一。典型的如三丁湖等。

（4）旅游-教育型，在湿地生态旅游活动中，通过提供馆所、设施等形式进行湿地宣传教育科普活动，这里宣传教育科普活动所占份额并不是很大，如鸣翠湖。

无论采用哪种复合型模式，在银川平原起牵头作用的利用方式仍主要是湖泊湿地旅游和湿地环境改善二大类（图 7-1）。

7.1.7 湿地区域发展——区域产业化模式及评价

湿地区域产业发展是在大力提倡建设生态文明形势下，结合湖泊流域和较大湖泊，将生态、经济和社会结合协调发展的一种新模式。这种模式强调在优先保护湿地生态及资源的基础上，在湿地生态环境承载力范围内，合理地利用湿地资源，充分发挥湿地资源优势，并使湿地资源可持续利用。区域化产业发展可以极大地推动地区或城市经济超常规快速健康发展，提升地区或城市影响力和竞争力。银川平原诸城市按照国家和宁夏回族自治区有关发展规划和发展政策，紧紧抓住湿地资源优势基础，建立了

第 7 章　银川平原湖泊湿地利用模式及评价

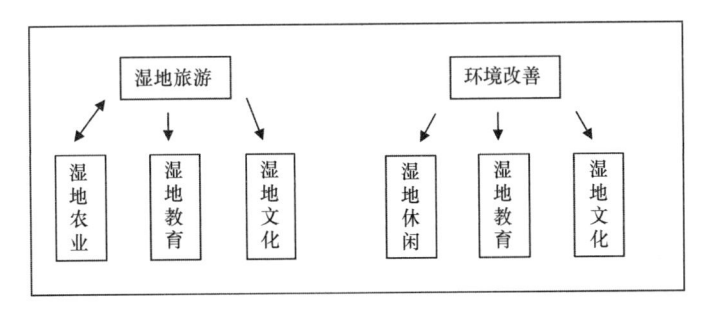

图 7-1　湿地复合型利用方式的关系

多种依托湿地发展的新型产业园区，走出了一条以生态建设引领经济社会发展的新路子。

银川阅海湾中央商务区，位于银川市西北部阅海湿地和小西湖湿地之间，是宁夏回族自治区和银川市"十二五"规划的重大项目，也是银川市承载高端商务、聚览总部经济的重要载体（图 7-2）。该区定位为"一个基地、三个中心、三个平台"，即大力发展总部经济，形成以企业总部为载体、以高品质生活为核心的企业总部或区域总部基地；有效配置金融商贸资源，完善金融商贸产业要素，打造服务中阿经贸交流、辐射陕甘宁蒙毗邻地区的金融与商贸中心；发展咨询、会展、文化创意等现代服务业新版块，形成现代服务业中心；以低碳理念和新技术、新产品打造国际交流平台、低碳经济示范平台和现代化城市展示平台（图 7-3）。

图 7-2　银川阅海湾中央商务区位置图

石嘴山星海经济区，位于石嘴山大武口区星海湖（图 7-4），规划将全力推进城乡一体化建设，按照高标准、高起来、城市化的要求，统筹规划区域内土地利用、人口分布、城镇特色、生态环境、产业发展、内部路网、基础设施建设和村庄布局

图 7-3　银川阅海湾中央商务区景观图

等，主要规划分区包括文化产业区、商业休闲区、影视产业区、科研教育区、商务休闲区和行政区，形成以星海湖为中心、以湖西城区和湖东新区为两大板块的"一湖两翼"城市体系。

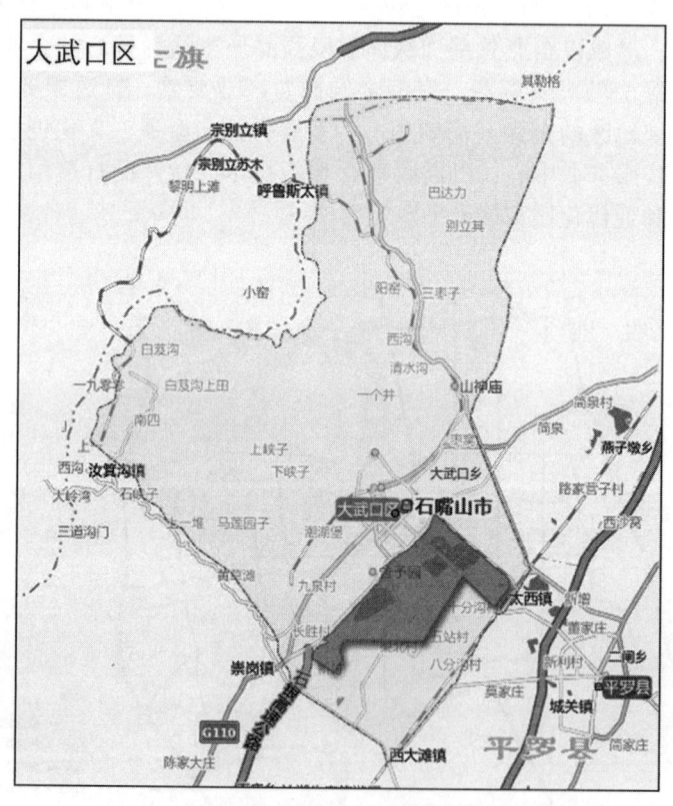

图 7-4　石嘴山市星海湖位置图

7.2 银川平原湖泊利用模式综合评价

7.2.1 建立评价指标体系

建立评价指标，对银川平原湖泊利用模式进行评价，以评估银川平原湖泊湿地利用的合理性和可持续性。根据银川湖泊湿地保护及利用实际，参考有关评价指标，选择合适评价指标并建立评价指标体系。

银川湖泊湿地利用模式包括以下七类，即湿地生态旅游、湿地农业、湿地文化、湿地科普教育、湿地环境改善、湿地综合利用和湿地区域发展。为了评价这些模式的适宜性及可持续性，本书探索利用部分指标进行综合评价，这些指标主要有以下几种（表7-6）。

（1）生境稳定性：即生态特征指标。评价该模式下湖泊生态系统的稳定性，不因自然要素和人为原因的变化而改变湖泊生态系统；湖泊湿地生物多样性，不因开发利用活动对生物多样性带来不利影响；湿地各资源要素的保持和协调，通过工程和管理措施维持湿地各资源要素并达到协调；湖泊湿地及周边不因开发活动带来整体的环境恶化问题；湖泊湿地生态系统保持健康状况等。

（2）利用适宜性：即利用价值指标。评价该模式下湖泊生态系统服务功能价值，包括资源利用价值、休闲利用价值等；利用价值的适宜性；利用价值的体现和所占份额。

（3）开发合理性：即利用强度指标。评价该模式下湖泊开发利用的强度与湖泊生态承载力的关系、主要评价利用方式是否合理，利用的效果如何，开发利用是否对湖泊湿地自身及周边环境带来不利影响。

（4）管理有效性：即管理能力指标。评价该模式下是否编制湖泊保护与利用的规划和计划；建立湖泊保护与利用的管理机构和工作机制；地方制定湿地保护与利用的政策和法规制度；湿地社区参与共管；建立湖泊开发利用的收益对湖泊湿地保护给予反哺的机制；能力建设等。

（5）示范代表性：即示范推广指标。评价该模式的示范推广价值和代表性；模式的推广范围和推广效应。

（6）持续发展性：即利用方式的可持续性。评价该模式在银川平原的健康发展与可持续利用。

表 7-6 银川平原湖泊湿地利用模式评价指标

评价指标	好	中	差
1. 生境稳定性	没有因自然要素和人为原因的变化而改变湖泊生态系统；开发利用活动对生物多样性没有产生不利影响；湖泊湿地处于健康状态	因自然要素和人为原因的变化致使湖泊生态系统发生的变化较小；开发利用活动对生物多样性产生一定不利影响；湖泊湿地处于亚健康状态	因自然要素和人为原因的变化致使湖泊生态系统发生的改变较大；开发利用活动对生物多样性产生较大不利影响；湖泊湿地处于不健康状态
2. 利用适宜性	服务价值大（2亿元/a以上）；利用价值适宜性强；利用价值产生显著综合效益；占总服务价值的10%以上	服务价值较大（1亿~2亿元/a）；利用价值适宜性较强；利用价值产生一定综合效益；占总服务价值的10%以下	服务价值小（1亿元/年以下）；利用价值适宜性不强；利用价值产生综合效益不明显；占总服务价值的5%以上
3. 开发合理性	开发强度适宜；利用方式符合实际；利用活动产生显著社会、生态和经济效果；利用活动对湿地及周边没有带来大的不利影响	开发强度较大或很少开发；利用方式比较符合实际；利用活动产生了一定显著效果；利用活动对湿地及周边带来的不利影响可以控制	开发强度大或或没有开发；利用方式不符合实际；利用活动产生效果不明显；利用对湿地及周边带来明显的不利影响
4. 管理有效性	保护与开发利用都有规划和计划并按照规划执行；有湖泊保护和经营的管理机构，二者一致或协调工作好；社区参与共管有组织、有制度、有方法，效果明显；湖泊利用的收益反哺湿地保护有制度保障	保护与利用规划不健全或只有一种，且没有完全按照规划执行；只有保护机构或只有经营机构，工作不协调；社区参与共管有组织、有制度、有方法，但开展工作不正常；湖泊利用的收益反哺湿地保护很少或不正常	没有保护与利用开发的规划；既没有保护也没有经营机构；社区参与共管没有建立组织和开展有关工作；湖泊利用的收益没有反哺湿地保护
5. 示范代表性	在本地区示范推广有代表性；有显著示范推广价值；可以在很大范围内推广	在本地区示范推广有一定代表性；有一定的示范推广价值；可以在一定范围内推广	在本地区示范推广没有代表性；示范推广价值不大；只能在很小范围内推广
6. 持续发展性	符合本地区发展规划，有关政策支持，发展取得综合效益，能够持续利用和发展	基本符合本地区发展规划，有一定综合效益，但利用和发展不稳定。	缺乏规划，或缺乏有关政策支持，综合效益不明显，不具利用和发展可持续性

7.2.2 银川平原湖泊利用模式综合评价

根据以上评价指标，由项目研究人员和相关湿地管理人员对银川平原湖泊湿地的这些利用模式分别识别和评价，采用好、中、差三个档次评价，评价结果见表7-7。

第7章 银川平原湖泊湿地利用模式及评价

表 7-7 银川平原湖泊湿地利用模式评价情况表

项目	生境稳定性	利用适宜性	开发合理性	管理有效性	示范代表性	持续发展性
湿地生态旅游	好	好	中	中	好	好
湿地农业	中	好	中	中	好	中
湿地文化	好	好	中	中	中	中
湿地科普教育	好	好	好	好	中	好
湿地环境改善	中	好	中	中	好	中
湿地综合利用	中	好	好	中	好	中
湿地区域发展	中	中	好	好	中	中

1) 分项分析

(1) 湿地生态旅游：对湿地生态的影响较小；在银川平原湖泊开展生态旅游适宜性强；总体上开发利用比较合理；管理一般由旅游公司为主，湖泊保护管理机构与经营机构建立了协调关系；在银川平原示范推广意义大；银川平原湖泊湿地开展生态旅游取得一定经验和效益，从长远看可持续性好。

(2) 湿地农业：对湿地生态有一定不利影响，主要表现在养殖及农田排水等面源污染对湿地带来水体富营养化问题突出；由于银川灌溉平原与湖泊湿地关系密切，利用方式很符合银川平原特点，但开发存在将湖泊改为鱼塘而失去湿地生态功能的情况，生态型种养殖还不多；农业与湿地综合管理的机制没有形成；对于银川平原来讲，做好湿地农业的示范意义重大。从长远看，银川平原湖泊湿地受农业面源污染的状况不可能很快改变，可持续性不强。

(3) 湿地文化：对湿地生态的影响较小；各地打造湿地文化品牌适宜性强；湿地文化的发展不足，表现在品牌少，影响力小；湿地文化与其他利用方式的结合不够；模式的推广受到地域和城市一些因素的限制，不能大规模推广。因此，这种方式的可持续性也受到局限。

(4) 湿地科普教育：对湿地生态产生正面影响；适宜于各种湖泊湿地及湿地公园开展；科普教育在规划控制下分区清晰、规模适宜、活动合适；建立相对独立的专门机构负责，设施设备及维护有一定保证；只适合在城市市区人员密集区域和重点湿地公园或保护区开展。作为湖泊湿地功能的利用和推进全社会关注和参与湖泊湿地保护，这种模式应该也可以持续下去。

(5) 湿地环境改善：对湿地生态及周边环境有一定的不利影响；非常适合在城市以改善宜居环境为目的；但开发缺乏与湿地保护衔接的综合规划，对湿地生物多样性及资源要素带来的不利影响尚未引起足够重视；没有建立与湿地保护管理部门的协调机制。利用湖泊为城市人居服务的推广价值大；但随着开发到一定规模则可能出现新的生态问题，这种模式存在一定的不可持续性。

(6) 湿地综合利用：由于综合利用形式多，相对强度较大，对湿地生态可能产生一定不利影响；作为湖泊湿地实行综合利用，突出特点和优势是提高湿地资源产出和保护湿地的一种有效方式；综合利用一般在规划控制下得到较合理开发；综合利用涉及的开发项目多且复杂，涉及相关部门多，因此建立必要的综合协调机制十分必要；实际上客观存在、也有必要推广综合性利用湿地的方式。从长远看，是一种可持续发展的模式。

(7) 湿地区域发展：依托湿地在一个区域发展和进行开发活动，由于其规模大，会对湿地生境，特别是生物多样性带来一定不利影响，需要在科学编制规划的基础上合理利用；由于规划的控制，可以在开发活动中减少对湿地生态的不利影响；湿地区域发展一般都是在一个统一的高层次管理体制下独立运行，管理的有效性得到保障；只能在具备自然、社会和经济发展条件下才能推广。由于其发展受到局限，提升模式及可持续性也在探索中。

2) 综合分析

（1）从生境稳定性看，湿地生态旅游、湿地文化和湿地科普教育等模式对湿地生态的稳定性影响最小，这是因为这几种模式不仅是与湿地保护密切相关的活动，对湿地保护能够产生一定的正面效应，同时这些活动的开发利用强度都不是很大，即便是生态旅游，也是在一定区域内，按照规划设立合理的旅游项目和旅游设施，并且严格控制游客环境容量而进行的。

（2）从利用的适宜性看，鉴于银川平原湖泊湿地的生态特征及其功能，这些利用模式都是符合实际并在实践中证明是可行的，只是根据湖泊的个性特定在某些方面可能更适宜。

（3）从开发合理性看，总体上由于对湿地生态系统的复杂性和脆弱性认识不足，开发利用的方式途径既有经验也有教训，尤其是对在湖泊湿地及周边进行开发利用缺乏与湿地保护相衔接的规划，保护与开发还存在一些矛盾，这种模式的薄弱点提示必须加强科学开发利用。

（4）从管理有效性看，不论是哪种模式，均显示湿地保护规划和湿地利用规划不健全的情况突出；保护管理机构和利用经营机构的关系交叉；湿地社区参与共管普遍滞后；利用湿地资源反哺湿地保护的机制尚没有形成，加强管理应成为今后湿地保护与利用的主要工作。

（5）从示范代表性看，湿地生态旅游、湿地农业、湿地环境改善和湿地综合利用在银川平原湖泊湿地具有明显的代表性，具有示范推广价值而且也应该进行推广。应在示范推广的过程中不断总结和完善，进一步提升这些利用模式的综合效益。

（6）从发展持续性看，湿地生态旅游是普遍并有综合效益的活动，有发展规划和相关政策支持，可持续性强；湿地科普环境教育是今后湿地功能发挥和开展全社会公众教育的重要手段，将受到各方面重视，也具备可持续性；湿地综合利用突出了综合，避免了单一利用的资源、环境、效益等问题，因此也具可持续性。而其他利用模式或是受发展规划和条件局限，或是受本地区经济社会文化基础影响，均存在一定的不可持续性。

参考文献

[美]克雷格·S·坎贝尔,迈克尔·H·奥格登.吴晓芙译.2005.湿地与景观.北京:中国林业出版社.
车震宇,田潇然,郑文.2012.从国外案例思考滨湖城镇建设与湖泊旅游的关系.生态经济,2.
林峰,杨光.水休闲旅游房地产开发.中国旅游报,2006-06-02.
钱法文,刘金龙,江红星,赵丽霞,吴训锋.2008.社区参与湿地管理.北京:科学出版社.
全晓虎,宋春玲.2007.宁夏湿地生态旅游可持续开发.湿地科学与管理,3.
王浩,汪辉,王胜永,孙新旺.2008.城市湿地公园规划.南京:东南大学出版社.
吴月,范坤,李陇.银川市鸣翠湖湿地旅游资源评价.湿地科学与管理,2008,2期.
银川市、石嘴山市、吴忠市重要湖泊湿地调查问卷表.
张庆霞,苗冠军,刘艳华.2013.宁夏沿黄城市带可持续发展能力综合评价研究.科技和产业,2.
张新,杨瑞强.2008.城市湿地开发利用研究.山西建筑,34(13).
周文斌,万金保,等.2012.鄱阳湖生态环境保护和资源综合开发利用研究.北京:科学出版社.3.

第8章　银川平原湖泊合理利用示范分析

湿地资源的可持续利用是湿地保护的最终目的，开展湿地合理利用是保证湿地可持续利用的重要手段。因此，有必要实施湿地合理利用和可持续利用的示范，以建立不同类型湿地开发和合理利用成功模式，为湿地资源的保护和可持续利用提供示范模式并奠定基础。

8.1　建立银川平原湖泊湿地示范点

8.1.1　示范点建设意义和建设目标

建立银川平原湖泊合理利用示范点，目的是为了进一步探讨和实践湖泊保护与利用的做法和经验，重点加强对湖泊的合理利用示范，在维持湖泊湿地生态系统稳定并发挥其功能的基础上，促进湖泊的可持续利用。同时，通过银川平原湖泊利用的示范，总结湖泊利用的最佳模式，在更大范围内进行推广。

银川平原湖泊利用示范点应成为试验区、示范区，建成为湖泊湿地生态系统稳定和健康、湿地生物多样性丰富，湖泊湿地生态服务功能价值增加，湖泊湿地的保护与合理利用得到协调发展，湖泊湿地合理利用有政策、制度保障，管理到位并不断提升的宁夏湿地典范。

8.1.2　示范点选择依据和标准

选择示范点的标准应包含湿地生态保护标准（如受保护湿地占当地国土面积的比例、湿地生态恢复治理情况、农业面源污染治理情况等）、湿地生态经济标准（如湿地资源产出及资源产出增加率、湿地生态及资源对当地发展的影响及贡献份额等）、湿地生态人居标准（如绿色建筑比例、湿地周边社区环境质量情况等）、湿地生态制度标准（如湿地保护管理制度、管理计划、湿地合理利用制度、环境容量评估和控制等）、湿地生态文化和教育标准（如湿地生态知识普及宣传教育情况等）。由于各类利用方式和特点的不同，拟分别设立评价指标，然后进行综合分析，以确定银川平原湖泊湿地利用的示范点。

8.1.3　示范点选择的原则

（1）均衡性原则：应主要依据银川平原湖泊利用评价的结果，同时考虑银川平原各地区都有示范点，以增加参与性，扩大示范范围和影响力。

(2) 成熟性原则：这些示范点都有亚洲开发银行和国家有关部门的湿地保护与合理利用项目实施，有基本成熟的合理利用做法和经验。

(3) 示范性原则：这些示范点已经或正在实施并通过实践取得了一定经验和模式，这些经验和模式可以在银川平原乃至更大范围内复制和示范推广。

8.1.4 示范点示范内容

(1) 规划编制及执行。对湖泊保护及合理利用进一步做好规划，应采用参与式方法，综合各有关部门的规划，制定近中期综合发展规划以及旅游、环境教育、湿地农业等专项规划，严格执行规划，对规划的执行情况进行监测和评估。

(2) 重点项目的实施。合理编制和实施湖泊利用或开发的优先行动项目，切实做好项目的可行性研究和环境影响评价，不因实施项目对湿地生态环境带来新的不利影响。

(3) 社区参与共管。组织协调湖泊区域及周边社区等利益方共同参与湖泊合理利用活动，通过开展合理利用活动增强公众对湖泊湿地保护的认知度和参与度，增加社区和群众的收入。

(4) 宣传教育活动。开展湖泊保护与合理利用的各种宣传教育活动，通过建立湖泊博物馆、宣教中心、科普教育基地等形式，宣传湖泊保护与合理利用的知识和成果，建立常态化宣传平台。

(5) 建立制度体系。建立湖泊保护与合理利用的制度体系，以制度建设保证湖泊湿地合理开发利用，以保持湖泊生态系统的特征不受开发利用活动影响而受到损害。

(6) 工程和管理措施。制定《银川平原湖泊湿地保护与合理利用指南》，结合各示范点实际采用工程技术和管理措施，维持湖泊湿地的可持续利用。

(7) 湿地生态监测。实行和加强对湖泊湿地开发利用的监测，依据《宁夏湿地生态系统监测指南》，各示范点应制定各自的监测计划并按照计划进行湖泊湿地生态监测。

(8) 信息数据系统。建立湖泊湿地利用的信息收集和数据处理系统，加强对湖泊利用活动的评估，通过宁夏湿地信息网络或公众网络向社会公告湖泊湿地的保护与利用情况。

8.2 各种模式示范点指标及评价

8.2.1 湖泊湿地生态旅游示范点及评价

根据银川平原湖泊湿地生态旅游的特点和实际，选择以下指标进行评价。

(1) 生态系统完整：湖泊湿地生态系统完整，生物多样性丰富，各资源要素配置合理，湿地及周边环境状况良好，有可供旅游的典型湿地自然景观。

(2) 所在区域发展水平高：湿地所在地区经济社会发展水平较高，有一定的旅游消费群体及消费能力。

（3）区位和交通可进入性良好：区位位置重要且突出，距中心城市或核心城镇距离适合，有便捷的交通条件可达湿地旅游区。

（4）有历史人文资源作为旅游发展依托：有一定的特点显著的历史人文资源，这些历史人文资源已经或正在被挖掘和展示。

（5）有旅游规划和政策支持：有湿地（或湿地公园）的旅游专项规划，或在湿地总体规划中有旅游规划内容，当地政府对湿地给予重视，在当地政府经济社会发展规划和有关政策方面给予倾斜。

（6）离主要客源市场近：湿地有相当数量的固定客源（如本地群众），并能吸引周边地区游客来此旅游和休闲。

（7）旅游设施完善：有围绕湿地特征开展旅游的相关设施，有符合湿地保护方向的湿地旅游项目，这些设施得到维护和改善。

（8）管理机构健全：有湿地旅游运行经营管理机构，经营管理机构与湿地保护管理机构有适合、有效的协调工作机制。

基于以上，对本项目涉及的银川平原 23 个主要湖泊湿地建立湿地旅游示范点进行评价：

表 8-1　银川平原湖泊生态旅游示范点评价表

湖泊	项目							
	生态系统完整	所在区域发展水平高	区位和交通可进入性良好	有历史人文资源作为依托	有旅游规划或政策支持	离主要客源市场近	旅游设施完善	管理机构健全
沙湖	√	√	√	√	√	√	√	√
简泉湖	√	—	—	—	√	—	—	—
镇朔湖	√	—	—	—	√	—	—	—
罗家湖	—	√	—	—	—	—	—	—
柳溪湖	—	√	—	—	—	—	—	—
怡养园	—	√	—	—	—	—	—	—
清宁河	—	√	√	—	—	—	—	—
鸣翠湖	√	√	√	√	√	√	√	√
阅海	√	√	√	—	√	√	—	—
海宝湖	—	√	√	√	√	√	√	√
宝湖	√	√	√	√	√	√	—	—
七子连湖	—	√	√	√	—	—	—	—
小雁湖	—	√	—	—	—	—	—	—
金波湖	—	√	—	—	—	√	—	—
犀牛湖	√	—	√	—	—	√	—	—
清水湖	√	—	√	—	√	—	—	—

续表

湖泊	项目							
	生态系统完整	所在区域发展水平高	区位和交通可进入性良好	有历史人文资源作为依托	有旅游规划或政策支持	离主要客源市场近	旅游设施完善	管理机构健全
寇家湖	—	—	√	—	—	—	—	—
三丁湖	√	—	√	—	√	—	—	—
鹤泉湖	√	√	√	√	√	√	√	√
银子湖	—	√	√	—	—	—	—	—
灵武西湖	—	√	√	—	—	—	—	—
星海湖	√	√	√	√	√	√	√	√
甘草塘湖	√	—	—	—	—	—	—	—

从上述评价结果看，银川平原湿地生态旅游方面，沙湖、鸣翠湖、星海湖、鹤泉湖评价较高，可以作为示范点选择；阅海、海宝湖等也具备了基本条件。

8.2.2 湖泊湿地农业示范点及评价

根据银川平原湖泊湿地农业的特点和实际，选择以下指标进行评价。

（1）生态系统完整：湖泊湿地生态系统完整，生物多样性丰富，各资源要素配置合理，湖泊湿地资源特点明显，湿地及周边环境状况良好。

（2）湿地资源服务价值显著：有丰富或一定的湿地动植物资源，这些动植物资源既有自然生长的也有人工种养殖的，这些动植物资源在得到保护的基础上适度利用。

（3）适度开发养殖：没有对自然湖泊进行较大规模和范围的水产开发利用，按照规划在自然湖泊划定区域进行围养，没有因开发湖泊水产养殖而对湖泊生态系统带来不利影响。

（4）产出价值较大：无论是自然生长和人工种植的植物，还是自然生长和人工养殖的水产品，在符合第（2）项的前提下有较大的产出。

（5）农田排水有控制：湖泊范围内或周边有农业（水稻田），农田排水进入湖泊得到预处理和净化后再排入湖泊。

（6）有规划或政策支持：湖泊湿地开发水产养殖有规划，当地政府对利用湖泊湿地开发养殖或种植有政策支持。

（7）农民受益较好：当地农民主要依赖湿地种植业和养殖业为生计，发展湿地水产和种植为农民增加了收入。

（8）管理基本完善：无论是农民承包，还是公司集中养殖，都有一定的经营管理制度和承包方式，管理机制是有序的。

表 8-2 银川平原湖泊湿地农业示范点评价表

湖泊	生态系统完整	资源服务价值显著	适度开发	产出价值较大	农田排水有控制	有规划或政策支持	农民受益较好	管理基本完善
沙湖	√	√	√	√	√	√	√	√
简泉湖	√	√	√	√	—	√	—	√
镇朔湖	√	√	√	√	—	√	√	√
罗家湖	—	—	—	—	—	—	—	—
柳溪湖	—	—	—	—	√	—	—	—
怡养园	—	—	—	—	√	—	—	—
清宁河	—	√	—	√	—	—	—	√
鸣翠湖	√	√	√	√	√	√	√	√
阅海	√	√	√	√	—	√	√	—
海宝湖	—	—	—	—	√	—	—	√
宝湖	√	√	—	—	√	—	—	—
七子连湖	—	—	—	—	—	—	—	—
小雁湖	—	—	√	—	—	—	√	√
金波湖	—	—	—	—	√	—	—	—
犀牛湖	√	—	√	—	—	—	—	—
清水湖	√	√	√	√	—	√	√	—
寇家湖	—	√	√	√	—	√	—	√
三丁湖	√	√	√	√	—	—	—	—
鹤泉湖	√	√	√	—	√	√	—	—
银子湖	—	√	—	—	—	—	√	—
灵武西湖	—	—	—	—	√	—	—	—
星海湖	√	—	—	—	—	—	—	—
甘草塘湖	√	—	—	—	—	—	—	—

从上述评价结果看，银川平原湿地农业方面，沙湖、星海湖、鹤泉湖、三丁湖、寇家湖、鸣翠湖（南湖）、阅海、镇朔湖等湖泊湿地可以作为示范点选择，这些湖泊在贺兰县和农垦系统比较集中分布。

8.2.3 湖泊湿地文化示范点及评价

根据银川平原湖泊湿地文化的特点和实际，选择以下指标进行评价：

(1) 生态系统完整：湖泊湿地生态系统完整，生物多样性丰富，各资源要素配置合理，湿地及周边环境状况良好。

(2) 有历史人文资源作为依托：有特点显著的历史人文资源，这些历史人文资源可以被挖掘和展示。

(3) 开展湿地文化活动：在湖泊湿地常态化开展了以湿地为主，或与湿地相关的文化活动。

(4) 举办湿地文化节：围绕湿地文化特点，结合旅游等，举办了旅游文化节或其他文化节活动。

(5) 湿地文化影响大：开展的湿地文化活动和湿地文化节，对该湖泊湿地扩大影响力，以及对当地文化发展有所贡献。

(6) 有规划或政策支持：湖泊湿地文化发展有规划、有计划，当地政府或有关部门对利用湖泊湿地开展湿地文化有政策支持。

(7) 管理与协调：开展湿地文化与当地有关部门做到协调，湿地文化活动基本可持续发展。

表 8-3　银川平原湖泊湿地文化示范点评价表

项目	生态系统完整	历史人文资源依托	开展湿地文化活动	举办湿地文化节	湿地文化影响大	有规划或政策支持	管理与协调
沙湖	√	√	√	√	√	√	√
简泉湖	√	—	—	—	—	—	—
镇朔湖	√	√	—	—	—	—	—
罗家湖	—	—	—	—	—	—	—
柳溪湖	—	—	√	—	√	√	√
怡养园	—	√	√	—	—	—	—
清宁河	—	—	√	—	√	√	√
鸣翠湖	√	√	√	√	√	√	√
阅海	√	√	√	√	√	√	√
海宝湖	—	√	√	√	√	√	√
宝湖	√	√	√	—	—	√	√
七子连湖	—	√	√	√	√	—	√
小雁湖	—	√	√	√	—	—	√
金波湖	—	√	√	—	√	√	√

续表

项目	生态系统完整	历史人文资源依托	开展湿地文化活动	举办湿地文化节	湿地文化影响大	有规划或政策支持	管理与协调
犀牛湖	√	—	—	—	—	—	—
清水湖	√	—	—	—	—	—	—
寇家湖	—	—	—	—	—	—	—
三丁湖	—	—	—	—	—	—	—
鹤泉湖	√	√	√	√	√	√	√
银子湖	—	—	—	—	—	—	—
灵武西湖	—	√	√	√	√	√	√
星海湖	√	√	√	√	√	√	√
甘草塘湖	√	—	—	—	—	—	—

综上评价结果，银川平原开展湖泊湿地文化方面，沙湖、鸣翠湖、星海湖、海宝湖、宝湖、阅海、鹤泉湖、灵武西湖等均可以作为湿地文化示范点选择。

8.2.4 湖泊湿地科普教育示范点及评价

根据银川平原湖泊湿地科普教育的特点和实际，选择以下指标进行评价（表8-4）。

（1）生态系统完整：湖泊湿地生态系统完整，生物多样性丰富，各资源要素配置合理，湿地及周边环境状况良好，有较好开展湿地科普教育的条件。

（2）区位位置合适：湖泊一般处于城市市区或近郊，交通条件便利，便于吸引广大社会群众参与和组织青少年来接受环境科普教育。

（3）有环境教育设施：湿地区域内有供开展环境教育的设施，如湿地生态知识宣传栏（牌），保护鸟类宣传栏等，或有湿地宣传教育中心或湿地博物馆。

（4）有环境教育工作基础：开展过湿地生态宣传教育工作，如在"世界湿地日""世界环境日""爱鸟周"等组织开展活动，或成为当地的环境教育基地。

（5）有规划或政策支持：开展湖泊湿地环境教育有规划，当地政府或有关部门对利用湖泊湿地开展湿地环境教育有政策支持。

（6）工作正常开展：湿地生态环境宣传科普教育已列为该湿地的正常工作，有计划，有人员，有设备。

（7）宣传影响力大：建立了该湿地的网站，或编印了该湿地生态保护和鸟类保护知识手册，或经常在新闻媒体宣传湿地生态保护。

表 8-4 银川平原湖泊湿地环境科普教育示范点评价表

项目	生态系统完整	区位位置合适	有环境教育设施	有环境教育工作基础	有规划或政策支持	工作正常开展	宣传影响力大
沙湖	√	√	√	√	√	√	√
简泉湖	√	—	—	—	—	—	—
镇朔湖	√	—	—	—	—	—	—
罗家湖	—	—	—	—	—	—	—
柳溪湖	—	√	—	—	—	—	—
怡养园	—	—	—	—	—	—	—
清宁河	—	—	√	—	—	—	—
鸣翠湖	√	√	√	√	√	√	√
阅海	√	√	√	√	√	√	√
海宝湖	—	√	√	—	—	—	—
宝湖	√	√	√	√	√	√	√
七子连湖	—	√	—	—	—	—	—
小雁湖	—	√	√	√	—	—	—
金波湖	—	√	—	—	—	—	—
犀牛湖	√	—	—	—	—	—	—
清水湖	√	—	—	—	—	—	—
寇家湖	—	—	—	—	—	—	—
三丁湖	√	—	—	—	—	—	—
鹤泉湖	√	√	—	—	√	√	—
银子湖	—	—	—	—	—	—	—
灵武西湖	—	√	√	—	—	—	—
星海湖	√	√	√	√	√	√	√
甘草塘湖	√	—	—	—	—	—	—

综上评价结果，银川平原湖泊湿地科普教育方面，沙湖、鸣翠湖、星海湖、宝湖、阅海等均可以作为湿地环境教育示范点选择。

8.2.5 湖泊湿地环境改善示范点及评价

根据银川平原湖泊湿地环境改善的特点和实际，选择以下指标进行评价（表 8-5）。

（1）生态系统完整：湖泊湿地生态系统完整，有一定的生物多样性，湿地及周边环境状况良好，有依托湖泊环境改善或促进周边宜居环境改善的基础和条件。

（2）区位位置适合：位置适宜于人居，一般在城市市区或依托湖泊湿地的新区，交通便利，生活方便，可以很快形成市民居住区。

（3）服务价值明显：依托湖泊改善环境后可极大地促进湖泊湿地周边土地增值，提升宜居环境质量效果明显。

（4）关系和谐性：依托湖泊环境改善，周边的开发活动没有对湿地产生不利影响，或有一定影响但可以采取措施防治；周边开发的建筑物与湖泊景观协调。

（5）有规划或政策支持：依托湖泊湿地环境改善开发利用有规划，当地政府或有关部门对利用湖泊湿地环境改善推进周边开发活动有政策支持。

（6）社区参与：周边社区（或利益相关方）一定程度上参与了湖泊湿地的保护及管理，或对湖泊湿地的保护给予了一定的反哺和补偿。

（7）管理有效性：湖泊湿地管理机构对周边开发及社区活动进行了监测，采取了发展周边活动对湖泊湿地产生不利影响的环境影响评价及有关措施和制度等。

表8-5　银川平原湖泊湿地环境改善示范点评价表

项目	生态系统完整	区位位置合适	服务价值明显	关系和谐性	有规划或政策支持	社区参与	管理有效性
沙湖	√	√	√	—	√	√	√
简泉湖	√	—	—	—	—	—	—
镇朔湖	√	—	—	—	—	—	—
罗家湖	—	—	—	—	—	—	—
柳溪湖	—	√	√	—	√	—	√
怡养园	—	√	√	√	—	—	—
清宁河	—	—	√	√	—	—	√
鸣翠湖	√	—	—	—	—	—	√
阅海	√	√	√	√	√	√	—
海宝湖	—	√	√	√	—	—	—
宝湖	√	√	√	√	—	—	√
七子连湖	—	√	√	√	—	—	—
小雁湖	—	√	√	√	√	√	√
金波湖	—	√	√	√	√	√	√
犀牛湖	√	—	—	—	—	—	—
清水湖	√	—	—	—	—	—	—
寇家湖	—	—	—	—	—	—	—
三丁湖	√	—	—	—	—	—	—

续表

项目	生态系统完整	区位位置合适	服务价值明显	关系和谐性	有规划或政策支持	社区参与	管理有效性
鹤泉湖	√	—	—	—	√	—	—
银子湖	—	√	√	√	√	—	—
灵武西湖	—	√	√	√	√	—	—
星海湖	√	√	√	√	√	—	√
甘草塘湖	√	—	—	—	—	—	—

综上评价结果，银川平原湖泊湿地环境改善方面，沙湖、清宁河、海宝湖、星海湖、宝湖、阅海、小雁湖、金波湖等均可以作为湿地环境改善示范点选择。

8.2.6 湖泊湿地综合利用示范点及评价

综合以上分项评价，进行汇总得出评价结果（表8-6）。

表8-6 银川平原湖泊湿地综合利用示范点评价表

项目	湿地生态旅游	湿地农业	湿地文化	湿地环境教育	湿地环境改善	综合评价
沙湖	+	+	+	+	+	+++++
简泉湖	—	+	—	—	—	+
镇朔湖	—	+	—	—	—	+
罗家湖	—	—	—	—	—	—
柳溪湖	—	—	+	—	+	++
怡养园	—	—	—	—	+	+
清宁河	+	—	+	—	—	+++
鸣翠湖	+	+	+	+	+	+++++
阅海	+	+	+	+	+	+++++
海宝湖	+	—	+	—	+	+++
宝湖	+	—	+	+	+	++++
七子连湖	—	—	+	—	+	++
小雁湖	—	—	—	+	+	++
金波湖	—	—	—	+	+	++
犀牛湖	—	—	—	—	—	—
清水湖	+	+	—	—	—	++

续表

项目	湿地生态旅游	湿地农业	湿地文化	湿地环境教育	湿地环境改善	综合评价
寇家湖	—	+	—	—	—	+
三丁湖	+	+	—	—	—	++
鹤泉湖	+	+	+	—	+	++++
银子湖	—	—	—	—	+	+
灵武西湖	+	—	+	—	+	+++
星海湖	+	—	+	+	+	++++
甘草塘湖	—	—	—	—	—	—

表 8-6 中，四个"+"以上，说明该湖泊湿地具有较强的综合利用性；二个至三个"+"，说明该湖泊湿地具有一定的综合利用性；一个"+"或没有"+"，说明该湖泊湿地综合利用性不显著或基本没有综合利用性。

综上评价，从湿地综合利用方面，沙湖、阅海、鸣翠湖、宝湖、鹤泉湖、星海湖等湖泊湿地都可以作为湿地综合利用的示范点。

8.2.7 湖泊湿地区域发展示范点及评价

根据银川平原湖泊湿地区域发展的特点和实际，选择以下指标进行评价。

（1）生态系统完整：湖泊湿地生态系统完整，有一定的生物多样性，湿地及周边环境状况良好，足以支持依托湿地的区域发展，并且区域发展不会给湖泊湿地生态带来不利影响。

（2）区位位置优越：湿地区域发展的区位处于城市发展区或新区，可以很快形成建设优势。

（3）基础设施条件好：无论是现状还是规划，都具备建立依托湿地的区域性发展基础，各方面基础设施条件好。

（4）辐射作用明显：区域性发展的辐射作用强，可以形成新型产业区、新型商贸区、新型城镇等区域中心。

（5）有规划或政策支持：依托湖泊发展区域经济有规划，当地政府或有关部门对利用湖泊湿地发展区域经济有政策支持。

（6）管理和协调到位：有发展区域经济的管理机构，并且管理机构与湖泊湿地管理协调。

鉴于以上指标，银川平原湖泊湿地发展区域产业仅限于目前基本具备条件和有发展前景的 4 处湖泊，评价结果见表 8-7。

表 8-7 银川平原湖泊湿地区域发展示范点评价表

项目	生态系统完整	区位位置优越合适	基础设施条件好	辐射作用明显	有规划或政策支持	管理和协调到位
沙湖	√	—	—	√	√	√
清宁河	—	√	√	√	√	—
阅海	√	√	√	√	√	√
星海湖	√	√	√	√	√	√

银川平原发展湿地区域示范点选择顺序为：阅海、星海湖、沙湖、清宁河。

8.3 主要示范类型及示范点

依据以上湖泊湿地各种利用模式示范及评价，选择综合评价较高（同时兼顾区域平衡及某方面利用的优势）的湖泊作为示范点，主要有：鸣翠湖（银川市兴庆区）、阅海（银川市金凤区）、宝湖（银川市金凤区）、海宝湖（银川市兴庆区）、沙湖（石嘴山市平罗县）、镇朔湖（石嘴山市平罗县）、星海湖（石嘴山市大武口区）、清宁河（吴忠市利通区）、鹤泉湖（永宁县）、三丁湖（贺兰县）、西湖（灵武市）11 个湖泊，同时按照各湖泊利用的主要形式，确定示范内容及目标。

8.3.1 湖泊湿地生态旅游示范点——沙湖、鸣翠湖

沙湖自然保护区，位于平罗县西南 19 km 的国营前进农场，南距银川市 56 km。总面积 4 247.7 hm^2，其中湿地面积 2 567.8 hm^2，包括湖泊面积 1 702.0 hm^2。沙湖保护区主要由湖面、沙丘和沼泽湿地和人工河组成。沙湖自然保护区以自然景观为主体，以广阔的湖泊和起伏的沙丘为主要自然特征，"水、沙、苇、鸟、山、荷、鱼"七大景源有机结合，构成独具特色的秀丽景观，在国内外实属罕见（图 8-1）。湖泊和沼泽中生长芦苇成片状、块状、簇状、点状分布，是我国西北地区芦苇景观一绝。沙湖自 1989 年开发旅游景区开展生态旅游已经具有成熟和成功经验，现已成为国家 5A 级风景名胜区、全国 35 个王牌旅游景点之一、中国十大魅力休闲旅游湖泊、中国十大最美湿地，是宁夏旅游的一面旗帜。2013 年全年游客数量达到 103 万人次，旅游收入 1.2 亿元，位宁夏旅游游客数量和旅游收入第一。

鸣翠湖国家湿地公园，位于银川市兴庆区掌政镇境内，西距银川市区 9 km，东临黄河 3 km。规划面积 667 hm^2，获得"中国生态保护最佳湿地"和"中国最美的六大湿地公园之一"美誉。现为国家 4A 级旅游景区（图 8-2）。鸣翠湖依托鱼、苇、荷、鸟、水、迷宫、水车等独特资源，以"游世界最大芦苇迷宫，湖光水色；赏塞上江南美景秀色，鸟语花香"为特色，有集湿地生态和湿地文化于一身的十大景点景观；现已建成西北首家水陆趣味拓展运动基地、宁夏首家千米野生垂钓栈台、画舫游芦苇迷

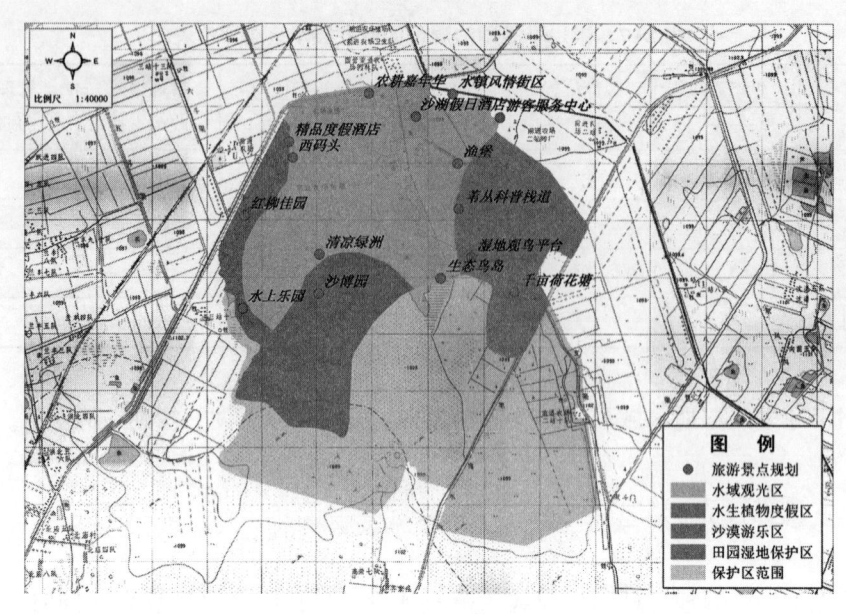

图 8-1 沙湖旅游规划图

宫等项目。2013年全年游客数量达到12.3万人次，旅游收入550多万元。

将沙湖和鸣翠湖列为湖泊湿地生态旅游示范点的主要因素有以下几个。

（1）均为自然保护区或湿地公园，有湖泊湿地保护与旅游规划，湿地保护管理机构和湿地生态旅游经营机构健全，工作基本协调；

（2）均开展了多样化的湿地生态旅游项目和建设了有关湿地旅游设施，可提供游览、休闲、度假等旅游方式，并有一定经验可供借鉴；

（3）均打造了湿地旅游文化品牌，坚持举办湿地文化节并取得良好效应。

（4）湖泊旅游获得了全国性多项荣誉，知名度高，影响力大。利用湖泊湿地资源开发旅游活动取得了比较显著的综合效益。

（5）湖泊湿地生态旅游得到当地政府的重视及政策性支持，各方面关注度较高。

8.3.2 湖泊湿地农业示范点——镇朔湖、三丁湖

镇朔湖国家湿地公园，位于平罗县境内，规划区南北长 6.7 km，东西最宽处 3.8 km，湿地面积 1 600.76 hm²，其中水域面积 1 349.63 hm²（图8-3）。镇朔湖被列为宁夏及银川平原重要湿地，2013 年被列入国家湿地公园试点。镇朔湖区域内生物多样性十分丰富，有野生脊椎动物 208 种，其中鱼类 26 种，鸟类 153 种；有维管束植物 225 种，浮游植物 65 种。其中芦苇和菖蒲 560 hm²。镇朔湖有机物质较为丰富，特别是在养殖水域中投饵施肥精养，鸟类粪便的积累，水质交肥浮游生物的含量极其丰富，既是鱼类资源的基础，同时也为发展生产业提供了优越环境。开发渔业已经成为镇朔湖开发利用湿地资源的主要途径。特别是在宁夏湿地保护"十二五"中已被纳入宁夏农业湿地可持续利用项目，国家和地方都对其进行了投入。

三丁湖，位于贺兰县长信乡丁北村、丁南村、丁义村，湿地主要由湖面、沼泽及

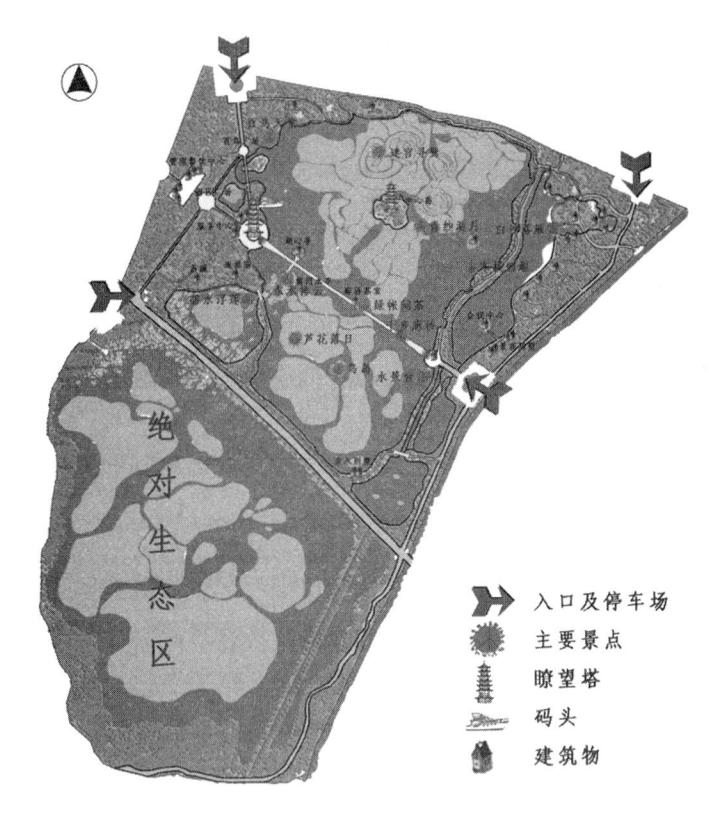

第8章 银川平原湖泊合理利用示范分析

图 8-2 鸣翠湖旅游规划图

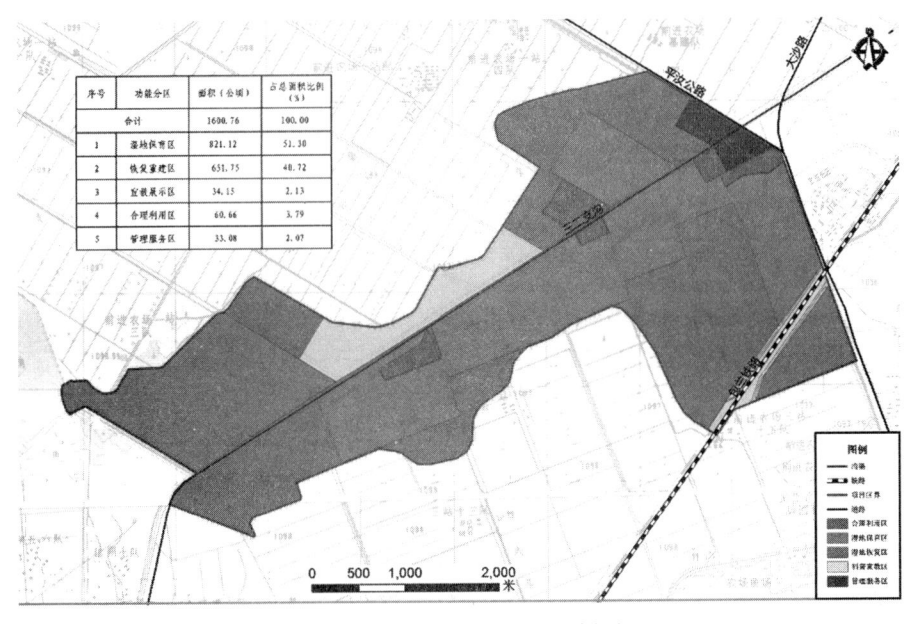

图 8-3 镇朔湖功能分区规划图

湿地草甸组成，总面积 820 hm^2，其中水域面积 353.2 hm^2。多年来，周围农民的过度围湖造田、开发鱼塘等活动，致使湖泊面积逐渐缩小。按照贺兰县发展西北地区水产养殖示范县的规划，三丁湖规划发展水产养殖为主，兼顾发展湿地旅游。2013 年水产养殖 3 178.8 t，并开展了垂钓等旅游休闲活动。

将镇朔湖和三丁湖列为农业（水产养殖）示范点的主要因素有以下几个。

（1）当地社会经济发展规划均将其发展渔业列入规划并进行重点支持和实施。

（2）均为面积较大的湖泊，而且开发渔业有历史，已经成为湖泊湿地利用的主要途径。

（3）均被列为宁夏及银川平原重要湿地，国家和地方都对其进行了投入，进行水产养殖示范有一定代表性。

（4）无论是农场管理，还是承包经营，管理基本满足保护和利用的协调。

8.3.3 湖泊湿地文化示范点——西湖、鹤泉湖

西湖，位于灵武市城镇西门，过去是一片鱼湖，后来经过开发、治理和保护，被改造成西湖公园的一部分，成为人们休闲娱乐的好去处。西湖公园现更名为灵州兴唐苑，呈现古典园林，宏伟大气的唐代建筑风格（图 8-4）。西湖公园内的会盟楼是公园的标志性建筑，楼内古灵州的历史风貌给人强烈的艺术震撼；六角飞檐塔式造型的文昌阁，充分展现唐代六边塔式建筑的雄伟、圆润、饱满、挺拔；飞檐仿唐造型的廊桥，总长 203 m；直径达 36 m 的登基台最具特色，是皇帝登基祭天的地方，每层有九级台阶，设汉白玉栏杆，栏杆上刻有龙纹，重现了唐肃宗李亨灵武登基的历史画面。灵武市博物馆设在西湖内。

图 8-4 西湖及周边古文化建筑

鹤泉湖生态湿地民族风情旅游区，位于永宁县城东北 2 km，北距银川市 18 km，东临黄河 2 km。总面积 242 hm^2，湿地总面积 195.9 hm^2，包括湖泊湿地 59.6 hm^2，沼泽湿地 136.3 hm^2。20 世纪 80 年代区内外许多电影、电视外景曾在此湖拍摄。鹤泉湖相

传很久以前一位书生科举落榜路经此地，被一鹤仙爱上，而书生看破红尘，立志出家，鹤仙只好洒泪而别，鹤仙的眼泪化做6个泉眼，形成了现在的湖，又名鹤泉湖。2012年12月，鹤泉湖被批准建立国家湿地公园，现由民营企业-银川大学管理经营。

将鹤泉湖、西湖列为湿地文化示范点的因素主要有几个。

(1) 均被当地政府规划为市民文化休闲公园，定位准确。

(2) 重点历史文物和湖泊湿地景观结合的人文和自然特色鲜明，有开展湿地文化的基础。

(3) 区位位置好，距县（市）城镇近，交通条件便利，对周边有较好辐射作用。

(4) 管理基础好，有开展湿地文化活动和旅游休闲的设施和组织能力。

8.3.4 湖泊湿地环境教育示范点——宝湖

宝湖国家城市湿地公园，位于银川市金凤区，东靠唐徕渠，南临宝湖路，北到铁路线，西依宝湖湾和宝湖天下住宅区。宝湖总面积 82.6 hm^2，其中水面面积 38 hm^2，是银川市区内规模较大的自然水面，属于典型的城市湖泊（图 8-5）。2007 年 1 月，国家建设部批准设立"银川市宝湖国家城市湿地公园"，成为西北地区第一个国家级城市湿地公园。宝湖湿地公园主要功能有：保护城市湖泊湿地，保护和丰富生物多样性的湿地生态保护和展示区域；依托唐徕古渠等历史文化遗迹，结合湿地文化，进行湿地生态宣传教育，开展科学文化活动的湿地生态科普教育基地；为市民提供垂钓、运动休闲、健身等活动的运动休闲场所及打造银川市"塞上湖城"的湿地生态型标志。

图 8-5 宝湖及周边开发状况

将宝湖建为湿地生态环境科普教育示范的因素主要有以下几个以下几个。

(1) 湖泊位于城市市区，位置适合开展科普环境教育，特别是青少年生态保护科普教育。

(2) 湖泊面积较小，周边开发强度大，自身不适合再进行或扩大其他形式的开发活动。

(3) 重要的是，宝湖湿地公园原建设规划定位即是城市湖泊湿地文化和科普教育湿地公园，但由于种种原因而没有实现。

(4) 银川平原已建成多处湿地公园，目前湿地公园建设的同一化比较明显，各湿地公园特色不突出，特别是作为科普文化主题公园还是空白。

(5) 宝湖基础设施条件好，银川市湿地管理办公室在此办公，建有湿地宣教中心、湿地生态定位站等可向社会开放参观的宣教场所，现有部分建筑物也可因地制宜用于建立各宣传教育和科普活动场所。

8.3.5 湖泊湿地环境改善示范点——海宝湖、清宁河

海宝湖，位于银川市兴庆区中心位置，建设面积 226.7 hm^2，其中湖泊面积 86.7 hm^2，全国重点文物保护单位——海宝塔位于湖泊边。银川市对湖泊进行了湿地恢复与利用项目建设，建成海宝湖公园，也使周边居住环境得到了很大的改善。海宝湖因生态环境改善对周边区域产生了极大增值效应，目前周边区域开发楼盘 10 余个，包括银川二中等知名学校，总的开发面积近 240×10^4 m^2。海宝湖由于处于市区，是银川市打造的市区北部市民休闲地，来海宝湖休闲、游览和参观的市民激增，达到每日 3 万多人。海宝湖已成为银川市区北部一处较大的市民休闲公园（图 8-6）。

图 8-6 海宝湖及周边开发状况

清宁河，位于吴忠市利通区，是一道恢复水系而建设的城市人工湖泊，面积 200 hm^2，其中水域面积 116 hm^2。由于清宁河的生态服务功能价值，使周边生态宜居环境得到很大改善，周边开发楼盘 9 个，总面积 131.8 万 m^2。同时还吸引周边每日约有 1 万人次群众进行休闲活动。

将海宝湖和清宁河列为改善环境示范点的因素主要有以下几个。
（1）湖泊位于市区中心，当地政府将其定位为市民休闲地以及生态宜居建设地。
（2）湖泊生态环境得到明显改善，可以为改善周边环境提供支持。
（3）湖泊已经成为当地市民的一处休闲场所，休闲人群数量大。
（4）湖泊周边规划开发了生态型建筑，包括住宅和公建，这些建筑没有给湖泊生态系统带来不利影响。

8.3.6 湖泊湿地区域发展示范点——阅海、星海湖

银川阅海，位于银川市金凤区，总面积 2 667 m^2，其中水域面积 1 934 m^2。阅海是银川北部最大的湖泊，依托阅海建设阅海湾中央商务区是银川市的重大发展战略项目，随着"沿黄城市带和黄河经济圈"战略的提升，银川市建设中央商务区，大力发展金融商贸酒店服务等产业，银川阅海湾中央商务区本着"立足西部，辐射全国，放眼全球"的发展构思，形成以银行、保险、证券、投资公司、集团总部办公为主，辅之以

电子商务、法律、会计、信息、咨询、策划、广告等现代服务业，汇集会展、零售、酒店等功能的综合城市商务中心（图 8-7）。规划总建筑面积逾 $400\times10^4 \text{ m}^2$。总长为 6.16km 的景观水系已成形贯通。项目建成后可聚集总部企业 150 家、中小企业 2 000 家以上，承载 10 万人在商务区工作生活，年产值（销售额）可达到 450 亿元。届时，银川阅海湾中央商务区将成为银川市最具活力、最具魅力、各类要素富集的现代化城市新区。

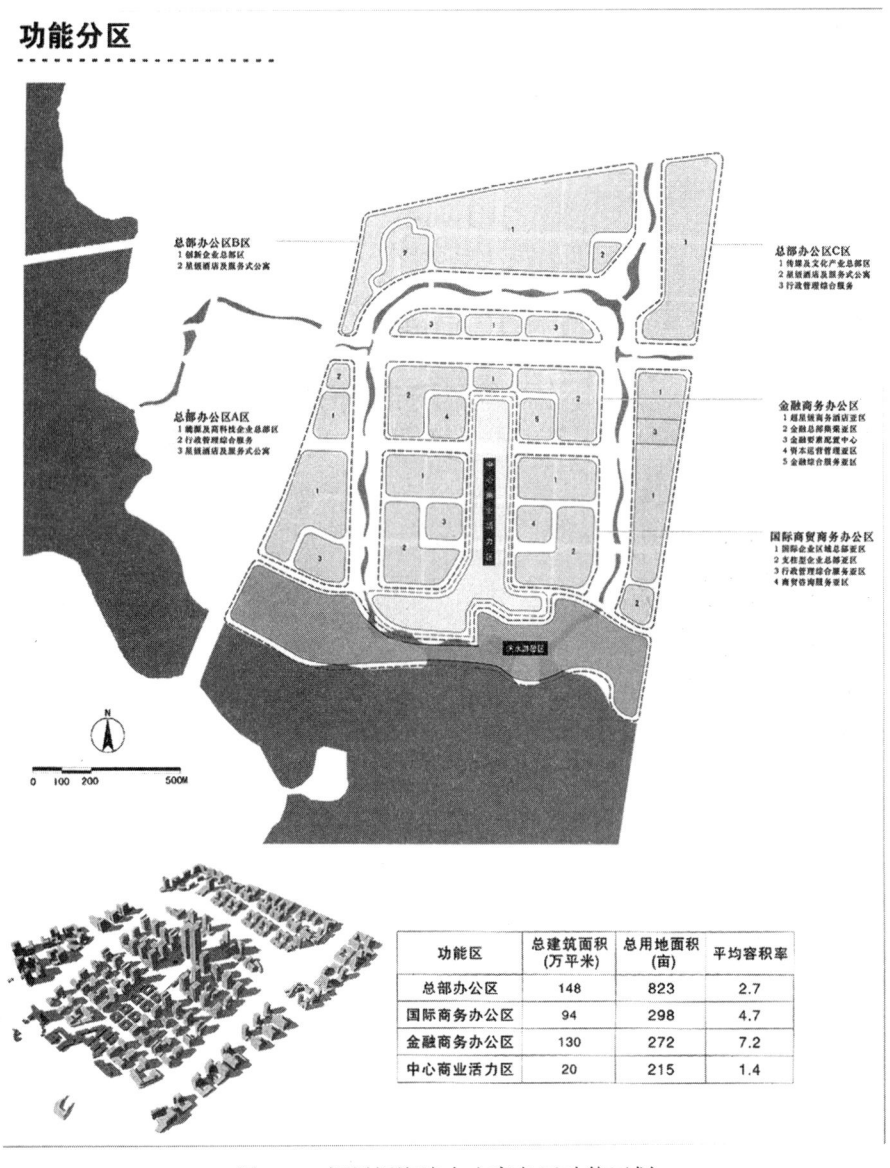

图 8-7　银川阅海湾中央商务区功能区划

星海湖，位于石嘴山市大武口区，总面积 4 300 hm²，其中水域面积 2 145 hm²，星海湖为农业和生态提供用水 $120\times10^4 \text{ m}^3$，人工养殖鱼类 3 285 t，每年有 15 万人次在这里休闲、游览,是大武口地区的一块生态品牌。规划环星海湖区域成为石嘴山市新的经济增长点,将其定位为新的城市复合中心,规划面积 68.5 km^2。打造以星海湖为核心的宜居宜游宜业的城市区域。星海湖作为石嘴山的城市名片,具有提升城市形象的宣传功能;对内具有滞洪调蓄作用,同时为居民提供休闲功能。充分利用湖区自然资源、生态优势,将星海湖打造成为优势突出,居住、科研、产业、行政、休闲活动,相互协调的城市复合中心。优化湖区生态环境、提高城市绿化率,保护基本农田以及各类绿色廊道系统、水体系统,使城市建设与生态建设紧密结合,建设环境友好型、资源节约型典范城市。规划构建"一带串五珠,六片连一缀"的区域格局(图 8-8)。其中六片,包括影视核心、教育科研、山水栖居、社会服务、文化展示、低碳工业五个特色功能组团,各组团均以混合模式开发,具备居住、科研、服务、教育多种功能。

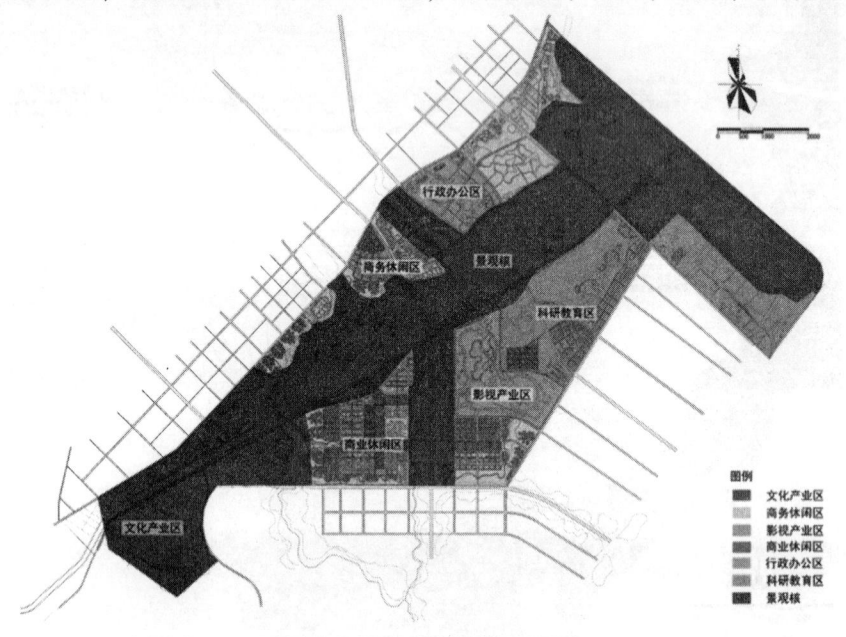

图 8-8 星海湖发展规划图

将阅海和星海湖列为湿地生态区域发展示范点的主要因素有以下几个。

(1) 这两个湖泊湿地都是宁夏重要湿地,无论是从生态服务功能价值,还是湿地生态特征保持方面,都处于良好湖泊状态。

(2) 这两个湖泊都被地方政府高度重视,作为发展的新经济增长点,区域发展模式的新探索,对于银川平原提升经济社会和生态协调发展质量和效益有着重要示范意义。

(3) 这两个湖泊均编制了湿地保护规划及区域发展规划,并且开始实施规划项目建设,将成为银川平原依托湿地生态系统发展创业区的"生态经济"样板。

8.3.7 湖泊湿地综合利用示范点

由于各湖泊湿地利用方式实际上并不是单一类型,至少是两种利用方式以上,因此在以一种利用方式为主的基础上，结合各自资源特点及优势进行综合利用，为此，初步确定了银川平原湖泊湿地综合利用示范点及利用方式（表8-8）。

表8-8　银川平原湖泊湿地综合利用示范点

湖泊	所属地区	主要利用方式	其他利用方式
沙湖	石嘴山市平罗县	湿地生态旅游	湿地环境科普教育、湿地农业、湿地文化
鸣翠湖	银川市兴庆区	湿地生态旅游	湿地环境科普教育，湿地农业、湿地文化
镇朔湖	石嘴山市平罗县	湿地农业	湿地生态旅游
三丁湖	贺兰县习岗镇	湿地农业	湿地生态旅游
海宝湖	银川市兴庆区	湿地环境改善	湿地文化、湿地休闲旅游
清宁河	吴忠市利通区	湿地环境改善	湿地文化、湿地休闲旅游
宝湖	银川市金凤区	湿地环境教育	湿地文化、湿地环境改善、湿地休闲旅游
鹤泉湖	永宁县杨和镇	湿地文化	湿地生态旅游、湿地环境改善
灵武西湖	灵武市东塔镇	湿地文化	湿地生态旅游、湿地环境改善
阅海	银川市金凤区	湿地区域发展	湿地生态旅游、湿地文化、湿地环境改善
星海湖	石嘴山市大武口区	湿地区域发展	湿地生态旅游、湿地文化、湿地环境改善

以上综合利用示范点，涵盖了银川平原各主要市、县，也基本包含了目前及今后一个时期银川平原湖泊湿地综合利用的主要方面。在实际利用中需注重突出特点，发挥优势，形成主要利用模式，增加银川平原湖泊湿地利用模式的辐射力和综合效益。

对本书提出的银川平原湖泊湿地合理利用示范及示范点，应组织有关部门进行论证，确定示范点及示范内容，明确示范点的主体及责任，明确各级湿地管理部门的指导作用，建立湿地管理部门与湿地示范点的工作联系机制，建立湿地部门与其他有关部门的协调工作机制，并纳入各有关部门的发展规划和有关工作计划，以确保示范的顺利进行和示范点起到示范带动作用。

参考文献

北京候鸟景观规划设计院. 2010. 宁夏沙湖生态旅游区重点片区升级改造修建性详细规划.
北京土人景观与建筑规划设计研究院. 2012. 石嘴山市环星海湖开发景观规划.
但新球，吴后建. 2009. 湿地公园建设理论与实践. 北京：中国林业出版社.
国家林业局. 2006. 易道环境规划设计有限公司 湿地恢复手册. 北京：中国建筑工业出版社.
韩春玲，王修贵，金苗，李新建. 2008. 一种全新的农田水量水质综合管理系统——美国"湿地-水塘-地下灌排综合水管理系统（WRSIS）"。湿地科学与管理. 4（2）.
金相灿［日］稻森悠平［韩］，朴俊大. 2007. 湖泊和湿地水环境生态修复技术与管理指南. 北京：科学出版社.
刘永，郭怀成. 2008. 湖泊-流域生态系统管理研究. 北京：科学出版社.

宁夏沙湖自然保护区管理处等.2012.宁夏沙湖自然保护区总体规划.

沈大军,张春玲,刘卓,肖伟华.2013.湖泊管理研究.北京:中国水利水电出版社.

孙胜民,等.2012.银川湖泊湿地水生态恢复及综合管理.北京:海洋出版社.

王琳瑛,徐秀梅,张凌青,康小青.2010.宁夏鸣翠湖国家湿地公园旅游开发的SWOT分析与战略对策.安徽农业科学,38(14).

西安建大城市规划设计研究院.2013.石嘴山市城市总体规划.

银川市、石嘴山市、吴忠市林业建设"十二五"规划.

第 9 章 银川平原湖泊湿地保护性利用规划布局与优先行动

9.1 指导思想

以生态文明建设为指导，在已有湿地保护和恢复工程的基础上，把湿地生态系统保护与湿地资源利用重点放在优化湿地的功能和提高湿地的效益上，使湿地更好地发挥调蓄洪水、净化水质、补充地下水、承载生物多样性等生态功能及提供资源利用和文化服务等重要价值功能；通过湿地自然保护区、保护小区、湿地公园等的建设，进一步加强湿地资源的保护与可持续利用；通过对湿地保护管理机构的能力建设，提高湖泊湿地保护与利用的监测及管理能力；通过湖泊湿地保护与利用的科技示范，使湿地生态系统在保障城乡生态安全，美化环境，为群众提供宜居条件、湿地物产和休闲娱乐机会，实现人与自然和谐，促进地方经济社会发展方面发挥明显的效益。

9.2 基本原则

1）保护优先，适度利用，和谐发展

根据湿地生态及其资源的重要性、稀缺性和特殊性确定湿地保护的序列，使银川平原的自然湖泊湿地得到保护。严禁在这些湿地上进行损害湿地功能的项目建设，适度发展与湿地保护目标相一致，促进实现人与自然和谐的合理利用项目。

2）规划先行，理念创新，示范带动

编制《银川平原湖泊湿地保护与合理利用规划》，以规划指导保护，以规划约束开发；以国内外先进的理念和技术为指导，结合宁夏区情，通过银川平原湖泊湿地示范区（点）的建设，使这些先进理念和先进技术在宁夏本土化和取得成效的基础上，指导和带动全区的湿地保护与可持续利用。

3）生态安全，生态保障，生态服务

坚持改善、修复和维护湖泊湿地生态系统，为宁夏及西北地区提供生态安全保障的原则；坚持按照《宁夏空间发展战略规划》，根据"优化结构、保护自然、集约开发、协调开发"的原则，确定优化开发区域、重点开发区域、限制开发区域和禁止开发区域；坚持改善和提升湖泊湿地生态功能和服务价值，带动宁夏平原生态经济发展，促进经济社会生态协调发展的原则。

4）综合管理，流域管理，机制创新

创新湖泊湿地区域（流域）综合管理机制，建立黄河流域银川平原段湿地生态保护综合管理机制，建立湖泊湿地生态系统保护修复和污染防治区域联动机制，建立湿地资源有偿使用和湿地生态补偿机制。

5）项目带动，研究监测，技术指导

坚持以银川平原湖泊湿地保护、恢复与合理利用项目带动湖泊湿地生态的健康发展和可持续利用；坚持开展与银川平原湿地保护及合理利用的重大科学研究；坚持不断加强银川平原湖泊湿地生态系统监测并定期进行评估；结合银川平原湖泊保护及利用实际，建立技术指导体系。

6）综合兼顾，均衡发展，持续利用

银川平原湖泊湿地保护与利用要兼顾生态效益、社会效益与经济效益，正确处理保护、利用与发展的关系，促进湿地保护事业和湿地旅游等特色产业的协调发展，实现银川平原湿地与自治区范围内三大效益的均衡发展；使银川平原湖泊湿地有利于构建宁夏生态体系建设，促进湖泊湿地资源可持续利用，促进宁夏社会经济和生态的协调发展。

9.3 规划目标

（1）使银川平原内65%以上的湖泊湿地资源得到保护和有效的监测与管理。

（2）提高现有湿地的生态功能和服务价值，为区域经济社会可持续发展提供所需的水资源和生物多样性资源、提供适宜的人居环境和优良的产品。

（3）建成一批在宁夏及西北地区具有示范作用的湿地保护与可持续利用典范，从不同层面体现银川平原湿地保护与经济社会发展相协调的主题。

（4）实现改善生态环境、发展生态产业、提高资源利用效率、提升区域发展品质的目标，实现湿地保护与湿地生态产业共同迈上一个新台阶的目标。

9.4 重点任务

（1）加强湿地自然保护区、保护小区和湿地公园建设，制定政策制度和措施，提升功能，使其成为湿地保护的核心和示范。

（2）制定湖泊湿地保护与利用规划，建立各种类型湿地保护恢复与合理利用示范区，提供针对不同区域的湖泊湿地保护、恢复与合理利用技术。

(3) 加强区域内自然湿地的生态恢复，加强湖泊湿地的植被恢复、水质提升和生物栖息地改善，实现湿地生态系统的功能优化。

(4) 使湿地恢复与功能优化服务于当地的经济与社会发展，特别是与宜居城市建设、提供优质物产、开展生态旅游等相结合。

(5) 建设人工湿地污水处理示范工程系列技术，在建立污水处理厂的基础上通过人工湿地深度处理，使重点工业园、旅游景区、新开发区与养殖区实现达标或零排放，重点农田面源污染得到有效控制。

(6) 加强保护管理机构在湿地生态系统监测、湿地科学研究和保护管理水平上的能力建设。

9.5 规划布局

9.5.1 做好黄河湿地的保护与功能恢复

黄河为宁夏的经济社会发展提供了最主要的水资源。银川平原湖泊湿地保护离不开对黄河及沿岸湿地的保护。无论是国际性大河的水质还清，还是我国实现黄河连续10年不断流，都采取了国际上先进的流域一体化管理模式，因此，实现黄河银川平原段湿地的保护，使黄河成为生机勃勃的母亲河，要根据国家分配给宁夏的水资源使用额度，对境内黄河水资源实行流域一体化管理，进行科学分配和调度。

银川平原区域内沿黄湿地的保护和恢复可依托已经和正在进行的吴忠滨河国家湿地公园、银川黄河湿地公园、黄沙古渡国家湿地公园、平罗天河湾湿地公园、惠农黄河湿地公园等建设，按照城市中心区沿黄湿地、非城市（镇）中心区沿黄湿地两类进行保护和恢复。城市中心区沿黄湿地要充分考虑黄河行洪和汛期城市生态安全，考虑黄河湿地对于提升生态功能和自然景观的作用，在不影响行洪安全的前提下，保持两岸湿地一定的滩涂面积和湿地植被，保留宽阔河道中的岛屿和沙洲，按照人与自然和谐发展的思路，规划生境岛、景观区、鸟岛栖息地、沿岸自然湿地植被区和人工种植景观湿地植被区等单元，实现景观多样性与生物多样性的良好结合。

在非城市（镇）中心区黄河沿岸湿地，首先要实现退耕还湿还滩，恢复两岸自然地貌，特别是河流湿地的主体——具备一定宽度的滩涂作为丰水期淹没带，同时充分利用自然界中的湿地种子库和依据湿地恢复的自我设计理论，采取自然恢复为主，人工适度干预为辅的方式进行植被恢复，实现滩涂湿地植被对入河水质的净化功能和为鱼虾及水鸟提供安全和食物丰富的栖息地，实现水质改善和提高河流湿地的生物多样性。

为了实现河流与湖泊湿地联合调蓄洪水、涵养水源的功能，使黄河沿岸地区享受更多宝贵的汛期水资源，应改变传统的防汛防洪观念，发挥湿地作为陆地水循环调节器和水资源再生器的重要功能，在流域中保持足够的水调节空间用以迎汛迎洪。这些调节空间可以是湿地、洪泛区、湖库等。因此，为了维持湖泊湿地区域（流域）一定的水资源，达到生态、生产、生活用水的全面协调，区域（流域）必须拥有足够的水调节空间以实现水资源的再生。

在对城市中心区沿黄湿地恢复的同时，应把银川平原沿黄湿地恢复重点更多地放在非城市（镇）中心区黄河沿岸湿地的自然恢复上，放在沿黄湖泊沼泽湿地的保护上，形成更多水调节空间和恢复湿地调蓄洪水、涵养水源、净化水质和承载生物多样性的关键功能，为湿地生态系统可持续地为宁夏经济社会发展提供充足的水资源和生物资源奠定基础。

利用黄河及两侧湿地建立自然景观，提升黄河的生态服务功能和价值，要注意将人类活动对湿地保护的影响控制在最小范围，建立人类活动与湿地保护的缓冲区。根据银川平原黄河各段实际和条件，可分为一级保护缓冲区、二级保护缓冲区。一级保护区重点保护黄河河流、滩涂、湖泊、湿地、植被、野生鸟类、鱼类等生态系统和生物多样性，突出营造和谐共生的自然生态和景观；二级保护区重点保护湖泊、湿地、野生动物栖息地、农田、林网林带等，营造银川平原独特的"塞上江南"风光。一级保护区范围为黄河河道至滨河大道（黄河防洪堤坝），二级保护区范围为滨河大道向外延伸 500~1 000 m 的区间。

9.5.2　强化黄河以西、贺兰山以东湖泊湿地功能优化

黄河从中卫进入宁夏，途经吴忠、银川和石嘴山市，由于引黄灌渠和汛期洪水泛滥的长期影响，历史上在黄河以西形成了一系列湖泊群。近几十年来，由于围湖造田、气候干旱等影响使这些湖泊面积缩小，湖泊之间的联系被切断，加之各类污染物的排入，使湖泊湿地不断萎缩、水质下降。近年来宁夏对沿黄湖泊湿地开展了大规模的恢复，并且恢复了被阻断湖泊之间的联通性，提高了湖泊湿地的功能。

由于沿黄不同湖泊湿地的恢复时期不同，一些湖泊水体的富营养化和恢复设计上的局限性，使湖泊湿地的生态效益和对城市发展重要功能尚未得到充分显现。因此，对于这些湖泊群应按照其自身特点和城市建设的需要，把湖泊生态系统的功能优化作为重点，而不是一味地扩大湖泊湿地的面积。通过景观规划、植被恢复、水质提升、加强连通性和生物栖息地改善，实现湖泊湿地的功能优化。可以从中卫、吴忠、银川、石嘴山市各选 1~2 处具有典型性和功能尚不完善的湖泊湿地，科学规划和建设形成不同恢复技术的示范区，为今后整个区域湖泊湿地群的功能优化提供科研监测体系、宣传教育体系和保护管理体系建设经验。

1）青铜峡库区湿地片区

青铜峡库区湿地目前是银川平原最适合开展生态功能优化的湿地。该湿地是宁夏最大的一片库区滩涂湿地和省级湿地自然保护区，保护区地貌分为低中山、丘陵和波状平原、冲积平原四种形态，库区湿地总面积 15 300 hm^2，占青铜峡水库湿地自然保护区总面积的 78.2%。其中永久河流湿地面积 2 000 hm^2，泛洪平原湿地面积 6 770 hm^2；由于黄河多年改道形成永久性淡水湖湿地面积为 1 530 hm^2，季节性淡水湖湿地面积 5 000 hm^2。黄河主河道和西河在保护区内环绕形成滩涂孤岛，内有天鹅湖、中心湖和

洪闸湖镶嵌，大量河水洪积物慢慢沉淀形成湿地。由于湖区有天然柽柳林，加上西河逐渐缩小，演变成湖泊沼泽、植被茂密、鱼类丰富，成为鸟类天堂，获得了"西北第二鸟岛"美称。由于历史原因，人为活动频繁，围湖造田、开发鱼塘、污水排放、乱砍滥伐等现象频发，森林景观遭到严重破坏，土壤盐渍化加重，鸟类种类和数量大幅度减少，使该区域湿地生态环境日益恶化。

青铜峡库区湿地是宁夏生物多样性的富集地区，资料表明，每年春夏之交鸟类达100多种，有许多珍稀濒危野生动植物种类。保护区存在的主要问题：①对库区湿地的过渡开垦；②对生物资源的过度利用；③湿地水资源的不合理利用；④湿地污染加剧；⑤泥沙淤积日益严重，此外，保护和管理制度落后，部门利益冲突影响保护。

为对青铜峡库区湿地进行抢救性保护，保护湿地资源及其生物多样性，恢复和构建良性循环的生态系统，拟在核心区和缓冲区开展退耕还滩工程、植被恢复工程，在保护区部分边界实施围栏封育工程；在试验区开展自然与人工湿地对面源污染治理工程、保护区能力建设工程，同时开展包括水质和植物资源、生物多样性监测在内的科研。开展宁夏湿地重点科研与监测网络建设，发展观鸟等生态旅游产业。

2）银川阅海和鸣翠湖湿地群

银川阅海和鸣翠湖湿地群位于银川市金凤区和兴庆区，其中阅海湿地公园和鸣翠湖湿地公园均为国家湿地公园，分别位于银川市西部和东部，形成以阅海和鸣翠湖为代表的两大湿地群。

阅海湿地公园距银川市中心仅3 km，是银川市面积最大、原始地貌保存完整的湿地，湿地由苇湖、沼泽、草甸和星罗棋布的农田湿地组成。2004年改造修建的艾依河，连通了阅海、北塔湖、化雁湖、宝湖、七十二连湖等湖泊，今后将继续重点建设阅海、海宝湖、宝湖等湿地公园。

鸣翠湖位于银川市东侧，由湖面、沼泽及湿地草甸构成，湖周围为水稻田和鱼塘，湖面宽阔，湖水较深，湖泊荡漾，自然景色十分迷人，大面积的芦苇呈簇生或片状丛生在湖水中。下一阶段将以鸣翠湖为核心，规划将其南北约22 km范围内的鹤泉湖、阎家湖、清水湖（东明海）、孙家大湖等23个湖泊连通。

对该区域两大湖泊湿地群的建设重点是提高湿地群的生态功能，包括调蓄能力，改善水质、进一步恢复植被及改善鸟类栖息地，美化城市景观，改善城市小气候，形成宜居环境和为市民提供更多更好的休闲场所，提高城市的生活品质。具体项目内容包括：通过湖泊连通、补水蓄水工程、"中水"深度处理后回用工程（如利用人工处理湿地）等调节湿地水平衡，通过面源污染湿地处理、湖滨植被带和生态浮岛建设、投放水生动物等措施改善水质和小气候，通过地形改造、植被恢复、生物链修复措施改善鸟类栖息环境并建设湿地生物多样性保护小区，通过科研科普和生态旅游等设施建设、湿地重点科研与监测网络建设、科研项目开展、科普活动的开展，提高湿地保护和教育的水平，提供更多更好的游憩机会。在此基础上、提高城市及周边湿地的生态功能和生态服务价值，把两大湖泊湿地群建设成为湿地保护与可持续利用的示范基地。

3) 星海湖湿地片区

星海湖湿地主要是以滞洪蓄水和城市用排水及第二农场渠水的注入，形成了一片以湖泊水面，滩涂沼泽组成的湿地。湖区丰水期面积 2 145 hm^2，平水期水面 956 hm^2，枯水期水面 637 hm^2，平均水深 80 cm，因此湖区可分为湖泊湿地和滩涂湿地两大类。该湖由于成湖时间较短，生物资源还不丰富，局部地区有芦苇、香蒲等水生植物以及耐盐碱干旱水湿的多种杂草，同时还有各种水禽类、鱼类等动物栖息，城市排放污水对湖区有一定威胁。星海湖为国家级湿地公园和宁夏"十二五"湿地生态系统示范区。

星海湖的首要生态功能是调蓄洪水，减少山洪对当地工农业的危害，其二是湖区在城区范围，20 km^2 湖泊湿地对城市空气有明显的调节作用，湖泊和滩涂是鸟类重要的栖息地，星海湖还是知名度较高的旅游景点。因此，在"十三五"期间，加强对星海湖调蓄功能、小气候调节功能、湿地生物多样性保护及旅游业与湿地生态环境关系的研究。"十三五"投资项目有湿地植被恢复、水禽栖息地恢复、湿地重点科研与监测网络建设、湿地生物多样性保护小区建设、湿地生态系统示范区建设、生态旅游设施建设、湖滨带防护林建设等。

9.6 优先行动项目

优先行动项目原则上在《全国湿地保护工程规划（2002—2030 年）》的总体框架内筛选；优先选择对象是湿地自然保护区、国家级湿地公园和自治区湿地公园；并重点考虑国务院批复的区域规划、流域规划中有明确投资渠道的湿地保护与恢复项目。同时，结合国家有关部门将调整此规划以及结合本项目研究，进一步提出银川平原湖泊湿地保护与利用的重大项目，建议列入全区湿地"十三五"规划。项目建设主要内容有湿地保护体系、湿地综合治理、湿地可持续利用示范、能力建设与科技支撑体系建设等工程项目等。

9.6.1 落实《全国湿地保护工程规划（2002—2030 年）》项目

《全国湿地保护工程规划（2002—2030 年）》（简称《规划》）的目标为，通过加强对水资源的合理调配和管理、对退化湿地的全面恢复和治理，使丧失的湿地面积得到较大恢复，使湿地生态系统进入一种良性状态。同时，通过湿地资源可持续利用示范以及加强湿地资源监测、宣教培训、科学研究、管理体系等方面的能力建设，全面提高我国湿地保护、管理和合理利用水平，从而使我国的湿地保护和合理利用进入良性循环，保持和最大限度地发挥湿地生态系统的各种功能和效益，实现湿地资源的可持续利用。为此，依据生态效益优先、保护与利用结合、全面规划、因地制宜等原则，《规划》安排了湿地保护、湿地恢复、可持续利用示范、社区建设和能力建设 5 个方面的重点建设内容。列入规划的银川平原湿地项目主要有以下几类。

1）湿地保护体系建设

（1）保护基础设施建设：包括青铜峡库区湿地保护与栖息地恢复建设，鸣翠湖生态保护、恢复与综合利用工程，银川国家湿地公园基础设施建设，石嘴山星海湖国家湿地公园示范建设，惠农黄河红柳湾国家湿地公园建设等项目。

（2）湿地及栖息地生态恢复：惠农黄河红柳湿地保护与恢复，灵武滨河湿地保护及栖息地恢复建设等项目。

（3）保护管理能力建设：包括宁夏湿地保护管理中心建设，国家林业局西北地区湿地宣教培训基地建设，银川平原市级湿地管理站建设，县级湿地管理站点建设等项目。

湿地保护体系建设项目内容详见表9-1。

表9-1 湿地保护体系建设优先行动计划项目表

项目类别	项目名称	实施地点及范围	项目必要性	工程主要内容与规模	预期效果
保护基础设施建设	青铜峡库区湿地保护与栖息地恢复建设	青铜峡市湿地范围内	国家重点湿地，宁夏最大的河流湿地，黑鹳、中华秋沙鸭栖息地。		
	鸣翠湖生态保护、恢复与综合利用工程	银川市鸣翠湖	具有中国西北荒漠化湿地类型典型特征，是黄河上游保存完好的重要自然湿地，被自治区林业局列为国际重要湿地保护名录申报单位。	建管理站4处面积2 000 m²，湿地保护点8处640 m²，湿地水生植被恢复620 hm²。建科研中心、宣教中心各1处，面积800 m²	建立和完善保护体系，区域内湿地生态系统原生状态得到有效保护，湿地资源及鸟类数量有明显恢复、增强
	银川国家湿地公园基础设施建设工程	银川市鸣翠湖、阅海、黄沙古渡国家湿地公园	湿地生态典型，物种丰富	湖滨带植物人工种植34.8 hm²，水生植被人工种植20 hm²。湿地科普教育中心1处，面积1 500 m²；鸟类监测环志站1处，面积150 m²。巡护道路工程5.8 km	有效改善湿地环境，有利于恢复和维持宁夏地区湿地生态系统的完整性、稳定性和连续性等，对推进整个黄河流域湿地的保护和功能修复具有重要作用
	石嘴山星海湖国家湿地公园示范建设	石嘴山市星海湖湿地公园内	湿地生态典型，物种丰富	国家湿地公园基础设施建设、建立湿地公园监测体系，建立宣教中心，加强管理，起到湿地公园示范作用	基础设施逐渐完善，保护管理和监测水平明显提高，湿地公园物种资源得以科学保护，对全区湿地保护工作起到示范引领作用

续表

项目类别	项目名称	实施地点及范围	项目必要性	工程主要内容与规模	预期效果
湿地及栖息地生态恢复	宁夏惠农黄河红柳湾国家湿地公园建设项目	惠农区湿地公园内	由黄河过境形成的滨河湿地和贺兰山山前洪积扇所形成的湖泊湿地	国家湿地公园基础设施建设、建立湿地公园监测体系，建立宣教中心，加强管理，起到湿地公园示范作用	基础设施逐渐完善，保护管理和监测水平明显提高，湿地公园物种资源得以科学保护，对全区湿地保护工作起到示范引领作用
	惠农黄河红柳湿地保护与恢复项目	惠农区湿地区域内	黄河湿地	国家湿地公园基础设施建设、建立湿地定位站 1 座，完善湿地公园监测体系，建立宣教中心 200 m²，保护、恢复湿地面积 5 133 hm²	区域具有典型的平原地貌特征，区位优势明显、生态环境优良，水体景观和植被景观丰富，建设国家湿地公园使湿地生态系统得到保护和合理开发利用
	灵武滨河湿地保护及栖息地恢复建设	灵武市湿地区域内	灵武黄河段，处于毛乌苏沙地边缘，恢复湿地是保护黄河安全的重要举措	湿地恢复工程，实施退田还湖 200 hm²，封滩育林 5 000 hm²，防洪堤人工造林 100 hm²，科研中心 1 座，100 m²，并配备必要的监测设备	项目实施有利于减少泥沙流入黄河宁夏段，使其脆弱的生态系统得以恢复，丰富的生物资源得以保护
保护管理能力建设	宁夏湿地保护管理中心建设工程	银川市	健全区级湿地中心职能	建管理站 1 处 300 m²，退滩还湖 1 000 hm²，建监测中心 1 处，清淤疏浚 280×10⁴ m³，购置相应的仪器设备	该项目实施，有利于减少泥沙流入黄河宁夏段，使其脆弱的生态系统得以恢复，丰富的生物资源得以保护
	国家林业局西北地区湿地宣教培训基地建设	吴忠市	建立健全国家层面宣教培训基地	湿地保护管理中心 1 处，3 000 m²，配备相关办公、交通、科研、宣教和监测设备，建立全区湿地监测网络，开展培训（与宁夏湿地监测中心、宣教中心、科研中心和培训基地合建）	通过对各基础设施的建设，对各类人才的培养，全面提升我区湿地资源的保护和管理能力，使宁夏湿地保护工作迈向新台阶

续表

项目类别	项目名称	实施地点及范围	项目必要性	工程主要内容与规模	预期效果
保护管理能力建设	地市级湿地管理站建设	银川市、石嘴山市、吴忠市、中卫市、固原市、农垦	健全地级湿地管理机构	国家林业局西北地区湿地宣传教育培训基地包含一个10 000 m²的室内互动中心（湿地交互世界）和43 hm²的户外湿地保育区	通过对各类宣教基础设施的建设，促进西北湿地宣教培训提高，为西北地区各类人才的培养、培训奠定良好的基础
				建设地级湿地保护站6处，每处200 m²；配备办公、通信、交通和相应设备	使管理者湿地保护机能明显提高，公众湿地保护意识进一步增强
				建设县级湿地保护站20处，每处200 m²；配备办公、通信、交通和相应设备	使管理者湿地保护机能明显提高，公众湿地保护意识进一步增强

2）重要湿地综合治理

（1）湿地生态系统与功能恢复：包括银川平原退耕还湿、宁夏银川黄河湿地保护与恢复，平罗县翰泉海月亮湖湿地保护与恢复建设，贺兰县湿地保护恢复建设等项目。

（2）有害生物防治：包括有害生物疫源疫病监测点建设和有害生物综合防治等项目。

（3）湿地关键物种栖息地营造和优化：包括宁夏永宁黄河湿地保护与恢复，宁夏镇朔湖、西大滩湿地保护与恢复和中宁滨河湿地保护与优化等项目。

重要湿地综合治理项目内容见表9-2。

表 9-2 重要湿地综合治理工程优先行动计划项目表

项目类别	项目名称	实施地点及范围	项目必要性	工程主要内容与规模	预期效果
湿地生态系统与功能恢复	银川平原退耕还湿工程	鸣翠湖、青铜峡鸟岛、惠农红柳湾、平罗天河湾等银川平原湿地黄河段	黄河滩涂区位重要，恢复滩涂湿地、增加湿地面积	5 000 hm^2，退耕还湿	扩大恢复黄河湿地水禽栖息面积，区域物种资源得到科学保护
	宁夏银川黄河湿地保护与恢复工程	银川市湿地黄河段	黄河银川段区位重要，湿地保护重要在功能恢复和发挥生态效益上	保护站 3 处共 600 m^2，修建巡护道路 34 km，围栏 585 km，水生植被恢复 858 hm^2，退田还湖 350 hm^2，建监测信息管理系统 1 套及鸟类环志站 3 处	扩大恢复黄河湿地水禽栖息面积，区域物种资源得到科学保护，保护管理水平得到明显提高
	平罗县翰泉海明月湖湿地保护与恢复建设工程	平罗县翰泉海、月亮湖	该处为宁夏地势最低处，是农田退水、山洪退水的积聚地，其生态系统功能亟需恢复和加强	管理站 1 处 1 000 m^2，退滩还湖 1 000 hm^2，建监测中心 1 处，清淤疏浚 280×10^4 m^3，购置相应仪器设备	使现有的湿地沼泽不再萎缩，荒漠湿地植被恢复发展，动植物生存环境得到有效保护
	贺兰县湿地保护恢复建设项目	贺兰县黄河贺兰段，三丁湖及艾依河贺兰段	该处为黄河金岸的枢纽，区域内湿地密布，但生态功能没有有效发挥，为保护黄河安全应恢复湿地功能	湿地保护管理站 10 个，围栏 98 km，瞭望台 10 座，退田还湖 533 hm^2，清淤疏浚 400×10^4 m^3，修建引水渠 30 km，湖滨带种植 400 hm^2，购置设施设备	恢复湿地面积，退滩还湖，使黄河湿地的功能得以恢复，维护黄河生态系统安全
有害生物防治	有害生物疫源疫病监测点建设	银川、吴忠、石嘴山、中卫市、固原市、农垦	加强湿地疫源、疫情监测	各建测预报警点 60 m^2，配备测报工具及信息传输处理设施设备	及时通报疫源疫情
	有害生物综合防治	天湖、青铜峡库区、吴忠黄河湿地、阅海、腾格里湖、镇朔湖、鸣翠湖	严密防范外来有害生物入侵，加强湿地病虫害和湿地鼠害综合治理	发展生物防治、投放生物药剂、清理虫害木、疫木，配备防治设备	对湿地病虫害和湿地鼠害进行防治

续表

项目类别	项目名称	实施地点及范围	项目必要性	工程主要内容与规模	预期效果
湿地关键物种栖息地营造、优化	宁夏永宁黄河湿地保护与恢复工程	永宁县黄河永宁段，珍珠湖、鹤泉湖	区域内有黑鹳等国家一级保护动物，关键物种	退湿还湖还苇3 000 hm^2，清淤疏浚20×10^4 m^3，湿地植被恢复3 500 hm^2，新建湿地信息管理中心1座，并配备必要的监测设备	黄河河流湿地的功能和生态特征得到有效维持和加强，物种资源得到有效保护
	宁夏镇朔湖、西大滩湿地保护与恢复项目	宁夏农垦沙湖生态渔业有限公司镇朔湖、西大滩	区域内有国家一级保护动物黑鹳，二级保护动物白琵鹭、大天鹅都为关键物种	建湿地保护小区5处，生态防护林700 hm^2，面源治理2 000 hm^2，清淤工程10 000×10^4 m^3，湖堤加固9.9 km，泄洪区治理19 km及能力建设	自然景观的原生态系统得到有效保护，区域内物种资源得到科学保存

3）能力建设与科技支撑体系建设

（1）湿地调查：开展银川平原湿地资源调查。

（2）湿地监测：建立银川平原湿地资源监测、宣教、科研和培训中心，与宁夏湿地保护管理中心合建。在银川平原所在地市和农垦建立湿地监测站，加强湿地资源监测能力。

（3）湿地宣教：建立宁夏湿地宣教、资源监测、科研和培训中心，与宁夏湿地保护管理中心合建。为银川平原所在地市和农垦配备宣教设施设备，加强湿地宣教队伍培养。

（4）湿地保护管理能力建设：建立宁夏湿地资源培训、监测、科研和宣教中心，与宁夏湿地保护管理中心合建。为银川平原所在地市和农垦培养湿地保护管理队伍的专业人才，加强队伍建设。

（5）科学研究与科技支撑体系建设：建立宁夏湿地资源科研、培训、监测宣教中心，与宁夏湿地保护管理中心合建。为银川平原所在地市和农垦培养湿地保护管理队伍的专业人才，配备科研设备，加强学术交流。

能力建设与科技支撑体系建设项目内容见表9-3。

表 9-3　能力建设及科技支撑体系建设优先行动计划项目表

项目类别	项目名称	实施地点	项目必要性	项目内容	预期效果
湿地调查	银川平原湿地调查	银川市、石嘴山市、吴忠市、农垦	基础性工作	拟建湿地公园或自然保护区范围内生态系统与生物多样性全面调查	科研、科学管理水平提升
湿地监测	监测中心建设	银川	监测全区湿地资源状况	全区监测中心基础设施建设500 m²（注：宣教中心、科研中心、培训基地和监测中心合建，含征地费用）	全面提升宁夏湿地资源调查和监测水平
湿地监测	数据平台建设	银川市、石嘴山市、吴忠市、农垦	地理信息系统及数据传输系统	区级和5个地市级和农垦监测中心各1套，共6套	将为宁夏湿地资源调查和监测体系建设提供数据汇总，为管理者提供决策依据。
湿地监测	监测能力建设	银川	全区湿地监测系统正常运作的基本保障	区级和5个地市级监测中心各1套，主要包括微机、定位系统、照相录像设备、观测设备、固定样地、样线设置和交通设备各1套，共6套	通过对区级及地市级监测能力建设，可以对宁夏重要湿地进行长期定位监测，及时掌握湿地动态变化
湿地宣教	宣教中心建设	银川	开展全区及中国西部湿地保护管理宣教	监测中心500 m²基础设施建设及相应的办公设备（注：宣教中心、科研中心、培训基地和监测中心合建）	通过对各类宣教基础设施建设，为湿地各类人才的培养奠定良好的基础
湿地宣教	宣教设备配备	银川市、石嘴山市、吴忠市、农垦	全区湿地湿地保护管理宣传教育系统正常运作的基本保障	区级和5个地市级及农垦宣教设备各1套，主要包括微机、影音播放系统、照相录像设备、展板和科普资料印刷、交通设备等，共6套	通过对宣教设备的配备，加大对湿地保护工作的宣传，提高公民保护湿地的意识
湿地宣教	宣教队伍培养	银川市、石嘴山市、吴忠市、农垦	逐步培养具备较强的文字功底、照相技术和总结分析能力的宣传人员	每年区内培训2次，区外培训2次，共100人次	通过对宣教设备的配备，加大对湿地管理人员的培训，提高管理人员工作水平

第9章 银川平原湖泊湿地保护性利用规划布局与优先行动

续表

项目类别	项目名称	实施地点	项目必要性	项目内容	预期效果
湿地保护管理能力建设	培训基地建设	银川	开展全区及中国西部湿地保护管理培训	培训基地 500 m² 基础设施建设及相应的办公设备（注：宣教中心、科研中心、培训基地和监测中心合建）	为湿地各类人才的培养奠定良好的物质基础，在今后一段时间内满足人才培养的需要
	培训队伍建设	银川平原境内	建立科研监测、培训和湿地保护管理、动植物识别等专家队伍	主要对5个地市的湿地培训队伍进行建设，包括专业化培训，年培训40人次	管理者的湿地保护技能明显提高，公众湿地保护意识进一步加强
	专业人员培训	银川平原境内	湿地保护管理主要依靠全面动员、全面保护，培训是必要条件	主要包括高级管理人员培训，每年培训20人次，一般管护人员培训，每年培训80人次，湿地巡护人员上岗培训每年培训500人次。每年计划培训2次。共600人次/年	管理者湿地保护机能明显提高，公众湿地保护意识进一步加强
科学研究与科技支撑	科研基地建设	银川	开展全区及中国西部湿地保护管理宣教	科研基地 500 m² 基础设施建设及相应的办公设备（注：宣教中心、科研中心、培训基地和监测中心合建）	科技、创新能力显著提高。最基础的技术问题得到显著解决
	科研设备配备	银川市、石嘴山市、吴忠市、农垦	开展湿地保护管理科研的必备工具	区科研基地1套，5地市及农垦每个市1套，共6套	科研手段得到显著提高
	科研人才培养	银川市、石嘴山市、吴忠市、农垦	开展湿地科研的关键	计划联合国内外科研院所对宁夏科研人才进行培训。共40人次/年	科技创新能力得到显著提高
	学术交流活动	银川	学术交流是促进湿地保护管理事业发展的有效动力	计划每年开展区内学术交流2次，参加区外学术交流3次。共5次/年	通过学术交流，科技创新能力进一步提高，使全区湿地保护和研究工作更上新台阶

4) 湿地可持续利用示范项目

1) 生态种植业示范项目，包括阅海水生经济植物种植产业和仁存渡绿色有机鲜果产业等项目。
2) 生态养殖业示范项目，农垦水禽驯养繁殖产业项目。
3) 综合利用项目，沙湖湿地产业开业与合理利用示范项目。

湿地可持续利用示范项目内容见表9-4。

按照我国主体功能区规划的要求以及湿地保护工作的发展，国家将进一步修订完善《全国湿地保护工程规划（2002—2030年）》，制定更有针对性的、分阶段实施的工程实施规划。因此，银川平原湖泊湿地可持续利用项目应根据实际，编制重要行动项目，争取列入新修订的规划中或通过各有关部门的湿地保护与利用规划计划来实施。

表9-4 湿地可持续利用优先行动计划项目表

项目类别	项目名称	实施地点	项目必要性	项目内容	预期效果
生态种植业	阅海水生经济植物种植产业项目	阅海	水生经济植物种植是生态种植业重要组成部分，阅海是开展水生经济植物种植较早，技术较成熟的单位，补助和扶持是必要的。	包括观赏荷、食用藕、茭白种植等 500 hm²	减轻周边地区的农业面源污染，在保护生态环境的同时获得一定的经济效益
	仁存渡绿色有机鲜果产业项目	仁存渡黄河林场	SOD有机苹果种植处于黄河护岸林场湿地中，经济效益显著，是职工实现小康的直接经济来源，起到了辐射效应，应给予补助和扶持。	SOD有机苹果种植、技术推广 200 hm²	作为保护和开发有机结合的成功模式，不仅能获得较高的经济效益，而且可以有效地保护黄河沿岸的生态系统
生态养殖业	农垦水禽驯养繁殖产业项目	农垦所辖湿地	水禽养殖是湿地产业发展的有效途径，农垦在这方面有技术、人力和资源，并先期启动，应给予补助	水禽养殖和野禽驯养繁殖10万只/a	有利于该地区人工湿地的保护，提高农业综合效益，增加农民收入
综合利用	沙湖湿地产业开业与合理利用示范项目	宁夏农垦沙湖生态渔业有限公司	建立湿地自然保护区与生态旅游的良好模式，构建湿地宣教与展示的基础平台	建湿地博物馆3 500 m²，沙湖生态小镇320 m²，补植水草芦苇3 500 m²，开展科研监测，宣教活动等	利用沙湖独特的湿地大漠资源，在有效保护地基础上，合理开发，建立湿地生态旅游产业模式，同时保护现有脆弱生态系统，保护生物多样性

9.6.2 湿地公园功能提升工程

湿地公园是指湿地景观自然典型，风景资源优美，具备相当的旅游休闲设施，可供人们旅游观光、休闲娱乐并能进行科普文化教育活动的场所。建立湿地公园的目的第一是保护湿地生态系统，科学恢复退化湿地，充分发挥湿地的生态功能，保持湿地生态功能的完整性、生态系统的多样性；其次是开展科普宣教，提高公众的湿地保护意识；同时合理利用湿地资源、建立社区利益共享机制，实现生态保护与民生发展的双赢；开展生态监测和科学研究也是湿地公园的重要功能。湿地公园是城市及其周边地区一种新型的湿地多用途管理区，是湿地保护和合理利用的一种新方式。通过湿地公园建设有利于城市及其周边地区湿地的保护管理。目前湿地公园规划建设中存在的问题有以下几类。

（1）在湿地公园保护与利用的关系上，湿地公园总体规划不够科学，功能分区不够合理；湿地生态保育的理念不够突出，核心区没有实行相对封闭保护，湿地生态系统和生物多样性受到不同程度地人为干扰；特别是利用与保护的矛盾日渐突出、娱乐休闲项目和人工建筑过多，湿地公园人工化、园林化过于严重；湿地公园建设布局重叠，建设内容重复，缺少区域特色。总体上，湿地公园存在"重建设、轻管理"的现象。

（2）在湿地公园评价和监测上，湿地公园评价与监测体系不健全，湿地公园建设，特别是湿地公园开发利用项目建设大都没有进行环境影响评价，湿地公园动态监测体系指标既缺乏又没有规范开展；没有科学计算和评估环境承载力，随着湿地公园的开发力度不断加大，湿地公园的生态承载力可能达到极限，无法确保湿地资源的安全与品质，影响了湿地资源的可持续利用。

（3）在湿地公园运行管理上，由于湿地公园管理机构大都由企业承担，企业既要利用湿地公园的资源去获取最大经济利益，又要按照各级政府部门规定去保护好湿地，实际上是一个很突出的矛盾。尽管政府通过政策、项目给予各湿地公园一定的支持和扶持，但湿地公园建设资金与运营管理仍然是一个难题，在一定程度上制约着湿地公园的健康和可持续发展。

银川平原目前已建成各种类型及各级湿地公园16处，其中国家级湿地公园10处、自治区级湿地公园6处（见表1-3）。银川平原湿地公园于2006年开始建设，至今已近10年，总结了许多好的经验做法，同时也不同程度地存在上述问题。为使银川平原湿地公园健康和可持续发展，要进一步明确湿地公园建设目标和理念，要整合各有关部门的项目，提升湿地公园的功能及作用。

1）提升生态功能

一些湿地公园管理部门将湿地公园作为旅游品牌，重建设轻管理，重开发轻保护，从保护湿地生态的基点和长远可持续发展看是不合适的。只有优质资源才有开发价值，因此保护必须是合理利用的前提。银川平原湖泊湿地生态功能及服务价值重要性很强，但也面临湿地生态脆弱、湿地退化、盐化、生物多样性减少等状况。要研究并通过立法和制度建设划定保护湿地生态的红线，尤其是在合理利用方面需要构建协调各方利益的具体规范。针对银川平原湖泊湿地生态状况，整合相关项目的重点放在湖泊湿地水系建设和完善，湖泊湿地水环境改善，湖泊湿地生物多样性保持及湖泊湿地自然景观保持等方面。具体地，如建立完善的湖泊进出水系统及调控设施，适当恢复湿地植被、保持一定比例的水面，对生物多样性丰富的核心区域实行严格保护等。

2) 提升示范作用

湿地公园是保护与合理利用湿地的一种新模式，对湿地保护与合理利用起到示范作用。目前由于一些湿地公园走进低水平重复的开发误区，使得湿地公园示范作用不强。湿地公园的示范作用要体现在湿地生态系统保持完好，生物多样性越来越丰富的基础上去开发利用湿地资源，并最终转到合理利用湿地资源的可持续路径上来。为此，湿地公园要加强整合各有关部门的项目，湿地管理部门的项目主要以湿地保护与恢复、湿地生物多样性保持等为主，其他相关部门的项目主要以改善湖泊湿地环境和景观以及符合湿地保护方向的旅游开发项目等为主，这些项目要做好有机结合，互相融通和互补，按照《国家湿地公园建设规范》（LY/T 1755-2008）"保护优先、科学修复、合理利用、统筹规划、合理布局"的原则，高起点、高水平规划建设和管理湿地公园，逐步提升湿地公园的示范作用。

3) 提升特点特色

湿地公园的建设要突出重点，体现特色，因地制宜，这也是目前银川平原湖泊湿地公园建设的一个突出问题。湿地公园看不出特点，众湖一面，趋同化明显，一些湖泊也因此缺乏吸引力。根据银川平原湖泊多、分布广的特点，需要对湿地公园进行规划研究，突出湿地公园的特色，重点项目也要围绕突出湿地公园特色给予支持。处于城市市区的湖泊和处于城市远郊的湖泊，其功能不同，城市市区的湖泊更侧重于改善宜居环境，为市民提供休闲、健身等活动的场所；而城市远郊的湖泊则需侧重于深度开发利用，如科学考察、度假等。还需要注重建设主题类型的湿地公园，银川平原的宝湖国家城市湿地公园已被银川市确定建设湿地科普文化公园，亚洲开发银行及银川市有关部门从规划、项目建设等方面都给予了支持。以此为示范，根据各湖泊湿地公园位置和特点，突出主题，更好发挥其生态服务功能。

4) 提升管理水平

湿地公园功能作用发挥的成效决定着湿地资源利用的质量，而湿地公园保护管理的科学决策，又直接影响湿地公园的保护成效和持续发展。银川平原湿地公园需不断提升管理能力，重点项目的投资也需关注能力建设。如开展和加强湿地湿地公园的科学研究及生态监测，通过客观掌握人为干扰下湿地资源消长特征，科学评估湿地生态承载力及其演变途径、规律，为湿地保护策略的制定提供决策依据。湿地专业人员极度缺乏是关键且迫切的问题，需要从多渠道进行培养。针对目前湿地公园由企业运行管理的现实，湿地管理部门要引导企业处理好保护与利用的关系，加强企业保护生态的职责，划定湿地保护"红线"并加强监督。

9.6.3 沿黄地区污水处理湿地生态工程

沿黄地区污水处理湿地生态工程是利用湿地生态技术处理沿黄地区的城镇生活污水、养殖废水、农田面源污染以及风景旅游区污水，具体包括以下四类工程。

1) 城镇生活污水处理湿地生态工程

生活污水处理设施建设需要大量的建设资金与运行成本，由于投资不足，银川平原吴忠、银川、石嘴山等城市的生活污水管网建设滞后，污水处理设施总量不足，尤其是农村污水治理还刚起步，区域的水环境保护问题依然严峻。基于自然湿地系统功能原理发展起来的人工湿地是一种新型的生态处理技术。与采用管网收集污水远途输送进行生化处理相比，人工湿地技术具有高效、低耗、易于运行维护，回用水可作为灌溉水源、系统自身具有生物产出和景观功能、可为野生动植物提供栖息场所等优点，因此更符合可持续发展的理念。通过实施生活污水处湿地处理生态工程，建立具有地方特色的污水处理与中水利用的多种组合型的人工湿地模式。以主城区污水处理厂为主体，结合人工湿地处理系统、建立起集中与分散处理相结合的污水综合治理模式，覆盖沿黄地区的所有县、集镇、乡村，重点保护各地区的饮用水源，改善水体景观。

2) 养殖废水处理湿地生态工程

近年来，随着草原全面禁牧，畜禽养殖业已成为宁夏农业增效、农民增收的重要途径。随着养殖业规模化、工业化发展，农户散养式养殖逐步被集约化养殖场替代，养殖业也逐步由农村转向城镇郊区。目前，宁夏养殖废水处理设施大多靠财政投资进行建设和运行维护，致使养殖废水处理工程滞后，水资源受到污染，污水二级处理率明显不足，一部分污染处理设施难以运行。综合考虑现有技术和经济承受能力，建议在银川平原湿地建设一批投资省、效能高、管理便捷和运行成本低的湿地生态工程处理设施，是保障宁夏养殖业健康发展的有效措施之一。

3) 农田面源污水控制湿地生态工程

银川平原农田面源污水的主要污染物是 N、P 和农药。农产品的高需求量决定了宁夏现代农业的特点和农民片面追求高产的心理，最终也决定了化肥和农药施用量大与农田面源污染物浓度高的现状。目前，银川平原水环境保护对农田面源污染控制关注较少。农田面源污水具有面广、量大、排放无规律、运用传统方法难以控制的特点。湿地工程作为一项新型的污水处理和水环境修复技术在农田面源污染治理中具有独到的优势。农田面源污水控制湿地工程将根据地表水水域功能，优先在面源污染受纳水体为Ⅲ类地表水以上的农业产区建设人工湿地工程，经湿地工程处理后的农田面源污水各项水质指标达到地表水要求。项目实施可有效削减农田面源污染物向水体的排放，协调农业生产发展与水环境保护的关系，实现农村经济发展与环境保护的双赢，提升农村生态环境质量的整体水平。

4) 风景旅游区污水治理湿地工程

银川平原湿地景区景观水体可分为湖泊、水库和天然湿地等类型。具有较大水域面积的景观水体主要有沙湖、星海湖、阅海、鸣翠湖等。随着旅游活动规模的扩大，景点垃圾遗弃量日益增加，既破坏了自然景观，又污染了景区水体，相当一部分旅游水体的透明度、色度、嗅味等指标均超过国家规定的旅游水体标准。治理风景旅游区污水已成为宁夏湿地生态建设的重要任务之一。采用人工湿地与浮岛相结合的技术处理景观水体污染，既可有效治理污染水体，也可增强区域景观效果。同时还兼具生态旅游与科教价值。结合宁夏风景区规划，利用湿地资源与技术，构建集"污水治理"和"水体景观"于一体，与周边环境相适应的处理单元、绿色风景线和生态走廊，改善宁夏风景区景观水体水质。

9.6.4 湿地合理利用示范点项目建设

建立银川平原湖泊利用示范点，目的是为了进一步探讨和实践湖泊保护与利用的做法和经验，促进湖泊的可持续利用。银川平原湖泊湿地利用示范及示范点，是湖泊湿地利用的试验示范，对湖泊湿地合理利用有着引导性作用，因此，要在政策支持、项目投资等方面给予一定倾斜，以项目建设带动示范点建设并发挥示范点的示范作用。

1) 主要示范重点项目内容

（1）湖泊湿地生态恢复及栖息地修复：防止湖泊湿地退化，延缓湖泊沼泽化，采取措施对水生态、湿地植被等进行科学恢复，修复和保护鸟类栖息地环境。项目实施主要在湿地生态脆弱、湿地生态面临退化的湖泊湿地示范点开展。

（2）湖泊湿地生态系统及生物多样性保持：通过工程和管理措施，保持湿地生态系统的稳定性，丰富生物多样性，改善湖泊湿地水环境，提高或保持湖泊湿地的生态服务价值。项目实施主要在开发强度较大的湖泊湿地示范点开展。

（3）湖泊湿地生态旅游和文化建设：开展生态承载力下的湿地生态旅游和湿地文化活动，发展与湿地保护方向一致的旅游及其他项目，控制和禁止不符合湿地保护的项目建设，以促进湿地保护，提升湿地保护宣传的影响力。项目实施主要在开展旅游等活动的湖泊示范点开展。

（4）湖泊湿地与农业的和谐：积极协调农业部门大力发展生态高效农业，集约化水产养殖业，湖泊与农业互相衔接区域开展湿地与农业营养盐平衡及湖泊富营养化防治，人工湿地净化农业退水等项目。项目实施主要在湖泊湿地与农业农田相连并有水联系的湖泊湿地示范点开展。

（5）湖泊湿地环境科普教育：鼓励和支持各示范点把湿地科普环境教育作为一项基本活动，建设环境教育设施，设置环境教育项目，开展湿地环境教育及科普活动。项目实施应在具有条件的所有湖泊湿地示范点开展。

（6）湖泊湿地保护性利用的科研及监测：开展湖泊湿地利用方式的合理性、有效性和可持续性方面的研究，制定湖泊湿地生态系统监测方案或计划，配备相关设备，加强能力建设。项目实施主要在国家级和自治区级重要湿地的湖泊湿地示范点开展。

(7) 湖泊湿地保护性利用的参与式管理机制：根据示范点实际，建立湖泊湿地利益方的参与式管理平台，重视周边社区的参与共管。项目实施主要在与周边农村、农场、社区相连的湖泊湿地示范点开展。

2) 整合相关部门项目

湖泊湿地保护及合理利用涉及多个部门及有关利益方，为保证湖泊湿地合理利用示范点的顺利开展和健康发展，非常必要整合各有关部门的项目，如湿地保护管理部门的保护、恢复及能力建设项目；水利部门的水系建设及湖泊水道清淤项目；农牧部门的生态农业及集约化养殖项目；旅游部门的湖泊湿地生态旅游项目；文化部门的湖泊湿地文化项目等。通过整合相关项目，为湖泊湿地合理利用示范点提供有力保障。根据银川平原湖泊湿地实际，湖泊湿地合理利用示范点的重点示范项目要突出综合性。

(1) 水生态恢复及水资源合理利用：银川平原湖泊湿地水资源得益于黄河水，但由于黄河水的控制使用及逐渐缺乏，湖泊湿地面临缺水、水循环差、水体污染等水生态危机，更进一步制约了湖泊湿地水资源的利用。对示范点首先要保证湖泊湿地生态需水量及补水量，完善水系和水系调控设施；对银川平原重要湖泊湿地湖盆开展考察研究，利用工程措施形成进出水的地形落差，以利湖水流动循环；根据湖泊水面面积大小、蓄水补水情况等合理确定和控制水上旅游项目；围绕银川所处西北干旱地区的特殊环境，通过实景演示等手段开展湖泊湿地水资源保护与合理利用的环境宣传教育。

(2) 水环境改善及污染控制：目前银川平原湖泊湿地水体水质多处于国家地表水Ⅳ类标准，但在某些时段、某些区域，由于自然及人为等原因，湖泊湿地污染加重，总体上湖泊富营养化有加重趋势。对示范点要高度重视水环境改善，在利用农业退水的湖泊，在农业退水进入湖泊前设置人工生态边沟或人工湿地等方式对农业来水进行净化处理；制定计划定期分区对湖泊及进水道进行生态清淤；湖泊种植水上植物的目的主要是净化水体功能，其次才是景观作用，但要科学布局水上植物种植，必须保持必要的湖泊水面。

(3) 生物多样性保护与栖息地修复：这类项目是示范点必要和重要的项目，栖息地修复与保护生物多样性关系密切，栖息地修复重点是修复适宜水禽生活繁衍的地方，水禽有游禽、涉禽、猛禽等种类，根据各示范点实际，营造水、滩、草等丰富的栖息地环境，大水面损害了生物多样性；栖息地修复不宜大规模种植水上植物，陆生植物种植也是以湿地防护隔离带为主要目的；在鸟类迁徙、停留、繁衍比较集中的湿地区域，要设置围栏进行封闭保护。

(4) 资源利用及产业发展：示范点均开展了不同程度的开发活动，有的逐渐形成了产业。湖泊水上旅游项目需划定区域开展；利用湖泊水体种植养殖项目要划定区域，适度开发利用；已经或规划正在形成湖泊湿地旅游产业、渔业产业的示范点，更需要在项目设计中综合考虑湿地生态承载力，项目设计的科学性是湿地资源可持续利用的前提。

(5) 湖泊湿地与周边宜居环境改善：示范点充分考虑了湖泊湿地为城市建设宜居

环境的功能，在项目设计和实施中，市区湖泊示范点可以较多结合区域人居特点营造适宜的湖泊湿地景观以及各种通道，为周边社区提供一个良好生活环境，同时提升城市品位；在远离市区的湖泊湿地示范点不能过度地搞人工化、园林化，不能搞过多的永久性建筑物，要充分体现自然特色。这类项目的设计要多部门参与，湿地管理部门主要关注湿地生态的完整性不被损坏。

（6）环境教育与湿地文化的结合：这些工作不仅是湿地管理部门的主要职责，而且是全社会都应关注和支持的事情。在示范点建立湿地科普教育中心，设置湿地演示系统，设置湿地及生物多样性宣传牌（栏）都是必要的项目；对影响力大的示范点，湿地宣传教育和湿地文化的结合更现实，项目设计和实施也更需要和容易实现。

（7）景观营造与环境保护：示范点为吸引游客游览，要在湖泊湿地区域内营造一些景观，同时为游客配备一些必要的设施。这些项目主要有湿地区域内节点景观不宜人工化痕迹突出，少搞永久性建筑物或构筑物；配备环保型的卫生间、垃圾收集箱、垃圾清运车、生活污水处理设施；配备使用清洁能源的车船；配备节能降耗的供热等设施。

（8）科研监测与可持续利用：示范点要开展正常的湿地生态监测，监测生态系统的维系及变化，监测湿地生物多样性的变化，监测开发利用活动对湿地生态系统的干扰和影响，监测各类项目实施对湖泊湿地生态系统及生物多样性的影响；有条件的示范点要开展湿地生态和生物多样性保护、恢复及湿地作用合理利用等方面的科学研究；通过研究监测结果开展湿地生态评估，以修正措施，改善目标，支持湿地资源的可持续利用；根据各示范点实际配置有关科研监测设备和仪器。

9.6.5 银川平原湖泊湿地生态系统监测项目

宁夏湿地资源类型丰富，特征典型，与人类的相互作用关系密切，需要建立科学、全面、系统、规范的湿地生态动态监测体系，及时掌握宁夏湿地生态特征的状况和变化趋势，审查管理措施的实现程度，为科学制定管理计划和优化管理目标，提供有效的数据支持。通过监测结果的评估，修正管理措施，改进管理目标，以促进湿地资源保护和可持续利用。

1）宁夏黄河湿地生态系统定位观测研究站建设

宁夏黄河湿地生态系统定位观测研究站是国家林业局在《陆地生态系统定位研究网络中长期发展规划（2008—2020年）》中确定的基本站，是在黄河上游的若尔盖高寒湿地生态系统定位研究站与内蒙古乌梁素海湿地生态系统定位研究站之间布局的一处典型河流湿地生态系统定位研究站，经国家有关部门批准立项并开始实施。

陆地生态系统长期观测研究网络（CTERN）是我国进行陆地以及水陆界面生态系统监测和研究的重要组成部分。开展宁夏黄河湿地生态系统观测研究，对于进行湿地生态系统规划及管理，提高生态系统管理质量，检验管理效果，制定湿地生态系统保护措施有着十分重要的意义。"宁夏黄河湿地生态系统定位研究站建设"从构建全国湿地生态系统定位研究网络、填补黄河上游河流湿地类型监测站空白的角度出发，通过进行湿地生态系统定位研究站的基础设施、配套设施和设备仪器建设，建立较完整的区域湿地生态系统监测体系，其成果对宁夏湿地生态保护及管理，对宁夏进一步发挥湿地生态的综合效应非常显著。

黄河在宁夏段形成了河流湿地、泛洪平原湿地、牛轭湖湿地、沟渠人工湿地、库塘人工湿地、水稻田人工湿地等，宁夏沿黄区域是我国西北干旱地区绿洲的代表性区域，银川平原是宁夏黄河湿地集中分布区域，是以黄河为核心构成的自然-人工复合生态系统，具有典型性和代表性。

宁夏黄河湿地生态系统定位研究站根据国家《湿地生态系统定位研究站建设技术要求》（LY/T 1780-2007）进行"一站三点"式建设，具体布局如下（图9-1）。

建设一处湿地野外观测中心站，地点设在银川市宝湖国家城市湿地公园内，银川市湿地管理办公室在此建有面积 500 m^2 的湿地科研监测中心，按照湿地生态系统定位研究站的建设要求，具有基本条件：分析实验室拥有满足实验的条件，机房/办公室满足科研人员办公要求，数据信息管理室配置远程数据采集与传输设备，会议室满足生态定位站的开放式工作。为进一步达到国家生态系统定位研究站规范要求，计划建设地面气象观测站、梯度观测系统、测井、固定标准样地、水上观测船以及水文观测设施、动植物观测设施、水电及通讯设施等。

三点分别布设在吴忠青铜峡库区湿地自然保护区、银川阅海国家湿地公园和石嘴山平罗县天河湾国家湿地公园。

青铜峡库区湿地自然保护区位于黄河进入银川平原的首端，河流湿地特征明显，而且由于建设水坝，形成水库、湖泊、沼泽等多类型的湿地。青铜峡库区湿地自然保护区建立较早，管理经验较多，基础设施条件较好。项目配备必要的观测设施以满足定位站要求。

银川阅海国家湿地公园位于银川市西北部，湖泊主要是黄河通过干渠、支渠引水形成。银川平原湖泊湿地水来源大都是黄河通过干渠、支渠引入以及黄河灌溉农田后的排水进入湖泊，阅海从位置、面积、成因等都具有代表性。在此处设立监测点，主要是为监测研究黄河流域黄河水的利用及变化对湿地生态系统的影响。

平罗天河湾国家湿地公园位于黄河宁夏段的尾端，以河流湿地为主要类型的特征明显，湿地自然面貌保持完好，生物多样性丰富。目前具备一定建设条件，需配备必要的观测设施以满足定位站要求。

宁夏黄河湿地生态系统定位研究站主要开展湿地对河流水文的响应、黄河水质动态变化及对湿地生态系统作用、湿地生物多样性对河流水文动态的响应、水域变迁对鸟类生境和种群的影响等。围绕黄河流经的银川平原干旱生态脆弱区、湿地集中分布区的区位特征的生态问题，以揭示宁夏黄河湿地发展演变过程，河流、湖沼、人工湿地生态系统动态变化的过程与机理，湿地生态系统能量流动、养分循环、水分循环，湿地生态健康、湿地生物多样性保护等需求，实现数据共享，体现多尺度服务效应，为区域乃至国家西部生态安全提供技术支撑，提升湿地生态效益、社会效益和经济效益。

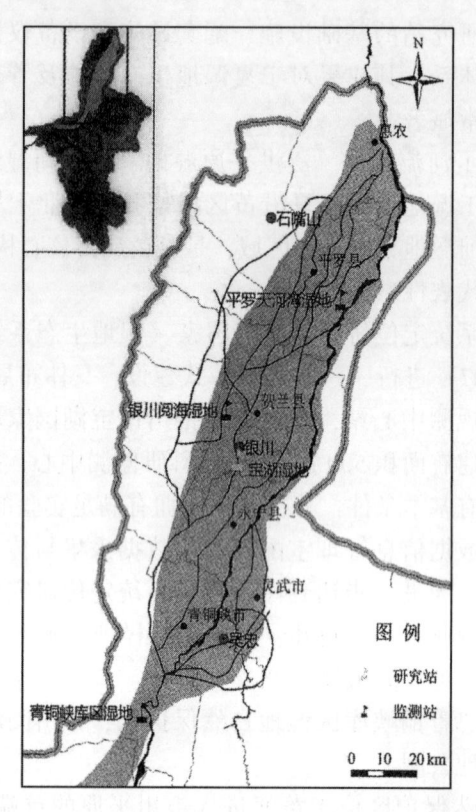

图 9-1 宁夏黄河湿地生态系统定位研究站布局图

2) 银川市湿地生态监测平台建设

由亚洲开发银行和地方财政投资，在银川市湿地管理办公室建设"银川市湿地生态监测平台"，目前监测点涵盖宝湖、鸣翠湖、阅海和海宝湖四个湖泊，将进一步扩大监测覆盖面。

银川市湿地生态系统监测平台建设目标为：查清银川市湿地资源及其现状，了解银川市湿地资源的动态消长规律，建立银川湿地资源数据库和管理信息平台，对湿地资源进行全面、客观地方向评价，为湿地资源的保护、管理和合理利用提供统一完整、及时准确的基础资料和决策依据，并为宁夏全区各地建立湿地生态系统监测信息管理平台作出示范。

《银川市湿地生态系统监测平台》是在线浏览器/服务器的系统，它使用最新 Struts+Spring+Hibernate 框架技术，运行在 Tomeat 服务器上，数据库系统为 Oraclellg。此系统提供地图模块、预警模块、公告模块、实时监控、报表模块、邮件模块、文档模块、文档类型管理、部门管理、人员管理以及角色权限管理等功能。可以实现上报并删除调查表，图表化显示统计数据，处理预警事件，发布公告，互传邮件，建立人员档案等功能。该系统无需按照客户端软件，直接使用网络浏览器即可访问，工作人员可通过报表模块进行数据记录，提交上报。该系统为数据建立直观的电子档案，逐步实现无纸化办公，大大减轻手动整理数据的工作负担，提高工作效率，而且避免了人工统计整理数据的误差。由于该系统设计采用了 MVC 的开发技术，有清晰的三层体系结构，并且注重了复用技术的运用，提高了系统的灵活性、可扩充性和可维护性（图 9-2、图 9-3）。

图 9-2 银川市湿地生态系统监测平台主页

图 9-3 银川市鸣翠湖湿地生态系统实时监测系统

参考文献

但新求，吴后建. 2009. 湿地公园建设理论与实践. 北京：中国林业出版社.
国家林业局. 全国湿地保护工程规划（2002—2030 年）.
宁夏大学西北退化生态系统恢复与重建教育部重点实验室. 2014. 宁夏黄河湿地生态系统定位观测研究站建设意义及发展规划. 生态决策参考.
宁夏回族自治区政府. 2015. 宁夏空间发展战略规划.

第10章 银川平原湖泊湿地保护与合理利用对策研究

10.1 建立银川平原湖泊湿地保护与合理利用的综合管理机制

10.1.1 综合生态系统管理（IEM）及湿地综合管理

综合生态系统管理（Integrated Ecosystem Management，IEM）是管理自然资源和生态环境的一种综合管理理念和方法，它要求综合对待生态系统的各组成部分及各要素，综合考虑社会、经济、自然（包括环境、资源和生物等）的需要和价值，综合采用多学科的知识和方法，综合运用行政的、市场的和社会的调整机制，来解决资源利用、生态保护的问题，以达到创造和实现经济的、社会的和环境的多元惠益，实现人与自然的和谐共处。这一理念被有关国际条约和缔约国大会普遍认可并向国际社会推广。

IEM 强调从生态环境的整体性去综合考虑各个因素间的相互联系，将跨部门协调、多种利益相关者参与的方式运用到自然资源管理的规划和实施中，探索优化资源和资金配置、创新和完善机制，进而从根本上达到恢复或维持生态系统整体性和可持续性的目标。

IEM 既是一种新的理念、原则，又是一种新的管理策略、方式和方法。IEM 是以长期地保护自然生态系统的整体性为目标，将复杂的社会、政治以及价值观念与生态科学相融合的一种生态管理方式。它不仅对整个生态环境资源管理、生态环境资源法制建设的发展具有重要理论意义和实践意义，而且对指导、促进和加强我国的生态环境资源管理工作具有长远的指导意义和重要的现实作用。

湿地生态系统是一个复合型生态系统，由土壤、水、生物等要素及与之联系的环境构成，湿地诸资源要素也包括了水资源、生物资源（动物、植物和微生物）、土地资源等。

按照我国现行涉及湿地保护、开发利用的管理体制法律及有关法规规定，参与湿地管理的部门包括水利、环保、农业（包括渔业）、林业、国土资源、建设、旅游等多个部门。其中涉及湿地资源开发利用的有渔业养殖、捕捞与资源保护，航运、供水、矿产资源开发、旅游、风景区开发等。各个部门从不同角度对湖泊湿地的保护和开发利用实行了管理：水资源管理部门对湿地的用水、补水；环境保护部门的湿地环境监测、监督；林业部门的湿地生态及生物多样性保护；农业部门的面源污染防治；渔业部门的利用湖泊养殖发展水产；旅游部门的湖泊湿地开发旅游活动；住房和建设部门的湖景、水景建设开发活动；湿地周边社区的生产和生活等。

湿地资源的条块分割、多部门管理体制，是我国湿地资源管理体制的延续和集中反映，只有通过加强各政府部门间的统筹协调，实行湿地综合管理，才能有效地解决目前我国湿地保护管理中的矛盾和冲突。从世界各国湿地保护的实践看，由于湿地生态系统的特殊性，很多国家都建立了跨部门的协调机制，包括政府会议制度、委员会制度、跨部门的府际委员会制度等，手段包括行政指令、说服、建议、紧急磋商等。与现有的许多单一部门管理途径相比，跨部门和流域的综合湿地管理途径兼顾了湿地生态系统不同服务功能之间的平衡，更能确保湿地的可持续发展。这种跨部门的协调机制通过强化政府部门间的联合、协作与沟通，变要素式管理为协调式管理，变单部门协调为多部门共同参与，使各政府部门在湿地保护与合理利用上达成共识，并最终形成具有约束力的规范意见。

我国湿地保护管理体制实行的是综合管理协调体制，国家林业局湿地管理机构的职能主要是组织、协调，其主要职责是：组织起草湿地保护的法律法规，研究拟订湿地保护的有关技术标准和规范，拟订全国性、区域性湿地保护规划，并组织实施；组织实施全国湿地资源调查、动态监测和统计；组织实施建立湿地保护小区、湿地公园等保护管理工作等。目前，全国已有10多个省、自治区和直辖市制定了地方湿地保护条例，基本实行的都是综合协调管理体制，有的地方条例具体到各职能部门保护湿地的分工。但由于我国的体制决定了部门管辖下的部门利益以及权责不清等，湿地保护综合管理的实行存在协调不够、合力不强等现实问题，需要通过体制改革、运行机制的完善不断加强。

10.1.2 建立银川平原湖泊湿地综合管理工作机制及平台

宁夏在综合湿地管理方面进行了积极探索和大量实践，亚洲开发银行于2012年4月在银川举办了"综合湿地管理国际研讨会"，进一步推动了湿地综合管理的发展。

实行湿地综合管理在体制上已经明确，关键是需要一个科学、有效的参与式管理机制或管理平台，必须在管理制度上有所创新。要逐步改变一个部门从某一资源的保护与利用出发而带来的制度局限性，按照湿地生态系统的特征，建立综合生态系统管理（IEM）的制度化。银川平原湖泊湿地保护与合理利用应在这方面通过实践，总结经验模式。鉴于此项工作的协调难度，建立协调工作平台的着手点为：规划衔接、项目对接、信息共享和参与式管理。

1）规划衔接

各行业、各部门单位编制的涉及湿地保护和利用的规划，对于引领并指导湿地保护和合理利用十分重要。把湿地保护与合理利用作为一个整体考虑，非常有必要做好各规划的衔接，以使总体规划更能完整和科学。这里有三个层次，第一个层次是地方社会经济发展规划的衔接，湿地保护与利用在地方规划中占有什么地位以及目标任务等，湿地管理部门的湿地保护规划应该与地方社会经济发展规划的目标相一致；第二个层次是各行业、各部门的规划衔接，如湿地保护管理部门的《湿地保护规划》、水利部门的《水资源保护与利用规划》、土地管理部门的《土地利用规划》、农牧部门的《渔业养殖规划》、旅游部门的《生态旅游规划》等，做好这些规划的衔接，有利于统筹兼顾；第三个层次是各湿地的各种规划，如某湿地的《湿地自然保护区总体规划》或《湿地公园总体规划》《湿地公园旅游规划》《湿地自然保护区（或湿地公园）产业规划》等，这是最基本、最直接的规划，影响着该湿地的发展目标和方向，决定了该湿地保护与合理利用的综合效益及可持续利用湿地资源，因此，要切实做好这一最基本的规划衔接。

2) 项目对接

为开展湿地保护与合理利用，具体湿地管理机构积极争取各级、各相关部门的项目支持，各相关部门也对湿地保护与利用从各方面给予了支持。由于项目来源渠道不同，各自项目信息没有沟通，出现了一些问题，如项目重复建设，项目盲目开发等，不仅造成十分紧缺的资金浪费，还带来一些新的生态环境问题。湿地管理部门要协调发改委和财政等部门，了解湿地建设项目的投资情况，通过研究讨论确定和整合有关项目，以发挥项目的最大效应。对于具体湿地管理机构，要把争取到并实施的各有关部门的湿地项目进行梳理，厘清应该建设的项目，已经建设的项目，需要提升的项目，特别是对湿地开发利用项目更要建档立案，从根本上防止项目重复建设、项目低水平建设、项目与湿地保护方向不一致的建设。

3) 信息共享

做好湿地生态系统保护和湿地资源合理利用，首先要使得各方面的信息沟通并顺畅。目前比较现实的是依靠建在宁夏林业厅的"宁夏 IEM 信息中心"，建立多部门共同参与的湿地信息网络和数据平台，实现信息共享。湿地信息涵盖范围较广，如湿地各资源要素信息（土地资源、水资源、生物资源等）、湿地生态环境质量信息、湿地项目开发建设信息、湿地生态及生物多样性动态监测信息、湿地管理信息等。这项工作既是一项必要性很强的工作，也是一项技术复杂的工作，如宁夏水利部门、环境保护部门和当地环境监测单位对银川平原同一湖泊的水质监测，结果存在明显差异，需要通过信息沟通进行综合科学分析得出科学结论。

4) 参与式管理

湖泊湿地是多资源要素组成的综合生态系统，有必要探索建立多部门共同参与的管理机制，以更好地协调湖泊湿地保护与合理利用。作为具体某湖泊湿地，具备一定有利条件实行这种机制。各湖泊湿地是一个相对独立的封闭体系，在这个体系中，湿地生态系统是完整的，水资源、植物资源、动物资源、土地资源等要素以及环境要素都是在一个体系内运行，关键是建立并形成一种参与式工作机制。

明确湖泊湿地保护与运行管理机构（无论是湿地自然保护区，还是湿地公园）的主导和牵头地位，作为该湿地管理机构，有责任作好各方面的协调和组织。协调该湿地范围内和周边社区以及相关部门围绕"湿地保护与合理利用"主题，进行部门分工，各司其职。湿地管理部门应建立参与单位的联席会议制度，进行相关工作研究、协调、安排、实施和监测。

10.2 制定银川平原湿地保护与利用规划

10.2.1 编制《宁夏空间发展战略规划》配套规划

宁夏回族自治区政府于2015年6月印发了《宁夏空间发展战略规划》，这是一个基础性、宏观性、战略性规划。规划战略提出"沿黄城市带"要加强生态环境和农业资源的保护与利用，推进产业、基础设施、生态环境和公共服务一体化，成为宁夏扩大经济总量、向西开放和提升国际影响力的主要载体。"山河为脉"，以山、原、河、川生态资源为载体，以贺兰山、六盘山为两基，依势联结香山、南华山、罗山等重要生态节点；以黄河、清水河为纽带，发挥支流的作用，顺势连通星海湖、沙湖、鸣翠湖等湖泊湿地，按照"串点成线，连线成面"的路径，构筑区域、城乡一体的生态空间格局，成为保障和支撑发展的永久生态屏障。"保护生态"，划定空间管制区，明确城乡建设空间，保护重要生态功能区，维护国土生态安全、人居环境安全、生物多样性安全，巩固立区之本，实现宁夏经济、社会与环境可持续发展。

《宁夏主体功能区规划》还提出，基于不同区域的资源环境承载能力，根据"优化结构、保护自然、集约开发、协调开发"的原则，确定优化开发区域、重点开发区域、限制开发区域和禁止开发区域，同时合理规划产业发展区和重点生态功能区。

《宁夏空间发展战略规划》第一次提出划定生态保护空间，依据自然山水条件和建设现状，将全区划分为禁止建设区、限制建设区、适宜建设区。

禁止建设区包括全区自然保护区核心区和缓冲区、风景名胜区、国家地质公园及地质遗迹保护区、森林公园、国家湿地公园、一级饮用水源保护区、重点生态公益林等。该类地区应加强生态环境保护，有计划地进行生态修复和培育，禁止一切与保护无关的开发建设活动。

限制建设区包括全区自然保护区实验区、生态走廊、滞洪区、地震断裂带、坡度大于15°以及海拔超过2 000 m的山地林地、水库等重要生态功能区，基本农田保护区及耕地，能源、交通、水利等基础设施的控制廊道。该类地区应控制各类建设活动，城镇、农村居民点严格按照规划适度开发建设。

适宜建设区是沿"两轴两带"（即"沿黄城市带"和"清水河城镇产业带"，"太中银发展轴"和"银宁盐发展轴"）城市发展方向的重点建设地区。

湿地是宁夏重要的生态系统，湿地自然保护区、湿地公园、湿地风景名胜区等也是湿地保护和利用的典范和重点。湿地保护管理部门要结合《宁夏空间发展战略规划》的相关要求，编制配套规划《宁夏湿地保护与合理利用规划》或《宁夏湿地实施宁夏空间发展战略规划方案》，规划或方案应包括划分禁止建设区、控制建设区的"湿地生态红线"；限制建设区的范围及适度开发的项目活动；重要湿地生态功能区的划分及保护管理；湿地生态补偿政策及机制等。

10.2.2 编制《银川平原湿地生态经济规划》

《宁夏空间发展战略规划》提出，要以生态经济促生态建设。国务院在《洞庭湖生态经济区规划》批复中指出"推动洞庭湖生态经济区建设，是深入实施促进中部地区崛起战略的重大举措，对于探索大湖流域以生态文明建设引领经济社会全面发展新路径，促进长江中游城市群一体化发展和长江全流域开发开放具有重要意义。"因此，发展湿地生态经济，既与进一步加强湿地生态建设关系密切，同时也是促进地区社会经济发展的新路径。《宁夏空间发展战略规划》提出两个方面，（1）构筑宁夏国家公园体系。以生态环境、自然资源保护和适度开发为基础，逐步恢复林草、湿地等生态系统，稳步提高自然保护区、风景名胜区、国家森林公园、国家地质公园、国家湿地公园的规模与质量，保护生物多样性，促进生态资源的有效保护与合理利用。（2）建设黄河金岸生态长廊。科学划定黄河生态保护区，明确管制要求，依托湿地，规划建设滨河公园、城市郊野公园等，建设黄河景观生态工程，构筑黄河金岸文化、景观、生态长廊。

生态经济，是指在生态系统承载能力范围内，以生态建设和社会经济发展为核心，把生态和自然资源的合理利用与社会经济发展有机结合，通过建设生态文明，发展生态产业，实现经济效益、社会效益和生态效益高度统一的一种可持续发展的经济。

湿地生态是银川平原的主要生态特征和资源优势，同时银川平原沿黄城市又是宁夏全区经济社会发展的中心，以生态文明建设作为基础，与经济社会发展统筹兼顾，银川平原以湿地生态建设引领社会经济发展具备了一定基础，而且具有现实意义和长远发展意义。因而有必要编制银川平原，乃至沿黄城市的湿地生态经济发展规划，以促进生态建设与社会经济的全面协调发展。

发展银川平原湿地生态经济的定位和目标为：突出银川平原依黄河而形成的湿地生态系统特点，充分发挥湿地生态系统服务价值在银川平原的体现，以湿地生态建设引领银川平原经济社会发展，构建绿色生态产业体系与和谐人水新关系，以建设生态文明城市为示范，带动银川平原生态经济发展，促进经济社会生态协调发展，走出一条生态良好、经济发展、生活富裕的生态文明之路。

1）发展银川平原湿地生态经济的目标

湿地生态功能得到修复和保持。银川平原湿地生态水资源得到有效保护和合理补给，水环境质量稳定在国家Ⅳ类水标准，部分良好湖泊达到国家Ⅲ类水质标准。在重要湿地划定湿地生态红线，湿地生态系统和生物多样性得到保护并持续。工业污染和农业面源污染防治取得明显成效。

发展绿色生态产业。农业集约化程度显著提高，特色优势产业综合生产能力明显增强，农业和湿地互相依存的关系得到友好发展。旅游业成为湿地生态经济发展的支柱产业。循环经济加快发展，产业园区集聚度和专业化水平明显提高。

宜居环境质量得到显著改善和提高。依托湿地生态系统发展城市宜居良好环境，发展生态型乡镇，城镇化率提高，城乡居民收入与经济增长同步，人民生活幸福指数明显提升，社会更加和谐稳定。银川平原更加彰显塞上"新天府"。

宁夏城市生态文明建设试验区。根据《宁夏空间发展战略规划》提出的"一主三副"战略构建大银川都市区生态文明城市，以此示范带动沿黄宁夏平原城市生态文明城市建设。

2）湿地生态经济功能分区

根据湿地生态系统的特征和经济地域的内在联系，将银川平原湿地生态经济发展划分为湿地核心保护、滨河（湖）控制开发和高效集约发展等功能。依据各功能区域资源禀赋、环境承载能力、生态状况、发展现状和开发潜力，界定区域功能，明确发展方向。

湿地核心保护区，范围为区域内河湖水系、湿地自然保护区、湿地公园等各类湿地及具有特殊生态保护价值的地区。主要承担维护生态系统安全、保护生物多样性等功能。滨河（湖）控制开发区，黄河滨河、湖泊滨湖地带是湿地核心保护区的外延和缓冲带，对维持生态系统平衡有着重要作用，需控制开发。以上之外的湿地流域区域，需制定合理开发利用规划，主要开发为高效生态农业、新型工业园区和新型城镇化的集聚区。城市（县、镇）以改善和保持湿地生态环境为目标，打造宜居环境，提升湿地经济发展支撑度；部分地区发展以湿地养殖业、种植业为主要内容的湿地经济，发展地方特色经济；湿地开展生态旅游文化应不断形成特色，提升品位，增强湿地生态旅游文化的经济地位。

3）保护和恢复湿地生态系统

始终把湿地生态保护放在首位，确定湿地保护面积底线即"湿地生态红线"，强化重要湿地及市区湖泊保护。把保护和维持湿地水生态作为主要任务，建立重要湿地水资源保障体系，采取综合治理措施防治湖泊富营养化和湿地退化。加强湿地自然保护区和湿地公园的建设和管理，使之成为银川平原湿地保护与利用的典范。加强湿地生态系统综合管理，建立和完善湿地管理机制，落实湿地管护主体和责任。

继续实施湿地恢复，采取工程治理与自然修复相结合的方式，加大湿地恢复治理力度，科学进行湿地恢复，以水系建设、生境改善、湿地植被恢复和栖息地修复等为主题，增强湿地生态净化水质、涵养水源、维持生物多样性、资源产出、美化环境等多种功能。

防止湿地退化和延缓湖泊沼泽化。进一步控制对湿地的生活污染，严格禁止对湿地的工业污染，逐步开展并推广农业面源污染的综合治理，防止湖泊富营养化加剧发展。采取补水调水、保证湖泊湿地"适宜水位"、采取生态清淤等措施，延缓银川平原湖泊沼泽化进程，防止湿地生态退化。

4）打造宜居城市和生态型乡镇

湖泊湿地是打造宜居环境的最有特色的生态环境，银川平原城市及城郊有许多湖泊湿地，依托湖泊滨水资源，打造"湖景""水景"住宅区，营造具有湖泊特色和人文特质的城镇风貌，是充分发挥城市湿地功能和改善人居环境的最好选择。傍湖住宅为城市居民的高品质生活提供了良好环境，也为增强城市吸引力，发展城市住宅经济创造了条件。为保持城市湖泊湿地可持续利用，有必要对城市湖泊湿地的保护与合理利用做好规划布局，特别是对依托湖泊、依托水系开发建设的项目，应进行生态环境影响评价，应采取必要的防止湖泊湿地退化和水体富营养化措施，合理开发利用，使湿地与人类和谐相处，得到永续利用。

银川平原着重发展以湿地生态为支撑的生态型乡镇及新型特色农村乡镇，不断形成特色，增强示范效应，推进新农村建设。

银川平原发展湿地生态型乡镇的特征如下。

依托湿地资源：乡镇有较丰富和一定面积的湿地资源，湿地生态系统保持完整，湿地特征比较显著，可以把湿地生态作为建立湿地生态型的基本支撑。

开展湿地利用活动：乡镇依托湿地资源开展了如水生植物种植、水产养殖、湿地生态旅游和其他与湿地保护方向一致的开发利用活动，开发活动取得了明显的经济效益，同时湿地资源得到合理利用。

发展高效生态农业：乡镇发展高效农业，减少农田施用化肥和农药量，减轻农业排水对湿地带来的威胁；发展养殖业对其排放的污染物能够采取措施处理，不对湿地生态系统及环境带来污染。

注重生态建设和环境保护：乡镇庄点绿化好，农村生活污染物（生活污水、生活垃圾等）有一定处理措施等。

5）推进产业科学协调发展

（1）发展高效生态湿地农业：湿地农业是指在天然湿地基础上改造成以稻田、苇塘、鱼塘、小型水库为主体的农、林、牧、副、渔综合发展的人工农业复合生态系统。目前比较成熟的有稻作季节性湿地农业模式、鱼塘湿地养殖业模式、莲藕和茭白等湿地种植业模式、芦苇-鱼的湿地复合开发模式等。银川平原渔业发展迅速，成为银川平原湿地农业的一个特色，应加快水产品基地建设，合理划定养殖区，大力发展生态养殖。

银川平原的湿地农业利用和开发模式总体上比较简单，距国内先进的农业复合生态系统模式有很大差距，而且由于农药、化肥的大量施用，也带来了土壤环境污染问题，农业富含残留污染物的排水进入湿地，又给湿地带来水质富营养化。应围绕着防止湿地污染，扶持无公害、绿色、有机农产品生产，鼓励和支持运用生物防病杀虫、测土配方施肥、恢复绿肥种植等生态生产方式，减少化学农药和肥料的使用量，减轻农业面源污染对银川平原湿地生态的威胁。

（2）发展新型生态工业园区：建设特色生态工业示范区和生态工业园区，对推动园区生态化改造，提升、优化资源能源利用方式，保护区域环境，提升工业竞争力具有重大意义。生态工业园区的基础与核心工作是推进资源节约和高效利用，将生态保护、清洁生产、环境管理体系融入企业生产的各个层面，减少污染物的产生和排放。

(3) 发展湿地文化旅游业：发展湿地生态旅游是利用湿地的最普遍方式，湿地生态旅游开发应符合湿地保护的方向，湿地生态旅游开发中应切实做好资源的保护，湿地生态旅游在规划和法规规定的区域开展。银川平原湿地生态旅游文化历史悠久，传承湿地文化，发展湿地特色旅游，要从一般旅游向深度休闲度假、科学考察、科普教育、运动拓展、文化体验等方面延伸和拓展，促进湿地文化与旅游融合发展，提升品牌效应，兴办具有特色的"湿地节"和湿地文化旅游活动，以增强湿地生态旅游的效益好影响力。

打造"银川平原湿地旅游文化"品牌，保护湖泊生态文化资源的多样性和原真性，沿黄城市发挥各自湿地生态旅游资源优势，突出各自旅游特色，使湿地生态旅游既成为保护和合理利用湿地的一种有效方式，也成为经济增长和社会发展的一个助推剂。

6) 建设生态城市

生态城市是人类社会转向生态社会，转向生态文明发展模式的价值取向，是一种新的城市概念和发展模式。银川平原各市具有湿地生态特征明显和资源丰富的优势，处于宁夏经济发展的核心区域，社会进步、民族团结，环境宜居，具备发展生态城市的条件。

生态城市表现在几个方面：① 具备良好的自然生态系统、良好的环境、完善的自然资源循环利用体系；② 实现资源的最佳配置和合理利用，使经济尤其是工业活动对环境的污染最小，实现"绿色经济增长"；③ 公众具有自觉的生态意识，提倡节约资源和节约能源的可持续消费方式，居民的身心健康，生活满意度高；④ 具有高效的管理功能，通过对城市各种活动的高效率管理，保证资源的合理开发利用，最大限度地促进人与自然、人与生态环境的和谐。

建设生态城市要坚持城乡统筹，推进城乡一体化，实现协调发展；坚持立足当前，着眼长远，统一规划，分步实施；坚持以人为本，更加注重改善民生，造福城乡居民；坚持创新机制，建立以生态文明建设为导向的利益机制和考评体系；坚持政府推动、全民参与，形成强大合力。建设生态城市应确定发展目标和建立指标体系，综合评价生态城市的发展，包括资源禀赋水平、生态环境质量、经济发展水平、社会进步程度、民生改善状况、民族团结和少数民族发展等。

10.2.3 编制《银川平原湿地保护与合理利用规划》

目前，对湿地的保护已列入各级湿地保护管理部门，乃至当地政府工作的重要议事日程，许多地方都制定了《湿地保护规划》，但这些规划中对如何合理利用湿地涉及不多，或是根本就没有涉及，这就使得湿地保护与利用这一基本政策未能在规划层次首先得到体现。

湿地合理利用应该作为《湿地保护规划》的一个主要组成部分，湿地资源多且利用强度较大的地方也可以单独制定《湿地合理利用规划》。《湿地合理利用规划》尚没有统一的规范，但总体上要体现以下内容。

(1) 湿地合理利用的原则：规定湿地合理利用要遵循的基本原则，"保护优先、合理利用、可持续利用"等是最基本的原则；同时，要将湖泊湿地的保护与合理利用实行全面统筹，统一规划。

（2）湿地合理利用的功能分区：无论是规范建设的湿地公园，还是其他类型的湿地，只要对湿地进行开发利用，就必然要科学划定利用区域和范围，并对该区域和范围进行划界，对利用区域的功能进行界定。

（3）湿地合理利用的主要方式：根据湖泊湿地的生态特征、服务功能及价值、区位优势和发展需求，确定湿地合理利用的方式，包括主要利用方式及其他综合利用的方式。

（4）湿地合理利用的优先行动和重点项目：湿地合理利用规划应根据实际确定优先行动以及保障优先行动实施的重点项目，这些项目不仅有工程建设方面的，更应有管理方面的。

在规划的指导下，合理制定湖泊湿地利用的计划。湖泊湿地利用计划包括项目建设和管理等方面。合理利用计划要经过充分科学论证，具可操作性，并接受湿地主管部门的监督。

10.3 制定银川平原湿地保护与合理利用的政策制度

10.3.1 制定《宁夏湿地公园管理办法》

银川平原目前已建成各种类型及各级湿地公园16处，湿地公园的建设仍然在发展中，鉴于湿地公园对保护和利用湿地具有重要的示范性和指导意义，应按照国家有关规定、规范，不断提升湿地公园建设和管理。为此，有必要制定一部《宁夏湿地公园管理办法》，规范国家级和宁夏回族自治区级湿地公园的建设目标、审批程序、管理主体、协调机制、禁止事项和法律责任等。由于湿地公园具有开发利用的功能，国内已制定的一些《湿地公园管理办法》多没有对合理利用方面的内容进行规范，造成一些湿地公园盲目开发及不合理利用现象突出，因此有必要在《宁夏湿地公园管理办法》中对湿地资源合理利用进行规范。

1）支持的政策

开发利用项目符合湿地利用规划，与湿地保护方向一致，如开展不损害湿地生态系统功能的生态旅游等活动；开展以保护湿地资源和生物多样性为主要内容的环境教育等。

政策支持包括：协调并促进湿地合理利用的各资源要素维持发展，如水资源的补给和保证（对重要湖泊湿地的利用及水资源保障机制等）、动植物资源的保护性利用（如芦苇的收割、水产品养殖、观赏性植物的种植等）等；

2）补偿的政策

逐步建立湿地利用对湿地保护的"反哺"机制，实行"谁利用、谁保护、谁补偿"的原则,把湿地保护与湿地利用很好地结合与协调起来,促进湿地资源的可持续利用。

确因国家重点项目建设,如道路、桥梁等建设占用湿地的,要建立湿地补偿制度,或采用经济补偿方式,经济补偿用于湿地保护与利用;或采用易地恢复湿地的方式,以确保湿地生态红线,易地恢复湿地最好在原有湿地流域进行。

3) 禁止、限制和控制不合理利用的规定

禁止在湿地区域内建设高尔夫球场,建设高档别墅、会所、度假村,从事房地产等;禁止未经试验大量引进外来物种;禁止以营造景观为名移植古树名木和大龄树木;禁止在自然湖泊湿地开挖精养鱼塘。禁止任何改变或削弱湿地生态功能的开发行为。

控制建筑物、构筑物的规模和体量;控制开展大型娱乐活动;控制把自然湿地人工化、园林化;控制湖泊水产适度养殖密度和划定养殖范围;控制湖泊周边开发与湖泊保持一定缓冲距离等。

限制挖湖堆山、裁弯取直、筑坝截流;限制违背自然规律和生物特性反季节种植施工、过度密植等活动。

10.3.2 建立资源有偿使用和湿地生态补偿机制

资源有偿使用和湿地生态补偿包括湿地资源补偿原则、湿地恢复的生态补偿机制、流域水环境保护的生态补偿机制、水权有偿转换机制、湿地系统碳汇补贴原则等一系列有利于湿地保护与可持续利用的管理机制。

建立银川平原湿地资源补偿基金,在资源利用过程中逐步推行"谁使用谁补偿"原则,通过不同的补偿方式来实现湿地资源的零消耗。建立湿地恢复的生态补偿机制,对为恢复湿地而造成损失或投入的个人和集体给予适当的补偿。建立流域水环境保护的生态补偿机制,下游使用清洁水源应对上游地区保护水环境的投入和损失给予补偿。建立水权有偿转换机制,鼓励农业节水措施,政府在利用这一部分节省的水资源开展湿地恢复时对采取节水措施的集体或个人通过买水方式给予补偿。建立由政府主导的自治区碳汇基金与碳汇市场,在计算出湿地系统碳汇贡献率的基础上,按清洁生产机制对保护和恢复的湿地系统碳汇的贡献率给予补贴。低碳经济补贴的目的是逐步实现区域内碳零排放目标,区域碳零排放标准是 CO_2 的固定与排放率相等。

构建完整的生态补偿机制需要确定补偿的依据、主体、标准和政策路径等核心问题。湖泊湿地生态补偿机制的实现形式可分为生态保护(恢复)补偿机制和水污染补偿机制两种;具体类型可以包括湖滨水生态恢复补偿机制、入湖河道水污染生态补偿机制、湖泊湿地环境效益生态补偿三类。对因生态保护而导致发展受限制湿地区域的基础设施优先扶持建设;对环境污染的区域,制定合理的补偿标准;对因保护重要生态功能区而造成的经济损失或利益牺牲进行生态补偿;推动和完善相关法规政策,建立湿地生态损害赔偿机制。

根据实际和需要,政府可制定关于"湿地资源的开发利用实行许可制度"的规定,制定具体办法,引导和规范湿地公园的开发合理利用行为。

10.4 制定《银川平原湖泊湿地保护与利用的技术指南》

银川平原湖泊湿地保护与利用在十多年的实践中总结了一些有效的方法和技术，开展湖泊湿地保护与合理利用是一项综合性、技术性都较强的活动，有必要在总结经验的基础上，凝练和提升这些方法和技术，借鉴国内外先进成熟的技术，制定银川平原湖泊湿地保护与利用的技术标准或技术指南，用以指导银川平原湖泊湿地保护、恢复及合理利用科学进行和取得成果，进而在更大范围推广。

湖泊湿地保护与利用技术指南包括湖泊湿地评价、湖泊湿地保护、湖泊湿地恢复、湖泊湿地利用、监测与管理五大项，指标设为二级（表10-1）。

表10-1 银川平原湖泊保护与利用技术指南指标

项目	一级	二级	范例
湖泊湿地评价	评价方法	生态系统功能评价	
		生态系统环境影响评价	
	评价内容	生态系统服务功能评价	
		生态系统健康评价	
		生态质量评价	
湖泊保护技术	栖息地保护	湖岸缓冲带	湖滨植物带
		湖泊岸线及护坡	缓坡、陡坡的护岸
		生态廊道	结构、宽度
		生境岛	滩、草灌丛
	生物多样性保护	控制外来物种	规范外来物种引进
		陆生动物疫源疫情防治	禽流感防控
		病虫害防治	控制蚊蝇增长
	保护区域	功能分区	核心、缓冲、试验区
		核心保护区设计	面积、形状
		湿地公园	保育区划定
	水资源保护	水系	渠道、农业排水
		水位控制	进出水闸、调节闸
	污染防治	周边面源污染防治	环湖隔离沟
		湖泊富营养化控制	人工湿地净化池
		周边道路	宽度、隔离绿地

续表

项目	一级	二级	范例
湖泊恢复技术	湖泊恢复技术选择	恢复湿地生态功能	原有群落恢复 扩大面积、增加深度
		重建湿地生态	全面要素的恢复 新建湿地
	土壤的恢复	湿地基底改造	生态清淤
		岸带固坡技术	植被种植
		土壤污染物控制	控制盐渍化
	植被恢复	湖滨植物带恢复	适宜宽度
		水生植物恢复	挺水、浮水、沉水
		生态林带	湖泊周边防护林
	水生态恢复	截污及污水处理	污水处理设施
		水体污染治理	生物、物理、化学等方法
		生物链技术	合理养殖鱼类
		控制大型水生植物的生长	消除过多草类
		恢复湿地面积	退田还湖、退渔还苇
湖泊利用技术	湿地农业	发展生态高效农业	减少面源污染措施
		农田水量水质综合管理	隔离、净化
	水产养殖	确定养殖区	划定养殖区域或围网养殖
		立体养殖和循环链	投放密度和种类
		控制垂钓鱼饵投放	限制垂钓种类
	旅游活动	控制游客容量	限制人流、分流游客
		使用清洁能源	游船使用天然气或人工
		合理设置设施及项目	不对生态产生破坏及影响
		合理设置旅游线路	降低水面游线强度
	周边开发	住宅区开发	合适高度及距湖岸宽度
		参与式管理	参与湖泊管理
	湿地公园	功能分区	合理确定利用区
		园区开发	减少人工化和永久性建筑
		景观营造	避免园林化

续表

项目	一级	二级	范例
湖泊监测与管理	监测	监测计划	制定监测计划并更新
		湖泊保护与恢复的监测	水文水质监测 动植物监测（鸟类监测） 土壤监测 环境监测 工程实施的监测
		湖泊利用的监测	利用过程及影响的监测 利用结果及有效性的监测
	管理	参与式管理和协调机制	管理机构完善并协调 制定管理计划 相关利益方参与共管平台
		规划与计划	规划计划的制定和执行 各相关行业规划的衔接

《银川平原湖泊湿地保护与利用技术指南》经宁夏湿地保护主管部门批准试行，通过一段时间的实践后进行完善，在此基础上开展《技术指南》的评估工作并进行修订完善，最终使之成为一个指导银川平原乃至宁夏全区进行湿地保护、恢复及合理利用的规范技术性文件。

10.5 加强项目建设研究及评估

10.5.1 建立项目可研及监督机制

1）做好项目可行性研究

项目可行性研究（feasibility study），是建设项目投资决策前进行技术经济分析论证的一种科学方法和工作手段。在项目投资决策前，对项目有关的社会、经济和技术等方面情况进行深入细致的调查分析，对各种可能拟定的建设方案和技术方案进行技术分析与比较论证，并对项目建成后的社会效益、经济效益、环境效益进行科学预测和评价。在此基础上综合分析研究建设项目的技术先进性和适用性、经济合理性和有利性以及建设可能性和可行性。

湿地项目建设，既有工程建设内容，如管理站等建筑物和构筑物、水利工程、基础设施等，又有生态和环境建设项目，如湿地植物种植、湿地景观建设，还有设备购置等；既是生态建设项目，又有工程建设内容，因此项目建设可行性研究还需做好以下工作。

调查分析该湿地项目建设的目的，是以保护生态和生物多样性为主，或是以恢复或修复生态系统为主，或是以开发利用湿地资源为主，据此确定重点建设项目。应根据该湿地的功能特征、主要问题有针对性选择项目，不能什么都干，特别是一些与湿地生态保护方向不一致的项目，与湿地生态和生物多样性保护关联度不密切的项目，要使有限的资金得到充分利用和发挥效益，保证湿地保护的主要目标能以实现。

分析项目资金的投资来源。湿地生物多样性保护、湿地水资源保障和补给、湿地旅游及其他利用、利用湿地发展种植业和养殖业、湿地管理及科研监测等，这些项目资金来源渠道不同，要争取和落实各有关部门的相关资金，同时注重各相关项目资金的整合，项目建设和运行管理机构要逐步提高自身配套资金的能力和比例，把项目建设和自身发展紧密结合起来。

湿地项目的效益分析要体现综合效益，根据保护优先、适度利用的原则以及保障生态安全的要求，效益分析首先是生态效益、环境效益；随着湿地生态被社会越来越了解和认可，其社会效益也越来越显著；湿地合理利用为其提供了获取经济利益的渠道，在保护前提下通过合理利用湿地资源，其经济效益也将不断彰显。

2) 建立项目建设的监督机制

项目建设的各级审批单位和管理单位要对项目执行情况和各部门单位承担的任务进行监督，特别要加强项目实施进度、项目资金使用情况、项目生态作用和社会经济效应的监督评价，对重点项目的完成情况要进行跟踪检查。要面向社会、面向大众，充分利用各种媒体，多形式、多方面地加以宣传，充分展示项目的实施效果，使湿地保护的思路、任务、目标等为社会各界广泛认知，形成全社会关心、自觉参与和监督实施的浓厚氛围。

建立项目进展情况统计的长效机制，推进项目的顺利开展。对于中央财政资助的试点项目，不论大小，均要按项目类别逐月上报进展情况。通过设计完善的统计表格，改进统计调查方法，规定统计上报时段，提高统计分析研究水平。

10.5.2 全面推行项目建设环境影响评价

我国自1979年施行建设工程项目环境影响评价制度建立以来，该项工作已经成为建设项目的一项常规性工作。1998年国务院公布《建设项目环境保护条例》使项目环境影响评价工作更加法制化、规范化和具体化。2003年9月1日，《中华人民共和国环境影响评价法》正式施行。项目环境影响评价，是指对规划和建设项目实施后可能造成的环境影响进行分析、预测和评估，提出预防或者减轻不良环境影响的对策和措施并进行跟踪监测的方法与制度。国家根据建设项目对环境的影响程度，对建设项目的环境影响评价实行分类管理，即可能造成重大环境影响的项目需编制环境影响报告书，可能造成轻度环境影响的项目需编制环境影响报告表，对环境影响很小不需进行环境影响评价的项目也需填报环境影响登记表。环境影响评价包括生态环境影响评价在内，目前主要是项目设计和环境影响评价对生态环境影响评价的内容不全、深度不够。而对于生态项目建设的环境影响评价，则还有认识不清和重视不够的问题，认为生态建设项目没有或少有环境影响问题以及生态建设项目不需要进行环境影响评价等。

银川平原湖泊湿地建设项目，包括湖泊湿地保护与恢复项目、湖泊湿地开发利用项目、湿地公园建设项目等，开展项目环境影响评价很少，造成一些项目建设的不科学、不合理，未能达到项目建设保护与恢复湿地生态系统的目标和最佳效果。银川平原湿地项目建设分布广、项目多，项目类型也多，特别是对湖泊湿地的开发利用项目逐渐增多，应该开展并全面推行湿地建设项目环境影响评价工作。

1）湿地生态环境影响评价的特殊性

湿地处于陆地系统、水系统和大气系统的界面，受到多种自然力的作用，对环境变化极为敏感，因此，在进行湿地生态环境影响评价（WEEIA）时，除了遵循生态环境影响评价的一般性原则外，还应注意到湿地生态系统有别于其他生态系统的特殊性，针对湿地工程建设项目可能产生的问题开展评价，增强湿地生态环境影响评价科学性和应用性。

湿地工程项目建设产生的环境问题包含了一般工程建设存在的环境问题，如建筑物和构筑物建设、巡护道路建设、水利工程建设、基础设施建设等产生废气、废水、噪声及固体废弃物等，造成环境问题。但湿地项目建设排放的废水、废气和固体废弃物对生态环境的污染，与对地表水，地下水，环境空气，声环境等环境要素的常规评价不同的是，生态环境影响评价更关注污染对湿地生物多样性、湿地水文水质等影响，更关注其对湿地各生态要素的危害性以及一些特殊活动产生的生态问题。主要以下几方面问题。

水文条件的改变：包括进排水、修筑渠道和堤坝、疏通水道等，这类工程一般产生环境污染较轻，但水力条件改变可能造成水生态问题，如湿地进排水是为控制合理的适宜水位，水太多不利于生物多样性发展，还会增加下游的洪水风险；水太少会使湿地退化，还会引起植物区系变动和动物物种迁徙。

植物区系改变：包括工程造成植被清除引起群落毁损及水土流失，改变植被结构导致优势种群的更替以及引进外来物种，使区域生物多样性受到影响。

动物种群改变：动物栖息地、繁殖地、迁徙通道遭受破坏而迫使动物种群数量减少，由此改变食物链的构成；水禽迁移等对于濒危物种、珍稀物种可能招致严重后果。

土木工程的影响：土木工程可能引起地表水和地下水流向、流量变化、水土流失加剧、水体悬浮物含量升高、对水生生物有不良影响。湿地区域内的道路建设，可能割裂栖息地，破坏湿地生态系统的完整性。

诱导效应的影响：有些工程项目由于其规模较大或其本身的特殊性，其建设会导致外来人口的大量增加，各种经营服务性设施也会增多，由此使对生态环境的影响在强度和范围上大为加剧。

2）湖泊湿地生态评价的指标体系

湿地环境影响评价的重点是生态影响评价，它的评价指标体系（因子和参数）和评价方法应与一般的环境影响评价不同。湿地环境影响评价的指标体系应以湿地功能为核心，应以对湿地功能的影响程度作为项目环境影响的衡量标准。因此，湿地功能评价应当是湿地环境影响评价的前提和基础。

湖泊湿地生态的评价指标是一个复杂的体系，需要把握最能代表和反映受影响湿地生态的性质和特征，应兼顾科学性、综合性、可操作性及可量度性的原则，一般可以归纳为三个部分，即湿地特征指标（如分布、面积、类型等）、湿地环境指标（如气候、气象条件等）和湿地功能指标，其中湿地功能指标是最基础和最重要的，主要包括以下几项。

系统：湖泊面积、水位、水深、蓄水量、湖岸形态、流域水系等；
水质：地表水环境质量、地下水、能见度、底泥成分等；
生物多样性：水生植物、水禽、鱼类、浮游动物和植物、迁徙动物、保护物种等；
珍稀濒危生物：种类（群）、保护级别、珍稀濒危度、生态习性、生境条件等；
重要生境（芦苇、浅滩等）：分布、面积、生物利用情况、维持条件等；
水平衡：进出水、水量平衡、补水、水位调控、消长动态规律等；
生态功能：生物生境、降解污染、水文调节、气候调节、资源生产等；
整体性：水系完善（连通）性、生物多样性等；
可持续性：面积、水文水质动态变化、生态保持压力趋势、生物持续生存可能性等。

湿地生态环境的复合性以及银川平原湖泊湿地生态系统的脆弱性，决定了湿地生态环境影响评价的特殊性。因此在遵循一般生态环境影响评价原则的基础上，更要关注湿地生态系统的特点，不仅产生污染的项目要开展环境影响评价，对可能影响和改变湿地生态功能和湿地资源各要素的非污染项目也应开展环境影响评价。以湿地功能为核心建立评价指标体系，综合考虑湿地生态功能和工程项目可能产生的影响，分析工程项目建设的影响，提出减缓措施和替代方案，以维持现存自然系统和生物多样性，保护和提升湿地生态功能，实现其可持续发展。

10.5.3 开展项目建设的后评估

银川平原湖泊湿地从2000年开始实施湿地保护与恢复建设项目，至今陆续已有30多个重点项目得以在各地实施。总体上项目建设取得了预期目标及综合效益。为总结项目建设经验教训，进一步做好湿地保护、恢复及合理利用项目建设，有必要开展项目后评估工作。

1) 项目后评估的目的和原则

项目后评估是指对已经完成的项目目标、执行过程、效益、作用和影响所进行的系统、客观的分析，目的是通过对项目投资和建设活动的检查总结，确定项目投资建设的预期目标是否实现，通过分析评价找出项目成败的原因，总结经验教训，持续改进工作，并通过及时有效的信息反馈，为项目的决策和完善决策管理水平提出建议，从而达到提高项目决策水平和提高投资效益的目的。

项目后评估的一般原则是：独立性、科学性、实用性、透明性和反馈性，重点是评估的独立性和反馈功能。

"独立性"是指评估不受项目决策者、管理者、执行者的干扰，项目后评估由独立的咨询机构或专家完成，或由决策者组织独立专家共同完成。从事后评估的机构和专家应是没有参加项目前期和工程实施咨询和管理服务的机构和个人。这是评估公正性和客观性的重要保障，独立性要自始至终贯穿于评估全过程。通过独立性评估，使评估的分析结论不带任何偏见，从而提高评估的可信度，才能发挥项目后评估在项目管理工作中不可替代的作用。

"反馈功能"是项目后评估工作的最大特点，项目后评估的最终目标是将评估结果反馈到决策部门，作为调整项目投资和政策的依据，作为新项目立项和评价的基础。为此，有必要建立"宁夏湿地项目建设管理信息系统"，通过项目的信息交流和反馈，系统为项目评估提供资料和向决策者提供评估的反馈信息。

2）项目后评估的范围和主要内容

项目后评估的评估范围，依据项目实施管理及影响，包括项目过程后评估、项目效益后评估和项目影响后评估。

（1）项目过程后评估：对建设项目的立项决策、设计施工、竣工投产、生产运营等全过程进行系统分析，找出项目后评估评价与原预期目标之间的差异及其产生的原因，同时针对问题提出解决的办法。

（2）项目效益后评估：通过项目竣工投产后所产生的实际综合效益与可行性研究时所预测的综合效益相比较，对项目进行评估。对湿地生态建设项目，重点从生态效益、社会效益进行分析评估，对主要利用湿地开发经营的项目要从经济上分析项目投产运营后是否达到了预期效果。没有达到预期效果的，应分析原因，采取措施，提高经济效益。

（3）项目影响后评估：通过项目竣工投产（营运、使用）后对社会的经济、政治、技术和环境等方面所产生的影响，来评价项目决策的正确性。如果项目建成后达到了原来预期的效果，对社会经济发展、产业结构调整、人民生活水平提高、生态和环境保护等方面都带来有益的影响，说明项目决策是正确的；如果偏离或背离了既定的决策目标，就应具体分析，找出原因，为以后项目提供借鉴。

项目影响后评估包括以下几个方面。

其一，项目环境影响后评估：环境影响后评估是项目影响后评估中应特别关注的环节，是对照建设项目前评估时批准的《环境影响报告书》，重新审查项目环境影响的实际结果。在审核已实施的环境评价报告和评价环境影响的同时，要对未来进行预测。环境影响后评估一般包括：项目的污染控制，区域的环境质量，自然资源的利用，区域的生态平衡和环境管理能力。

其二，项目社会影响后评价：社会影响评价的主要内容是项目对当地经济和社会发展的影响，一般包括项目对当地就业的影响，对当地收入分配的影响，对居民生活条件和生活质量的影响，受益者范围，社区各利益方的参与情况，地区的发展等。

项目后评估，依据项目建设周期划分，包括项目前期决策、项目准备、项目建设实施、项目竣工投入使用等方面,其中项目建设实施过程评估越来越受到投资者、决策者和管理者的重视。

目前,我国对于湖泊湿地生态的项目后评估,特别是项目环境影响评价后评估还很薄弱,一定程度上也影响和制约了湿地生态项目建设的科学合理进行,从长远看,也不利于湿地生态系统保护及湿地资源可持续利用。因此,湿地管理部门应选择开展湿地保护、恢复与利用项目较多、管理条件较好的湿地试验开展此项工作,并总结经验和模式,进行示范推广。

10.6 加强湿地生态监测工作

10.6.1 建立宁夏湿地生态监测体系

宁夏湿地生态监测体系是构建宁夏全境湿地生态监测网络的基础,目的是实现监测管理和监测技术上的标准统一,建立起省(区)—市—县三级湿地监测垂直体系和省(区)—国家级湿地自然保护区、地市—湿地公园(湿地自然保护区)湿地监测平行体系,融合林业部门建立的湿地监测定位站、环保部门建立的水环境监测站、科技部门建立的湿地研究站等技术咨询体系,形成比较完善的、多部门合作的、信息可以共享的湿地监测网络。最终实现湿地生态系统监测的全覆盖,并与国家 CWERN 无缝对接、数据共享。

建立宁夏湿地监测体系不仅可以完善我国北方生态脆弱地区和引黄灌溉区域的湿地生态系统监测体系,而且可以提供水、土、气、生各个要素长序列、连续性、高质量的监测数据,揭示银川绿洲湿地对环境变化与人类活动的响应过程与机制,弥补西部地区长时段生态系统监测数据的不足,提升宁夏湿地生态监测管理和研究水平,提高地方科研单位解决重大科学问题的能力。另外通过湿地生态监测体系的建立,实现湿地监测中心与湿地生态监测点、监测站之间的网状信息流,促进湿地保护管理的系统化进程,将逐步实现宁夏湿地保护的信息化管理和部门间的湿地信息共享,可提高湿地相关行业和湿地管理部门的应急反应能力、综合协调能力、信息处理能力和综合管理能力。

10.6.2 加强湿地生态监测计划的编制及实施

监测与监控系统在湿地保护中发挥着不可或缺的作用,是掌握、了解、评价湿地保护状况的基本途径。建立健全银川平原湿地生态环境监测监控体系,既是优先行动的核心工程和当务之急,也是保障这项行动的重要举措。亚洲开发银行与 GEF 组织在宁夏生态与农业综合开发项目中安排了湿地生态监测培训,聘请有关专家编制了《宁夏湿地生态监测指南》,按照亚行项目要求和宁夏保护湿地的急迫需求,各湿地自然保护区、湿地公园和其他湿地,都应按照这个指南的原则和要求编制本湿地的《湿地生态监测计划(方案)》,全面开展环境、生物、水质水文、土壤、人工系统以及湿地开发利用等湿地综合监测和多时段、多尺度的监测监控,为银川平原湿地保护与合理利用提供技术支撑。目前,银川平原的沙湖自然保护区已经按照《宁夏湿地生态监测指南》编制了《宁夏沙湖自然保护区湿地生态监测计划》,其监测计划可供银川平原各湿地编制其湿地生态监测计划借鉴。湿地生态监测计划(方案)的内容包括以下几个方面。

1)建立监测协调和参与机制

保证湿地监测计划与各利益相关方的发展计划有机结合,同时便于各利益方支持监测工作的开展。应有具体的相关利益方单位及各自参与职责、协调参与监测的组织形式和工作方式、湿地监测指标的选定、监测方案的制定和实施,以及监测结果知悉和信息共享等。

2)湿地生态特征

该湿地的地理气候特征;水文水质特征(地表水和地下水、湖盆、水位、水量、水质);土壤特征;植物资源(物种、植被、珍惜濒危植物等);动物资源(鸟类及其他动物);湿地(类型及面积);自然景观;生态过程(水文过程、营养循环、动物繁衍和迁徙、植物更新等);生态系统服务功能等基本情况及有关数据,为开展湿地生态监测提供基础情况及数据。

3)对湿地生态特征产生影响的威胁因素

该湿地可能对湿地特征产生的威胁和影响因素,如水资源的保证及补给、水环境质量、气候和极端气象条件的影响、水产养殖业的影响、旅游服务业的影响、交通设施建造的影响、工业污染的影响、农业面源污染的影响、生物资源利用的影响、外来物种入侵的影响、偷捕偷猎的影响等。

4)管理活动有效性监测

对该湿地管理活动的实施情况进行监测可以保证有效执行管理计划;同时,通过对管理活动有效性的监测能够及时审查管理目标实现程度,查出活动对湿地生态系统产生的影响,有利于管理行动修订和更新。包括能力建设(队伍建设、机构建设、基础设施建设等);栖息地管理(栖息地修复工程前后);社区参与共管(生态补偿、合理利用、参与管理与监测、参与保护与宣传);宣传教育(活动、展馆、牌栏、手册等)。

5)湿地生态特征监测

(1)气象监测:依据《生态气象监测指标体系——湿地生态系统(试行)》和《生态气象监测指标体系——湖泊生态系统(试行)》,依托当地气象观测部门观测数据或湿地自建小型气象站观测进行。

(2)物候监测:指对自然环境中植物、动物生命活动的季节现象和在一年中特定时间出现的某些气象、水文现象的野外观测监测。

(3) 湿地面积与边界监测：主要指标有湿地总面积、各类湿地面积、湿地水域面积、湖泊长度和宽度、湖泊岸线长度、湿地的四界、湖泊水位、湖泊深度（最深、平均）、湖泊容积（蓄水量）等基本参数以及丰水期、平水期和枯水期的面积和边界变化。

(4) 栖息地监测：不同栖息地的面积及边界；不同栖息地的景观格局、破碎化状况；不同栖息地周边植被状况、周边地貌状况、人类活动状况。

(5) 湿地土壤监测：主要监测指标有土壤类型、土壤酸碱度、土壤机械组成、土壤容重、土壤有机质含量、土壤水溶性盐总量、土壤温度、土壤含水量、pH 值、全氮、全磷、全钾、重金属等。

(6) 水文水质监测：主要监测指标有，水文监测（湖泊水位、湖泊蓄水量、潜水埋深、地表水深、盐度、水温等。根据实际，还需监测进水量、出水量、补水量等）。水质监测（主要指标有：pH 值、溶解氧、生化需氧量、高锰酸盐指数、氨氮、总磷、总氮、总硬度、氟化物、砷、挥发酚、石油类、叶绿素 a、透明度等）及监测方法、监测点位布局和位置、监测频次。

(7) 植物群落、植被监测：主要监测指标有种类、数量（丛）、平均高度、盖度、多度、密度、频度等；监测方法、监测点布局和监测位置、监测频次。

(8) 水鸟的监测：主要监测指标有迁徙水鸟种类、留鸟种类、水鸟种群、珍稀濒危鸟类种类及种群等的迁徙时间、种类、数量及鸟类最适栖息生境情况以及监测方法、监测点布局和位置、监测频次等。

(9) 野生动物和鱼类的监测：主要监测指标有物种总数、种类分布、种群变化、珍稀濒危物种及种群数量。

(10) 外来物种的监测：主要监测外来物种的种类、数量、分布、危害。

特别需要提出的是对影响湿地状态因子的监测。影响湿地状态的因子很多，主要有渔业与水产业、牧业、旅游服务业、交通运输、非法活动、污染物排放、水利工程建设、湿地排水和湿地恢复及管理等人类活动。影响湿地状态因子的监测指标可采用直接调查法或从相关部门获取有关数据，如环保、水产、水利、交通、旅游等部门以及在保护区区域开展各种经营活动的利益方。

6）监测计划的实施

监测准备：主要工作包括建立湿地生态监测工作机制，制定符合该湿地实际的监测计划，采取有效的监测行动。监测计划包括做好各利益方或参与方的组织协调；合理组织监测活动；开展技术指导，培训监测人员；督促、检查监测工作进度和质量；审核监测数据资料，汇总上报监测资料；评价监测资料对湿地生态环境的影响，并完成监测报告。

监测计划：应包括重点监测（包括湿地植物监测、湿地鸟类及栖息地监测、水质监测、水文监测）和一般监测（包括气象要素监测、湿地土壤监测、湿地野生动物监测、外来物种的监测、影响湿地状态因子的监测）。

监测计划实施：各利益相关方（参与单位）按照监测计划规定，按照该湿地生态监测指标和分工进行监测工作。

7) 监测数据的收集、整理、提交

监测数据收集工作由该湿地管理机构负责，参与监测活动的所有部门或机构（利益方）都有义务按照监测计划要求的任务内容、时间、质量等定期向湿地管理机构提交监测数据。该湿地管理机构在收集到各方面的监测数据后，应及时进行汇总整理，发现没有监测的数据或有疑问的监测数据时，要与相关监测机构协调进行完善。监测的数据应提交印刷版和电子版，以利于保护区管理机构汇总整理和存档。

8) 监测结果的分析、报告和应用

应包括生态特征监测结果的分析、报告和应用；威胁因子监测结果的分析、报告和应用；管理活动有效性结果的分析、报告和应用。

9) 监测计划的更新

湿地生态监测计划是管理计划的重要组成部分，监测计划的更新与管理计划的更新关系密切。当一个周期的监测完成后，对监测结果进行分析和评估，则需要判断是否需要调整现有的管理目标和管理行动。如果需要制定新的管理目标和管理行动，则监测计划也要按照管理计划的内容进行调整，制定新的监测计划。

同时，当湿地生态特征遇到突然出现的威胁因素时（如水体突发严重污染、节假日游客量剧增、特大干旱带来火灾隐患等），需迅速针对突发威胁因素设定应急监测计划和采取监测行动。当该湿地监测能力不断提高，或有新的更为先进、更便于操作的监测方法出现时，可以更改监测方法。

10.7 加强湿地保护与合理利用能力建设

10.7.1 加强科技支撑能力建设

加强银川平原湿地保护、恢复与合理利用项目建设管理系统和数据库建设，加强信息化基础设施建设，要及时掌握国内外最新的学术动态，针对不同湿地和面临的不同威胁，找准存在的主要问题，明确保护和合理利用的主攻方向和治理的模式及措施。积极总结、筛选和推广适用的湿地保护、恢复和利用的科技成果和先进经验。全面强化科技保障工作，做到对湿地保护、恢复与合理利用建议全面实施科学规划、科学设计、科学实施，切实将科技保障贯穿于规划和项目实施的全过程。及时针对银川平原湖泊湿地实际开展相关项目科学研究，突出抓好湿地保护综合协调管理机制、湿地恢复技术、栖息地修复技术及湿地合理利用技术中关键技术问题的科研攻关，并将成果应用和推广。同时，与宁夏高等院校、科研机构相关湿地生态研究队伍建立稳定的协作关系，组建宁夏湿地技术咨询队伍或专家智囊团，进一步发挥宁夏湿地保护管理高级专家的作用。在此基础上逐步建立国际国内科技交流机制，及时引进国内外在湿地保护、恢复和科学利用等领域的先进技术。

10.7.2 培养湿地保护管理及专业人员

银川平原湖泊湿地保护十分缺乏善管理、懂技术的管理和专业技术人员，制约了湿地保护管理水平的提高。据本项目调查的23个湖泊人员情况，仅有沙湖自然保护区和吴忠滨河湿地公园属政府批准建立的事业单位编制，在人员、经费、办公条件等方面有一定保证。一些已经建立湿地公园的，只是配备了几名管理人员。大部分湿地没有配备管理人员，而湿地保护专业人员奇缺。调查还得知，除宁夏湿地保护管理中心及银川市、吴忠市等市开展了湿地保护管理人员培训，其他方式的培训活动甚少。

要制定银川平原湿地保护管理和专业人员培训规划和计划，下大力气培养和充实基层管理人员，通过各种方式对各湿地管理机构的人员进行管理和专业技术培训，提高他们保护管理湿地的能力。湿地管理机构要建立湿地管理及专业人员培训计划，建立稳定的培训制度，采取各种政策、方法培训并稳定湿地保护管理及专业人员，不断提高他们的管理能力和专业水平，以适应湿地保护工作的需要。

10.7.3 建立科学及有效的管理机构

目前，银川平原湖泊湿地管理机构形式多样，有政府专门成立的保护管理机构（如沙湖自然保护区、吴忠滨河湿地公园），事业单位编制，履行政府保护湿地的基本职能；有国有企业经营管理并承担湿地保护管理的机构（如鸣翠湖湿地公园、阅海湿地公园等）；有民营企业经营管理并承担湿地保护管理的管理机构（如黄沙古都湿地公园、鹤泉湖湿地公园等）；还有社区负责管理的机构（如金波湖、小雁湖等）。从根本上讲，动员社会各方面力量，包括各种经济实体承担生态保护工作，是社会各方面应尽的社会责任和义务，也为政府组织开展生态保护工作创新了一条新的路子。现在的问题是如何处理好企业（社区）通过利用湿地资源获取最大经济利益和使湿地生态系统及生物多样性得到有效保护和保持的关系以及如何在现行湿地保护管理体制下更好地设置和完善湿地保护管理机构。

1）制定湿地保护与合理利用规划及项目实施计划

规划有龙头作用，特别是自然保护区和湿地公园，都有规范的规划要求，规划明确湿地区域内的核心保护区，的缓冲区，的可利用区，严格按照规划编制湿地保护及利用项目，从而保持湿地资源的可持续利用。

2）建立合理和可操作的湿地管理机构

有的湿地管理机构和经营机构是两块牌子、两套人员，这需要建立相互间的协调和共同责任机制，把经营目标和保护目标有机结合；有的湿地管理机构是两块牌子、一套人员，保护机构基本是从属于经营机构的（包括人员、经费等），这种管理机构形式比较普遍，由于保护管理机构不能纳入事业单位编制，一般保护职能比较薄弱。这需要湿地经营机构自觉履行保护责任，把保护作为一项重要工作，从工作、人员、经费等方面支持和保障湿地保护管理机构的正常工作。

3) 加强各湿地保护管理机构的指导和监督

地方政府湿地保护管理机构要明确各湿地保护管理的职责和主要任务，对各湿地保护管理进行工作指导，监督各湿地管理机构认真履行职责，制定必要的考核制度和激励机制，不断总结银川平原湿地保护管理的组织机构模式，使之成为保护和合理利用湿地的基本保障。

10.8 建立和推行社区参与共管机制

20世纪80-90年代，在自然保护区开展社区参与共管，成为生物多样性保护事业的一个重要标志。社区即为在某湿地区域内与该湿地关系密切的有关机构和个人（利益方）；社区参与湿地资源保护管理，旨在突出社区的重要地位，将其视为湿地保护共管中不可或缺的群体；共管则是泛指在湿地保护管理中某一项目或活动中参与的各方在既定目标下，以一定的形式共同参与计划的制定、实施、监测和评估的整个过程。共管意味着政府和当地群众在湿地保护管理上共享权利和义务。

生态系统保护，在世界和我国许多自然保护区都实行了社区参与共管，是实现生态系统和自然资源合理有效保护的好途径。银川平原湖泊湿地在建立社区公众参与方面开展了许多探索和实践工作，如沙湖自然保护区在执法监督、环境管理、开发利用、生态监测等方面与沙湖经营企业、周边农村及有关社区、湿地保护与利用各相关利益方等建立的社区参与共管合作机制，促进了沙湖生态系统保护及湿地资源的合理利用。

10.8.1 社区参与共管的原则及目标

（1）遵循保护自然生态和发展社区特别是农村经济的原则，在不影响和破坏生态环境的前提下进行建设，严禁破坏保护区内生态和自然资源的开发活动，严禁污染和破坏水体、土壤、植被等。

（2）发展要立足于建立良好的社区关系和体现湿地保护对社区发展的重要意义，既要有利于自然资源保护，又要符合社区发展需要和区域产业政策。

（3）湿地项目建设有利于引导农民参与和脱贫致富，努力做到保护和发展有机结合，达到人与自然的和谐生存。

（4）社区建设有利于保护区及周边安定团结和经济发展，体现兼顾双方利益，优势互补的原则。

社区参与共管的目标是，湿地区域与周边社区群众建立伙伴关系，协调人民群众生产生活与自然保护的关系，扶持社区发展经济和公益事业。社区主动参与湿地资源保护管理和资源合理利用，实现保、防、治、用相结合，生产、环境、就业均衡发展，实现共同保护管理，最终走上湿地保护与利用可持续发展、社区经济和群众生活稳步提高的良性发展轨道。

10.8.2 社区参与共管措施

（1）建立社区共管组织，如湿地保护管理联席会议制度或社区管理委员会，由湿地管理机构有关人员和周边社区中有一定文化、生产实践经验丰富、又有管理经验的人员组成。负责社区组织、协调工作，制定社区发展规划、工作计划、经营方案、利益分配等；负责社区参与共管保护工作的组织实施；负责社区近远期发展决策及对群众的生产、经营、等工作的管理。

（2）在保护自然资源的前提下，帮助周边社区群众合理开发利用资源。湿地管理机构提供改进社区居民资源利用的方式，帮助社区群众实施替代生计，提高群众生活水平。在湿地可利用区与社区共同开发生态旅游及其他多种经济项目，使保护区和周边社区形成良好的利益共同体。

（3）湿地管理机构与周边社区共同参与，组织社区群众以提供劳动力、劳动工具等方式，配合并参与湿地保护的有关管护活动，吸收周边社区有一定文化素质的居民参与保护区的绿化美化、卫生保洁、导游等工作；湿地管理机构为周边社区群众提供一定的便利条件，使他们在这里开展有关经营和服务活动。社区负责人参与湿地保护与利用的决策、规划、实施、监测等环节工作。

（4）制定社区规章制度，湿地区域周边村队、企业和其他利益方共同订立"保护公约"，制定一系列共同遵守的有关生产、生活和分配的乡规民约，以规范社区单位和农民的行为。

（5）开展宣传教育培训。向社区宣传湿地保护的意义，提高社区对保护湿地生态和自然资源的认识，使社区关注并积极参与湿地保护工作；通过开展各种教育培训活动，让社区群众自觉从长远利益考虑，以主人翁的姿态积极参与保护区的保护管理工作。

参考文献

《中国湿地百科全书》编辑委员会. 2009. 中国湿地百科全书. 北京：北京科学技术出版社.
长沙市建设委员. 2009. 长沙市生态湿地保护技术指南（试行）.
郭秀锐, 杨居荣, 毛显强, 李向前. 2001. 生态城市建设及其指标体系. 城市生态, 6.
金相灿,［日］稻森悠平,［韩］朴俊大. 2007. 湖泊和湿地水环境生态修复技术与管理指南. 北京：科学出版社.
李文英. 2010. 我国湿地公园建设管理现状与展望. 中国城市林业, 8.
刘兆荣, 朱先磊, 译. 2011. 生态经济城市——Eco^2 Cities. 北京：中国金融出版社.
吕宪国, 王起超, 刘吉平. 2004. 湿地生态环境影响评价初步探讨. 生态学杂志, 23（1）.
毛文永. 2003. 生态环境影响评价概论. 北京：中国环境科学出版社.
牛志明 Ian R. Swingland, 雷光春. 2012. 综合湿地管理——综合湿地管理国际研讨会论文集. 北京：

海洋出版社.
钱法文，刘金龙，江红星，赵丽霞，吴训锋.2008.社区参与湿地管理.北京：科学出版社.
沈大军，张春玲，刘卓，肖伟华.2013.湖泊管理研究.北京：中国水利水电出版社.
孙胜民，等.2012.银川湖泊湿地水生态恢复及综合管理.北京：海洋出版社.
张丽君，张国华.2009.西部民族地区生态城市评价指标体系设计.学习与实践，9.